高等学校"十四五"规划教材·无人机应用技术

无人机技术概论

主　编　王惠斌　余飞跃

副主编　王丽娜　谢伟增　刘艳艳

西北工业大学出版社

西　安

【内容简介】 随着信息技术的快速发展,无人机得到了广泛应用,为了满足行业企业的人才需求,许多院校已开设了相关课程或专业。本书结合无人机领域的人才需求和职业院校的教学需求,以培养掌握无人机基础和应用技能的人才为目标,系统介绍了无人机的技术知识和应用技能。全书分为6章,内容包括无人机概述、无人机结构及飞行原理、无人机飞行系统、无人机飞行与控制、无人机飞行安全和无人机应用。

本书内容全面、深入浅出、通俗易懂,可作为职业院校相关课程的教材,也可作为无人机培训或个人学习的参考资料。

图书在版编目(CIP)数据

无人机技术概论 / 王惠斌,余飞跃主编 . — 西安:
西北工业大学出版社,2022.8
ISBN 978 - 7 - 5612 - 8325 - 7

Ⅰ.①无… Ⅱ.①王… ②余… Ⅲ.①无人驾驶飞机
-概论-高等职业教育-教材 Ⅳ.① V279

中国版本图书馆 CIP 数据核字(2022)第 149492 号

WURENJI JISHU GAILUN

无 人 机 技 术 概 论

王惠斌 余飞跃 主编

责任编辑:朱辰浩	策划编辑:孙显章
责任校对:孙 倩	装帧设计:李 飞

出版发行:西北工业大学出版社
通信地址:西安市友谊西路 127 号 邮编:710072
电　话:(029)88491757,88493844
网　址:www.nwpup.com
印　刷　者:西安五星印刷有限公司
开　本:787 mm×1 092 mm　1/16
印　张:12.875
字　数:338 千字
版　次:2022 年 8 月第 1 版　2022 年 8 月第 1 次印刷
书　号:ISBN 978 - 7 - 5612 - 8325 - 7
定　价:59.80 元

前　言

随着无线电控制技术、飞行器自主控制技术走向成熟,基于新一代人工智能技术、信息通信技术和先进制造技术深度融合的无人机发挥着越来越重要的作用。其应用领域不断延伸拓展,广泛应用于国防安全、环境监测与保护、航空摄影测绘、资源勘探、交通巡逻、电力巡线、公安侦察与监控、应急减灾、人工降雨、城镇规划和市政管理、地震调查、森林防火、病虫害防护与监测、野生动物监测、水资源管理、农业作业和估产、自然灾害监测与评估以及数字城市等领域。

针对目前实用的无人机教材比较缺乏的现状,本书以无人机应用技术的基础知识和基本技能为主线,在总结笔者多年来从事该课程教学和实践经验的基础上编写而成,在编写过程中力求体现理论和实践一体化的特色。本书主要介绍了无人机概述、无人机结构及飞行原理、无人机飞行系统、无人机飞行与控制、无人机飞行安全、无人机应用等方面的知识,以及多旋翼无人机组装调试与飞行训练、飞行环境调查、航拍操作等实验项目。本书各章节所涉及的知识点和内容紧扣无人机应用需要,合理设置理论教学和技能训练的环节,实现"教、学、做"合一,增强了教材的实用性。本书打破传统的知识体系,以"必需、够用"为原则,将冗长的理论、原理知识点化,知识点任务化、案例化,并与实际操作合二为一,让学生在做中学习,在做中发现规律,获取知识,体现"学中做"和"做中学"双促进的特色。

本书的编写分工如下:王惠斌负责编写第1~2章,余飞跃负责编写第6章,王丽娜负责编写第3章,谢伟增负责编写第4章,刘艳艳负责编写第5章。

本书的编写得到了中科融通物联科技无锡有限公司、中来疆科技有限公司的技术支持,在此表示感谢。

由于水平和经验有限,书中难免存在不足之处,恳请广大读者批评指正。

编　者

2022 年 5 月

目　　录

第1章 无人机概述

1.1 无人机的定义

无人机是利用无线电遥控设备和自身控制装置操纵的不载人飞机,其由机载计算机完全地操作或间歇地自主操作。无人机实际上是无人驾驶飞行器的统称。

无人机的起源可以追溯到第一次世界大战,当时无人机作为训练用的靶机使用。第二次世界大战之后,多余或退役的飞机被改装为特殊研究用飞机或靶机,成为近代无人机使用的先河。近年来,无人机的使用扩展至各个行业,从敏感的军事领域到世界各地的爱好者,无人机技术在过去几年中发展速度惊人。个人、商业实体和政府机构已经认识到无人机的多种用途,包括电影摄影与新闻摄影、快递运输、为灾害管理收集信息或提供必需品、搜救行动、不可及地形的地理制图、建筑安全检查、精密作物监测、无人货物运输、执法和边境管制监督、风暴追踪和预报飓风与龙卷风等。

1.2 无人机的分类

1.2.1 无人机的分类

国内外无人机相关技术飞速发展,无人机种类繁多,由于其在尺寸、质量、航程、航时、飞行高度、飞行速度、任务等多方面有较大差异,所以无人机有以下几种分类方式。

1. 按用途分类

按用途分类,无人机可分为军用无人机和民用无人机,如图1-1所示。

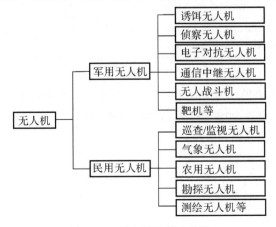

图1-1 无人机按用途分类

2. 按空机质量分类

按空机质量分类（民航法规），无人机可分为微型无人机、轻型无人机、小型无人机及大型无人机，见表 1-1。

表 1-1　无人机按空机质量分类

无人机的分类	无人机的空机质量/kg
微型无人机	≤7
轻型无人机	7～116
小型无人机	116～5 700
大型无人机	＞5 700

微型无人机是指空机质量不大于 7 kg 的无人机；轻型无人机是指空机质量大于 7 kg，但不大于 116 kg 的无人机，且全马力飞行中，校正空速小于 100 km/h，升限小于 3 000 m；小型无人机是指空机质量大于 116 kg，但不大于 5 700 kg 的无人机；大型无人机是指空机质量大于 5 700 kg 的无人机。

3. 按活动半径分类

按活动半径分类，无人机可分为超近程无人机、近程无人机、短程无人机、中程无人机和远程无人机，见表 1-2。

表 1-2　无人机按活动半径分类

无人机的分类	无人机的活动半径/km
超近程无人机	≤15
近程无人机	15～50
短程无人机	50～200
中程无人机	200～800
远程无人机	＞800

超近程无人机的活动半径为 15 km 以内，近程无人机的活动半径为 15～50 km，短程无人机的活动半径为 50～200 km，中程无人机的活动半径为 200～800 km，远程无人机的活动半径大于 800 km。

4. 按任务高度分类

按任务高度分类，无人机可以分为超低空无人机、低空无人机、中空无人机、高空无人机和超高空无人机，见表 1-3。

表 1-3　无人机按任务高度分类

无人机的分类	无人机的任务高度/m
超低空无人机	0～100
低空无人机	100～1 000
中空无人机	1 000～7 000
高空无人机	7 000～18 000
超高空无人机	>18 000

超低空无人机任务高度一般为 0～100 m,低空无人机任务高度一般为 100～1 000 m,中空无人机任务高度一般为 1 000～7 000 m,高空无人机任务高度一般为 7 000～18 000 m,超高空无人机任务高度一般大于 18 000 m。

5.按飞行平台构型分类

按飞行平台构型分类,无人机可分为固定翼无人机、旋翼无人机和无人飞艇、伞翼无人机、扑翼无人机等。其中,固定翼无人机和旋翼无人机的应用较为广泛。本书详细介绍的常见无人机,主要分为无人直升机、固定翼无人机和多旋翼无人机 3 类。

(1)无人直升机。无人直升机(见图 1-2)是指由无线电地面操控飞行或自主控制飞行的可垂直起降(Vertical Take Off and Landing,VTOL)载人飞行器。从构造形式上来说,其属于旋翼飞行器;从功能上来说,其属于垂直起降飞行器。无人直升机有自身独有的飞行特点,不需要跑道,机场适应性较强,在飞行中机动灵活,生存力较强。无人直升机独特的飞行特点是其他飞行器所不具备的,它可以执行很多有人驾驶直升机无法完成的任务。与其他飞行器相比,无人直升机具有尺寸小、结构紧凑、能够空中悬停、效率高等特点,但是其续航时间较其他无人机短,而且复杂的机械结构也会带来很高的维护成本。

图 1-2　无人直升机

(2)固定翼无人机。固定翼无人机(见图 1-3)是指由动力装置产生前进的推力或拉力,由机身的固定机翼产生升力,在大气层内飞行的重于空气的航空器。飞机的机体结构通常包括机翼、机身、尾翼和起落架。固定翼无人机需要保持一定的前飞速度,因此不能垂直起降。固定翼无人机的优点是飞行距离长,巡航面积大,飞行速度快,飞行高度高,可设置航线自动飞行,也可设置回收点坐标自动降落;其缺点是起飞和降落需要跑道和弹射器。

图 1-3 固定翼无人机

　　(3)多旋翼无人机。多旋翼无人机(见图 1-4)是一种具有 3 个及以上旋翼轴的特殊的无人机。最常见的多旋翼无人机为四旋翼无人机,其通过每个轴上的电动机转动,带动旋翼,从而产生上升推力。旋翼的总距固定,而不像一般直升机那样可变,通过改变不同旋翼之间的相对转速,可以改变单轴推进力的大小,从而控制飞行器的运行轨迹。多旋翼结构具有对称性,因此螺旋桨之间的反转矩可以相互抵消。多旋翼无人机的结构简单,具有操控简单、可靠性高和维护成本低等优点,但是这种设计也在一定程度上牺牲了多旋翼无人机的承载性和续航时间。

图 1-4 多旋翼无人机

1.2.2 无人机与航空模型的区别

　　无人机[见图 1-5(b)]是一种由无线电遥控设备或自身程序控制装置操纵的无人驾驶飞行器;航空模型(简称航模)[见图 1-5(a)]是一种重于空气的,有尺寸限制的,带有或不带有动力装置的,不能载人的航空器,即航模是供运动用的一种不载人的飞行器,可分为动态航模和静态航模两大类。动态航模(简称动模)是一种有尺寸限制的,带有或不带有发动机的,且能通过遥控器控制的可飞行航空器,一般用于竞技娱乐。动态航模的性能参数不像无人机那样有着很高的要求,一般只需满足足够快的速度和能进行一些花式飞行即可。静态航模(简称静模)主要是用于观赏或验证气动外形,与航空战斗机原型有很大相似度的模型,简单来说,就是模仿各种战斗机(如歼20等)的原型制作的模型,具有观赏性。

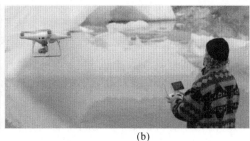

(a)　　　　　　　　　　　　　　　(b)

图1-5　航模与无人机
(a)航模;(b)无人机

1.组成不同

无人机比航模要复杂。航模由飞行平台、动力系统和视距内操控系统组成,主要是为满足大众的观赏性,追求的是外表的真实或飞行优等,科技含量高;无人机系统由飞行平台、动力系统、自动驾驶仪、飞控导航系统、通信链路系统、任务系统和地面站组成,主要是为了完成特定任务,追求的是系统的任务完成能力,科技含量高。

2.使用不同

无人机多执行超视距任务,最大任务半径可达数千米,通过机载导航系统和自动驾驶仪,可自主飞行,通过链路系统上传控制指令和下传任务信息;航模通常在目视视距范围内飞行,控制半径小于800 m,操作人员目视飞机,通过手中的遥控发射机操纵飞机,飞机一般没有任务设备。很多无人机系统也有类似航模的能力,可以在视距内直接遥控操作。

3.用途不同

无人机偏向于军事用途或民用特种用途,用于执行特殊的任务;而航模更接近于玩具。

4.管理不同

在我国,航模由国家体育总局下属航空运动管理中心管理;而民用无人机由民航局统一管理,军用无人机由军方统一管理无人机的性能、用途和选型。

1.3　无人机的发展

1.3.1　国外无人机的发展历史与现状

第一次世界大战期间,1914年英国的卡德尔和皮切尔两位将军向英国军事航空学会提出了研制一种使用无线电操纵的小型无人驾驶飞机,使它能飞到敌方目标区上空投下事先装好的炸弹的建议,该设想得到认可并由A.M.洛教授率领一班人马进行研制。

1915年10月,德国西门子公司成功研制了采用伺服控制装置和指令指导的滑翔炸弹。

1916年9月12日,第一架无线电操纵的无人驾驶飞机在美国试飞。

1917—1918 年,英国与德国先后研制成功无人机遥控飞机,被公认为有控无人机的先驱者。

20 世纪 30 年代,英国政府决定研制一种无人靶机,用于校验战列舰上火炮对目标的攻击效果,于 1933 年研制成功并试飞。在 1934—1943 年期间,英国一共生产了 420 架命名为"蜂王"的全木结构的双翼无人靶机。

1945 年,第二次世界大战结束后,很多退役或多余的飞机被改装为靶机,成为近代无人机改装趋势的先河。

随后的越南战争、海湾战争和北约空袭南斯拉夫等战争中,无人机都被频繁地用于军事行动中。

1973 年第四次中东战争中,以色列用无人机成功捣毁埃及部署的地空导弹防空网。

1982 年加利和平行动(黎巴嫩战争)中,以色列国防军用无人机进行侦察、情报收集、跟踪和通信,侦察者无人机系统担任了重要的战斗角色。

1991 年的沙漠风暴行动中,美军曾经发射专门欺骗雷达系统的小型诱饵无人机,此后诱饵无人机成为其他国家效仿的对象。

1996 年 3 月,美国国家航空航天局研制出两架试验机:X-36 试验型无尾无人战斗机。该机使用分列副翼和转向推力系统,比常规战斗机具有更高的灵活性;水平垂直尾翼减轻了质量和拉力,缩小了雷达反射截面。

20 世纪 90 年代后,西方国家充分认识到无人机在战争中的作用,竞相把新翼型、轻型材料、先进的信号处理与通信技术、先进的自动驾驶仪技术等应用于无人机系统。

20 世纪末,许多国家研制出新时代的军用无人机,在很大程度上改变了军事战争和军事调动的原始形式。

欧洲 2006 年制定并立刻多方集资付诸实施"民用无人机发展路线图",首期跨度为 6 年。"民用无人机发展路线图"预计民用无人机市场从 2010 年开始迅猛发展,已突破 1 亿欧元大关,到 2015 年将上升到 2.7 亿欧元,其中地球观测约占市场的 3.7%,通信与海上监视各约占市场的 13%,森林防火与灭火市场份额约占 12%,治安执法约占 3%。欧盟打算成立一个泛欧民用无人机协调组织,主要职责是市场评估、技术监视、空域管制、适航安全、标准制定、通用接口、成本控制等方面的试验研究。为解决最关键的空中安全与适航问题,荷兰已开始在非隔离空域进行"探测与回避"系统的研究与试验。

2008 年,以色列飞机工业公司马拉特子公司的中高空长航时"苍鹭"无人机取得了在以色列空域中执行非军事任务的证书,此后与有关部门合作进行了多种民用任务的试验飞行。

2012 年 2 月 14 日,奥巴马签署了《2012 联邦航空管理局(Federal Aviation Administration,FAA)现代化与改革法》,该法案的核心是向民用无人机开放空域,促进无人机技术的发展与应用,2015 年底为最后期限。该法案要求美国联邦航空管理局修改规定,允许地方政府、私营公司和普通人使用小型无人机。目前美国 AAI 公司的一架"阴影 200B"(Shadow 200B)民用无人机已获得了美国联邦航空局授予的试验用适航证,这使得该机可在美国亚利桑那州东南部的一处通用航空设施机场中使用。

当前,美国的无人机技术处于世界领先水平,以色列是无人机的出口大国,但在技术方面完全依靠美国,欧洲国家中的俄、英、法、德等的无人机技术发展较快。我国周边国家如日本、印度、韩国等主要依靠外国进口,自主研发力量较为薄弱。

1.3.2 国内无人机的发展历史与现状

我国无人机的研制始于 20 世纪五六十年代。

1966 年 12 月 6 日，"长空一号"大型喷气式无线电遥控高亚声速无人靶机首飞成功，该机型于 1976 年底批准设计定型，之后多次改进，在此基础上改装成的核试验取样机于 1977 年圆满完成了一次核试验穿云取样任务。"长空一号"开创了我国无人机的先河。

1972 年 11 月 28 日，"无侦-5"（又称"长虹一号"）高空高亚声速无人驾驶侦察机试飞成功，1980 年批准设计定型，1981 年开始装备部队，1986 年对越自卫反击战中参加实战，是到目前为止中国唯一参加过实战且在中国正式装备的无人机型号中保持着最大升限和最快飞行速度纪录的无人机。

我国无人机的研制着眼军民两用。用于导弹打靶和防空部队训练的"长空一号"经过适当改装，就可执行大气污染监控、地形与矿区勘察等民用任务，并在此基础上研发了 WZ-2000 隐身无人机、"蜂王"无人机和"翔鸟"无人驾驶直升机等一系列无人机，形成了目前种类繁多、用途多样的无人机研发制造体系。

随着无人机应用领域的逐步拓展，无人机市场需求逐渐增加。在航空装备无人化、小型化、智能化的趋势下，我国军用无人机市场发展迅速。2018 年，我国军用无人机市场规模达 113 亿元。2021 年，我国军用无人机市场规模达 527 亿元，未来将保持持续稳定增长。随着无人机技术的逐渐成熟，民用无人机也已经广泛应用于日常生活中，2018 年，我国民用无人机市场销售额达 118 亿元。

目前，我国已出台多项无人机相关政策和规划，为工业无人机的发展提供了巨大动力。尤其是近两年政策对低空空域开放态度积极，无人机相关政策正在加快制定和实施。政策利好将规范这一快速增长的市场，有望助推无人机产业发展。根据民航局公布的相关数据，当前我国网上注册开展通航作业的无人机企业已经超过 9 700 家，商用无人机也已经超过 12 万架。同时，根据《2019 中国民用无人机发展报告》，截至 2019 年我国无人机产值已经突破 500 亿元，预计 2023 年，国内无人机产业规模将达到千亿元左右。

然而，我国无人机的发展还存在以下一些问题：

(1)行业规划与规范问题。存在低水平重复投资、高端项目攻克困难等问题。

(2)发动机瓶颈问题。发动机的问题在很大程度上制约着我国无人机的发展，涡扇发动机是未来应用的主要走向，目前我国与国外的差距较为明显，达不到无人机对飞行速度、航时等指标的要求。

(3)无人机行业人才紧缺。国内持证从业的无人机飞手、维修和研发等人员紧缺，远远达不到市场对专业人才的需求。

1.4 无人机用途和选型

1.4.1 无人机的性能

1.无人直升机的性能

无人直升机具有独特的飞行性能及使用价值。与有人直升机相比，无人直升机由于无人员伤亡、体积小、造价低、战场生存力强等特点，所以在许多方面具有无法比拟的优越性。

与固定翼无人机相比,无人直升机可垂直起降,空中悬停,向任意方向飞行,其起飞着陆场地小,不必配备复杂、大体积的发射回收系统。在军用方面,无人直升机既能执行各种非杀伤性任务,又能执行各种软硬杀伤性任务,包括侦察、监视、目标截获、诱饵、通信中继等;在民用方面,无人直升机在气象监测、交通监控、资源勘探、电力线路检测和森林防火等方面具有广泛的应用前景。

无人直升机的飞行性能分为垂直飞行性能和前飞性能两类。

无人直升机垂直飞行性能是指在定常状态(力和力矩都处于平衡的、无加速度运动的状态)时不同高度的上升率(上升速度)和上升为零的理论静升限(悬停高度),以及上升率为某一规定值(0.5 m/s)的实用静升限。

无人直升机前飞性能同一般飞机的飞行性能相似,包括内容如下:①定常平飞性能,即在不同高度的巡航速度(经济速度)、有利速度和最大速度;②续航性能,即在不同高度的最大航时和最大航程;③定常爬高性能,即不同高度的最大爬高率(爬高时的垂直度分量)、理论动升限(带有平飞速度的最大高度)和实用动升限:④定常自转下滑性能,即在不同高度的最小下滑率和最小下滑角。

2. 固定翼无人机的性能

到目前为止,除少数特殊形式的无人机外,大多数固定翼无人机由机翼、机身、尾翼、起落装置和动力装置5个部分组成,固定翼无人机采用自稳定系统,其在升空后动力系统工作正常的情况下,可以自主抵抗气流的干扰以保持稳定。另外,从飞行器姿态控制的角度来说,固定翼无人机系统是完整驱动系统,在任何姿态下都可以调整到任何姿态,并且保持这个姿态,从实际操作来看,固定翼无人机可以在正常飞行情况下进入另外一个复杂的飞行姿态并能够恢复之前的状态。

固定翼无人机的优点是在3类飞行器中续航时间最长、飞行效率最高、载荷最大、飞行稳定性高。速度快、续航长的无人机往往意味着更高的生产力。固定翼无人机在测量领域中的运用非常广泛,携带照相机等测绘设备,一架续航时间25 h,速度80 km/h的电动固定翼无人机,一个架次就可以测绘20 km²的面积。这在洪水、地震等自然灾害发生后的应急救援中的优势十分明显。固定翼无人机还是偏远地区的输电线路、石油管道等长距离巡检的利器。按照设定航线飞行的固定翼无人机一次就可以巡检数十甚至数百千米的线路。利用固定翼无人巡检大幅提高了巡检效率,工人不再需要跋山涉水,其工作也变得相对轻松,只需要放飞无人机,然后等它回来后查看录像或照片即可。固定翼无人机还可以胜任一些巡逻、侦查、监控等任务,它们续航长、活动范围大,在大范围监控,特别是在森林防火中的表现尤为突出。

3. 多旋翼无人机的性能

多旋翼无人机较之其他类别的无人机具有很多优势,其主要性能如下。

(1)操控简单。多旋翼无人机可以垂直起降和空中悬停,遥控上的2个操纵杆的4个操作分别对应无人机的上下、前后、左右和偏航运动,又因为这4种运动是解耦的,所以多旋翼无人机的操控非常简单,一般只需几小时就可以掌握其操控方式。此外,多旋翼无人机的遥控原理非常简单,参数调节也比较简单。而无人直升机的控制难点在于模型强耦合和强非线性,这增加了自动驾驶仪设计的难度,而且其控制器参数调节相对困难。固定翼无人机由于无法空中悬停,需要无人机操作员(俗称飞手)持续对其进行控制操作,所以其需要在较大的空域进行飞行。相对而言,多旋翼无人机的操控性能是非常高的。

(2)机械结构的可靠性高。固定翼无人机和无人直升机的机身都有活动关节,飞行过程中都会有一定程度的磨损。多旋翼无人机机架上没有活动关节,且采用无刷直流电动机,因此多旋翼无人机几乎没有机械磨损,这就提升了多旋翼无人机结构的可靠性,保证了正常飞行的需要。

(3)维护容易。多旋翼无人机结构简单,因此容易组装。例如,多旋翼无人机上的电动机、电调、电池、螺旋桨或机架损坏之后可以很容易替换,而固定翼无人机和无人直升机的零件较多,机构较复杂,因此它们的组装很困难。

1.4.2 无人机的用途和选型

1.无人机在民用领域的应用

(1)航拍摄影(见图1-6)。随着民用无人机的快速发展,广告、影视、婚礼视频记录等领域越来越多地出现无人机的身影。许多大型纪录片中的许多镜头是由无人机拍摄的。无人机通过云台携带高清摄像机,不仅将传统航摄的大场面发挥得淋漓尽致,而且由于其灵活的机动性能,还能收到动感震撼的视频效果。

图1-6 无人机航拍摄影

(2)电力巡检(见图1-7)。现代无人机可以穿越高山、河流对输电线进行快速巡检,专业的无人机可以在恶劣的情况下进行线路的架设工作。2015年4月9日,济南供电公司输电运检室联合山东电科院对四基跨黄河大跨越高塔开展了无人机巡视工作。无人机巡视具有不受高度限制、巡视灵活、拍照方便和角度全面的特点,特别适合于大跨越高塔的巡视,弥补了人工巡视的不足。

(3)新闻报道。美国有线电视新闻网(Cable News Network,CNN)已经获得由美国联邦航空管理局颁发的牌照,将测试摄像头装在用于新闻报道的无人机上。早在2013年芦山地震抗震救灾中,央视新闻就采用深圳一电科技有限公司自主研发的某款无人机拍摄了灾区的情况。救灾人员无法抵达的地方,无人机能轻松穿越,在监测山体、河流等灾害的同时,还能利用红外成像仪在空中搜寻受困人员。

图1-7 无人机电力巡检

(4)保护野生动物。位于荷兰的非营利组织——影子视野基金会机构,使用经过改装的无人飞行器为保护渐危物种提供关键数据。保护野生动物的无人机已在非洲被广泛投入使用。经过改良的无人机还能够应用于反偷猎巡逻。英国自然保护慈善基金——皇家鸟类保护协会也将越来越多的无人机应用于鸟类和自然栖息地的保护工作。

(5)环境监测(见图1-8)。2013年开始,中华人民共和国环境保护部(2018年3月撤销,成立生态环境部)组织多个督查组在京津冀及周边地区开展大气污染防治专项执法督查,安排无人机对重点地区进行飞行检查。无人机已经越来越频繁地用于大气污染执法。从2013年11月起,环保部门开始使用无人机航拍,对钢铁、焦化、电力等重点企业排污、脱硫设施运行等情况进行直接检查。2014年以来,多个省份开始使用无人机进行大气污染防治的执法检查以实现更到位的监管。

图1-8 无人机环境监测

(6)快递送货(见图1-9)。2015年2月6日,阿里巴巴公司在北京、上海、广州三地开展为期3天的无人机送货服务测试,使用无人机将盒装姜茶快递给客户。承担快递送货的无人机不会直接飞到客户门前,而是飞到物流站点,最后1 km的送货仍由快递员负责。在国外,亚马逊公司在美国和英国都有无人测试中心。2017年,亚马逊公司负责人表示,其目标是利用无人机将包裹送到数百万客户手中,顾客下单后最多等0.5 h包裹即可送到。

图1-9 无人机快递送货

(7)提供网络服务。2014年,Google公司收购了无人机公司 Titan Aerospace;2016年,研制成功并开始测试无人机 Solara50 和 Solara60,该无人机通过吸收太阳能补充动能,可以在近地轨道持续航行5年而不用降落,并可通过特殊设置,使高空无人机最高可提供1 GB/s的网络接入服务。另外,Facebook公司收购了无人机生产商 Ascenta 公司,以开发无人机互联网连接技术。

(8)交通疏导(见图1-10)。无人机参与城市交通管理能够发挥其专长和优势,帮助公安交通管理部门共同解决大中城市的交通顽疾,不仅可以从宏观上确保城市交通发展规划贯彻落实,而且可以从微观上进行实况监视、交通调控,构建水-陆-空立体交管,实现区域管控,确保交通畅通,应对突发交通事件,实施紧急救援。

图1-10 无人机交通疏导

(9)无人机植保(见图1-11)。无人机还可用于农药喷洒、施肥、播种和辅助授粉等植保作业。无人机植保具有高效率、安全性(人机分离)、节水节药、适应性强等优点,在一些农业航空发达国家(如美国、日本、俄罗斯、澳大利亚、加拿大、巴西、韩国等)被广泛应用且快速发展。中国作为农业大国,18亿亩(1 亩 ≈ 666.666 666 7 m^2)基本农田每年需要大量的农业植保作业。

图 1-11　无人机植保

2.无人机在军事领域的应用

(1)情报侦察(见图1-12)。侦察无人机通过安装光电、雷达等各种传感器,具有全天候的综合侦察能力。情报侦察无人机的侦察方式高效多样,可以在战场上空进行高速信息扫描,也可低速飞行或者悬停凝视,为部队提供实时情报支持。高空长航时战略侦察无人机从侦察目标上空掠过,可替代卫星的部分功能,执行高空侦察任务,凭借高分辨率照相设备拍摄清晰的地面图片,具有重要的战略意义。便携式无人机可以大量使用,以满足部队连排级战场监视、目标侦察、毁伤评估等战术任务。

图 1-12　无人机情报侦察

(2)军事打击(见图1-13)。军事打击无人机携带作战单元,在发现重要目标后进行实时攻击,实现"察打结合",可以减少人员伤亡并提高部队攻击能力。军事打击无人机能够预先靠前部署,拦截处于助推段的战术导弹,作为要地防空时在较远距离摧毁来袭导弹。担任主战攻击的无人机体积大、速度快,可对地攻击,拦截地面和空中目标,是实现全球快速打击能力的重要手段;担任战术攻击的无人机在部分作战领域可以代替导弹,采取自杀式攻击方式,对敌实施一次性攻击;担任攻击型反辐射的无人机携带有小型和大威力的精确制导武器、激光武器或反辐射导弹,可对雷达、通信指挥设备进行打击。

图 1-13　无人机军事打击

(3)信息对抗(见图 1-14)。在战场上无人机可以随时起飞,针对激光制导、微波通信、指挥网络、复杂电磁环境等光电信息实施对抗,有效阻断敌方装备的攻击、指挥和侦察能力,提高己方信息作战效率。电子对抗无人机可对指挥通信系统、地面雷达和各种电子设备实施侦察与干扰,支援各种攻击机和轰炸机作战;诱饵无人机可携带雷达回波增强器或红外模拟器,模拟空中目标,欺骗敌方雷达和导弹,诱使敌雷达等电子侦察设备开机,引诱敌方防空兵器射击,掩护己方机群突防。

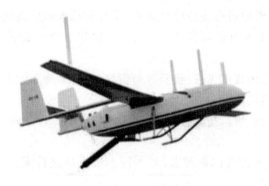

图 1-14　无人机信息对抗

(4)通信中继。信息化战争中,通信系统是战场指挥控制的生命线,也是敌对双方攻击的重点。无人机通信网络可以建立强大的冗余备份通信链路,提高生存能力,在遭到攻击后,替补通信网络能够快速恢复,在网络中心战中发挥着不可替代的作用。高空长航时无人机扩展了通信距离,利用卫星提供备选链路,直接与陆基终端链接,可降低实体攻击和噪声干扰的威胁;作战通信无人机采用多种数据传输系统,各作战单元之间采用视距内模拟数据传输系统,与卫星之间采用超视距通信中继系统,可高速实时传输图像、数据等信息。

各类无人机有着自身的优势,也有着自身的缺陷,用户需要结合自身需求和无人机的性能及任务类型来进行无人机的选型和使用。

1.5 实验:认识无人机

1. 实训目的

(1)了解无人机机型特点和优缺点;

(2)建立无人机操纵方式的基本认识,开展无人机驾驶训练;

(3)建立无人机工作流程的基本认识,开展无人机应用管理学习;

(4)培养无人机学习兴趣。

2. 实训内容及要求

(1)观摩和参与无人机的准备、飞行环境调查、飞行前检查、应急处置和飞行后维护等过程,认识无人机工作任务分工,组建无人机飞行小组;

(2)观摩多旋翼无人机飞行表演;

(3)体验和参与多旋翼无人机智能飞行控制。

3. 实训步骤

(1)初步分组:根据实训条件,分成每组4~8人的飞行小组;

(2)准备无人机:按照教师指导,准备飞行用多旋翼无人机,准备遥控器、电池、气象参数测定仪、望远镜等辅助设备,前往飞行场地;

(3)观摩飞行:观摩教师进行飞行环境调查、飞行前检查和应急处置等操作,观摩多旋翼无人机飞行展示,了解无人机起降和飞行特点,了解遥控器和地面站方式操纵无人机的方法;

(4)体验多旋翼无人机智能飞行:按照教师指导,进行多旋翼无人机遥控器控制、地面站控制、智能飞行控制的驾驶体验;

(5)整理无人机:结束飞行,按教师指导,对无人机及辅助设备进行检查、整理和收纳,放回无人机实训室;

(6)岗位分配:根据无人机作业需求,对飞行小组成员进行岗位对应分配,推荐岗位见表1-4。

表1-4 推荐岗位分配表

第　　　飞行小组

班级:

岗位名称	岗位职责	姓　名	学　号
组长	(1)团队负责人、联系人; (2)组员能力考核负责人、签名人		
飞行管理员	(1)研究和组织学习飞行管理知识; (2)团队飞行学习记录表负责人,签名人; (3)指导队员飞行活动需依法依规		

第　　　飞行小组

班级：

岗位名称	岗位职责	姓　名	学　号
作业工程师	(1)研究和组织学习无人机挂载设备及行业应用技术； (2)协同制定无人机工作任务方案		
地勤工程师	(1)研究和组织学习硬件、软件和维护知识； (2)指导队员维护无人机及配件		
机长	(1)无人机系统运行与安全负责人； (2)组织队员进行飞行训练； (3)协同制定无人机工作任务方案,完成飞行任务		
主驾驶员	(1)无人机飞行器操纵员； (2)无人机飞行任务执行人员		
副驾驶员	(1)无人机飞行器操纵员； (2)无人机飞行任务执行人员		
观测员 (安全员)	(1)观测无人机飞行状况； (2)协助驾驶员安全飞行		

习　题　1

1.无人机按飞行平台构型分类有哪些?

2.无人机与航模的主要区别有哪些?

3.简述无人机在民用领域的应用。

4.无人机的性能指标有哪些?

第 2 章　无人机结构及飞行原理

2.1　空气动力学原理

2.1.1　空气动力学的概念

最早对空气动力学的研究,可以追溯到人类对鸟或弹丸在飞行时的受力和力的作用方式的种种猜测。17 世纪后期,荷兰物理学家惠更斯首先估算出物体在空气中运动的阻力。1726 年,牛顿应用力学原理和演绎方法得出,在空气中运动的物体所受的力正比于物体运动速度的二次方和物体的特征面积及空气的密度。这可以看作空气动力学经典理论的开始。

空气动力学是力学的一个分支,用以研究飞行器或其他物体在同空气或其他气体做相对运动情况下的受力特性、气体的流动规律和伴随发生的物理化学变化。它是在流体力学的基础上,随着航空工业和喷气推进技术的发展而成长起来的一个学科。航空需要解决的首要问题是如何获得飞行器需要的升力、减小飞行器的阻力和提高它的的飞行速度。这就要从理论和实践上研究飞行器与空气相对运动时作用力的产生及其规律。1894 年,英国的兰彻斯特首先提出无限翼展机翼或翼型产生升力的环量理论和有限翼展机翼产生升力的涡旋理论等,但兰彻斯特的设想在当时并未受到广泛重视。通常所说的空气动力学的研究内容是飞机、导弹等飞行器在各种飞行条件下流场中气体的速度、温度、压力和密度等参量的变化规律,飞行器所受升力和阻力等空气动力及其变化规律,以及气体介质或气体与飞行器之间所发生的物理化学变化及传热传质规律等。

2.1.2　大气环境基础知识

1. 大气的组成

大气主要有 3 种成分,即纯干空气、水蒸气及尘埃颗粒。纯干空气含有 78% 的氮气和 21% 的氧气,余下的 1% 由各种稀有气体组成。

2. 大气的分层

大气层在不同高度上的空气性质是不同的,但在水平方向上的空气性质相对一致,即大气表现出一定的层状结构,根据高度不同,气层气温的垂直分布将大气层分为对流层(变温层)、平流层(同温层)、中间层(中层)、电离层(暖层、热层)和外层(散逸层),再向上 1 000 km

外就是星际空间了,如图 2-1 所示。

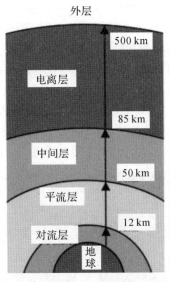

图 2-1　大气的分层

（1）对流层（见图 2-2）。对流层又称变温层,是大气的最低层,集中了约75％的大气质量和90％以上的水汽质量,因为空气有强烈的对流运动而得名。其下界与地面相接,上界高度随地理纬度和季节而变化。它的高度因纬度而不同,在低纬度地区平均高度为16～18 km,在中纬度地区平均高度为 10～12 km,在极地平均高度为8～9 km,并且夏季高于冬季,随高度的增加平均温度递减率为 0.65℃/100 m。大气中的水汽几乎都集中在对流层,对流层内不仅有空气的水平流动,也有垂直流动。雨、雪、云、雾、霜、露等气象变化仅仅产生在对流层。对流层是天气变化最复杂的层,飞行中所遇到的各种重要的天气变化大部分出现在这一层。

对流层有以下 3 个主要特征:①气温随高度升高而降低,平均气温垂直递减率 $\gamma \approx$ 0.65℃/100 m;②气温、湿度的水平分布很不均匀;③空气具有强烈的垂直混合。

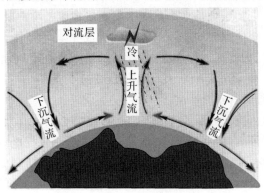

图 2-2　对流层

（2）平流层（见图2-3）。从对流层顶到50～55 km高度的一层称为平流层。从对流层顶到35～40 km的一层气温几乎不随高度变化，为－55℃左右，故称为同温层；从同温层到平流层顶，气温随高度增高而升高，至平流层顶达－3℃左右，又逆温层。平流层集中了大气中的大部分臭氧，并在20～25 km高度上达到最大值，形成氧层。平流层中的空气沿铅垂方向的运动较弱，因此气流比较平稳，能见度较好，没有水汽，晴朗无云，很少发生天气变化，无人机可以非常平稳地飞行。

喷气式客机通常都在对流层顶到平流层内飞行。航空器的飞行高度一般是有限的，载人高空飞行器可以达到34.5 km的高度，不载人高空飞行器甚至可以达到46 km的高度，这是大气飞行器的飞行高度极限。大型无人机为了保证飞行的稳定性，大多飞行于平流层。

图2-3　平流层

（3）中间层。中间层又称中层，是指自平流层顶到85 km之间的大气层。该层内因臭氧含量低，同时能被氮、氧等直接吸收的太阳短波辐射已经大部分被上层大气所吸收，所以温度垂直递减率很大，对流运动强盛。该层的特点是，随着高度的增加，气温下降，空气有强烈的沿铅垂方向的运动，这一层顶部的气温可低至160～190 K。

（4）电离层。电离层又称暖层、热层，从中间层顶到离地面约500 km高度之间。高电离层是地球大气的一个电离区域。电离是受太阳高能辐射及宇宙射线的激励而电离的大气高层。60 km以上的整个地球大气层处于部分电离或完全电离的状态，电离层是部分电离的大气区域；完全电离的大气区域称为磁层，此层的一个特征是气温随高度的增加而上升，另一个特征是空气处于高度电离的状态。电离层含有大量的负电离子。它能反射无线电波，这对短波无线电通信具有重要意义。

（5）散逸层。散逸层又称外层、逃逸层，是电离层以上的大气层，也是地球大气的最外层。这层空气在太阳紫外线和宇宙射线的作下，大部分分子发生电离，使质子和氦核的含量大大超过中性氢原子的含量。散逸层空气极为稀薄，其密度几乎与太空密度相同，故又常称为外大气层。由于空气受地心引力小，所以气体及微粒可以从这层飞出地球导致力场进入太空。散逸层的上界在哪里还没有一致的看法，而实际上地球大气与星际空间并没有截然的界限。散逸层的温度随高度增加略有增加。

3. 大气的特性

随着高度的增加,空气密度和压力均减小,湿度大,气温近似线性降低。

4. 国际标准大气

飞行器的飞行性能与大气状态的主要参数(如温度、密度、压强等)有着密切的关系。

大气的物理性质是随着所在地的地理置、季节和高度而变化的。为进行飞行器设计实验和分析,必须建立一个统一的标准,这样才能使得大气物理参数不因地域而异,即标准大气。标准大气是由权威机构颁布的一种模式大气,它依据实测材料,用简化的方程近似地表示大气的温度、密度、压强、声压等参数的平均铅垂分布,按照这个公式计算出来的大气参数沿高度的变化排列成表,即为标准大气表。应当注意的是,各地实际大气与标准大气不同,其间总存在着差异,故按准大气数据设计的航空器和仪表在飞行时会有误差,须依当时的气温、气压、密度进行修正。

国际标准大气(International Standard Atmosphere,ISA)是人为规定的一个不变的大气环境,作为计算和统一标准。国际标准规定,以海平面的高度为零,气温为 288.15 K(15℃或 59℉),海平面气压为 760 mmHg,即 1 013.2 mbar 或 1 013.2 hPa 或 19.92 inHg 大气压力,对流层高度为 11 km 或 36 089 ft,对流层内标准温度递减率为每增加 1 000 m 温度递减 6.5℃,或每增加 1 000 ft 温度递减 2℃,11~20 km 的平流层底部气温为常值。

5. 飞行高度

飞行高度是指飞机的重心在空中距离某一基准平面的垂直距离。根据所选平面的不同,飞行高度可分为绝对高度、真实高度、压力高度和标准大气高度 4 种。

绝对高度是指地面海拔高度,即相对于海平面的高度;真实高度是指相对于地面的高度,又称为相对高度;压力高度是指相对标准气压平面的高度;标准大气高度是指相对海平面的高度。

6. 空气的物理参数

空气的物理参数主要包括密度、温度和压力,这 3 个参数是确定空气状态的主要参数,飞行器空气动力的大小和飞行器性能的好坏都与这 3 个参数有关。

(1)空气密度。空气密度是指在一定的温度和压力下,单位体积空气所具有的质量。在标准条件[0℃,1 个标准大气压(1 atm)]下,空气密度约为 1.29 kg/m³,空气密度的计算公式为

$$\rho=m/V$$

式中:ρ 为空气密度,kg/m³;m 为空气质量,kg;V 为空气体积,m³。

可以看出,空气密度越大,说明单位体积内空气质量越大,即空气的分子数越多,称为空气稠密;空气密度越小,单位体积内的空气质量越小,即空气分子数越少,称为空气稀薄。空气密度随高度的增加而减小。

(2)空气温度。空气温度即气温,是表示空气冷热程度的物理量。空气温度的高低表示空气中空气分子做不规则热运动平均速度的大小,可以用温度表来测量。

气温的度量有 3 种方式:摄氏温标、华氏温标和绝对温标。

1)摄氏温标:标准大气压下,规定水的冰点为 0℃,水的沸点为 100℃。

2)华氏温标:规定氯化铵和冰水的混合物的温度为 0℉,人体温度为 100℉,那么水的结冰点就是 32℉,沸点为 212℉。

3)绝对温标:规定水的三相点(水的固、液、汽三种状态的平衡点)的温度为 273.15 K。绝对温标的 0 K,是摄氏温标的 -273.15℃。

空气温度一般用 t 表示。我国和大多数国家采用的是摄氏温度,单位为℃;西方的一些国家和地区采用的是华氏温度,单位为℉。摄氏温度和华氏温度可以用公式进行转换。

(3)空气压力。空气压力是指空气垂直作用在空气微团表面或物体表面单位面积上的力,单位为 Pa。气体压力是由气体分子在不断地运动时冲击到物体表面产生的,测量到的气体压力就是气体分子的冲击力。物体表面单位面积所受到的空气压力称为空气压强。地球的周围有一层空气——大气。空气分子非常活跃,由于地球具有很大的吸引力,所以地球表面的空气不会向宇宙空间逸散。大气内空气分子越靠近地面时数量越多,越离开地面时数量越少。在低空,分子数目减少,温度降低,空气压强也逐渐减小。当空气流动时,分子的活动情况有所不同,因此空气压强也有所变化。当气体流动时,在流动的方向所有的空气分子会有较大的冲击,压强加大。这种由于气流流动而形成的压强称为动压强。在大风天感到的风力就是气的动压力。当气体向一个方向流动时,气体分子向其他方向冲击的平均力便相对减小,作用在平行于气流方向的物体表面上的压强称为静压强。这就是说,气体流动时速度越快,动压强越大,而静压强越小;反之,速度越慢,动压强越小,而静压强越大;气体不动时,静压强最大。这个关系由瑞士数学家伯努利证明并整理为数学公式,通常称为伯努利定律。

7.空气密度的影响因素

压力、温度和湿度对飞行器有重要的影响,就是因为这些因素对空气密度有着直接的影响。

(1)压力对空气密度的影响。恒温条件下,密度和压力成正比,如果压力增加,密度也就增加;如果压力降低,密度相应地也会降低。这是因为空气可以被压缩或膨胀,当空气被压缩时,一定的容积可以容纳更多的空气;相反,当一定容积的空气压力降低时,空气就会膨胀而且会占据更大的体积,即空气密度降低。

(2)温度对空气密度的影响。在恒定压力条件下,增加一种流体的温度的方法就是降低其密度;相反,降低温度则会增加空气密度。这样,空气密度就和绝对温度成反比关系。

(3)湿度对空气密度的影响。在大气中,温度和压力都随高度增加而下降,密度也随高度增加而下降。空气不是完全干燥的,只不过空气中的少量水蒸气在特定情况下几乎可以忽略。但是在一般条件下,湿度可能成为影响飞行器性能的重要因素。水蒸气空气密度小,因此湿空气比干空气密度小,在给定的一组条件下,空气包含越多的水汽,则其密度也越小。温度越高,空气中能包含的水蒸气就越多。当对比两个独立的气团时,温暖潮湿(两个因素使空气趋于变轻)的气团相比寒冷干燥(两个因素使得空气变重)的气团密度要小。

2.1.3　大气的物理性质

1. 空气湿度

在一定的温度下,一定体积的空气中含有的水汽越少,则空气越干燥;水汽越多,则空气越潮湿。表示空气中水汽多少(即干湿程度)的物理量称为空气湿度。湿度的大小常用水汽压、绝对湿度、相对湿度和露点温度等表示。公众天气预报中最常用的是相对湿度。绝对湿度是一定体积的空气中含有的水蒸气的质量,其单位一般是 g/m^3。相对湿度是空气中实际水汽含量(绝对湿度)与同温度下饱和湿度(最大可能水汽含量)的百分比,它只是一个相对数值,并不表示空气中湿度的绝对大小。露点温度是指空气在水汽含量和气压都不改变的条件下,冷却到饱和时的温度。形象地说,空气中的水蒸气变为露珠时的温度就称为露点温度。当空气中的水汽已达到饱和时,气温与露点温度相同:当水汽未达到饱和时,气温一定高于露点温度。因此,露点与气温的差值可以表示空气中的水汽饱和的程度。

2. 空气压缩性

空气在压强作用下的可压缩程度用弹性模量、压强变化量与单位质量空气体积的相对变化量之比度量。影响空气压缩性的主要因素有气流的流动速度和空气的温度。气流的流动速度越快,空气密度的变化越大(或密度减小得越多),则空气易压缩(或空气的压缩性增大)。空气的温度越高,空气密度的变化越小(或密度减小得越少),则空气不易压缩(或空气的压缩性减小)。

3. 空气黏度

空气黏度又称空气动力黏度,旧称黏性系数,是表征空气黏性的一个物理量,是分子自由层碰撞抵制剪切变形的能力。空气黏度是空气的一种属性,表征空气黏性的大小。空气黏度的大小与温度关系密切。

空气黏度虽然很小,但对无人机来说影响很重要,尤其是小型和微型无人机,一定要考虑空气黏度的影响。无人机在空中飞行时一般空气黏度的作用只是明显地表现在机体表面薄薄的一层空气内,这一薄层空气称为边界层(旧称附面层)。

2.1.4　气流的特性

1. 相对运动原理

作用在无人机上的空气动力取决于无人机和空气之间的相对运动情况,而与观察、研究时所选择的参考坐标无关。这其实是相对运动原理在空气动力学中的应用,假设空气以速度 v 流过静止不动的无人机,那么产生的空气动力与无人机以速度 v 通过平静的空气时所产生的空气动力是完全相同的。空气相对无人机的运动称为相对气流,无人机运动的方向与相对气流的方向相反。也就是说,只要相对气流的速度相同,产生的空气动力就相等。这样就可以将无人机的飞行转化为空气的流动,从而使空气动力问题的研究大大简化。风洞实验就是根据这个原理建立起来的。

2. 稳定气流、流线、流管和流线谱

当空气在流动时,如果空间各点上速度的大小、方向、压力和密度等参数不随时间而改变,则称为稳定气流。如果在空间的某一点,气流参数随时间而改变,这样的气流就不是稳定气流。气流在稳定流动中,空气微粒流动的路线称为流线。通常把由流线组成的管子称为流管。两条流线之间的距离缩小,即流管变细;两条流线之间的距离扩大,即流管变粗。由许多流线组成的图形称为流线谱。

3. 连续性定理

连续性定理是描述流速与气流截面关系的定理,当气流稳定地流过直径变化的管子时每秒流入的空气量等于流出的空气量。因此,管径粗处的气流速度较小,而管径细处的气流速度较大。

4. 伯努利定理

1738年,"流体力学之父"伯努利发现了伯努利定理。由不可压缩、理想流体沿流管做定常流动时的伯努利定理可知,流动速度增加,流体的静压将减小;反之,流动速度减小,流体的静压将增加,但是流体的总压(静压和动之和)始终保持不变。伯努利定理是飞机起飞原理的根据,在水力学和应用流体力学中有着广泛的应用。另外,由于伯努利定理是有限关系式,常用它来代替运动微分方程,所以其在流体力学的理论研究中也有重要意义。

伯努利定理说明当管道中的空气静止时,管道中各处的大气压力相同,都等于此处的大气压力,因此各测压管中指示剂液面的高度都相等。但当空气以某一速度连续稳定地流过管道时,情况就发生了变化,因为流动管道内的空气压力有所下降,所以各测压管中指示剂的液面有所升高,但升高的量不同。管截面最细处的液面升高量最大,而管截面最粗处的液面升高量最小。这是因为在忽略了空气可压缩性的情况下,空气连续而稳定地流过管道,在管截面最细处的速度最快,空气的压力下降得最多;管截面最粗处的速度最慢,空气的压力下降得最小。

通过实验可以说明无人机机翼气动升力的产生。当气流流过机翼表面时,由于气流的方向和机翼所采用的翼型在机翼表面形成的流管变细或变粗,所以流体中的压力能和动能之间发生转变,在机身表面形成不同的压力分布,从而产生升力。

5. 无人机的升力与阻力

无人机是怎样在空中飞行的呢?先来做一个小实验,手持一张白纸的一端,由于重力的作用,白纸的另一端会自然垂下。现在将白纸拿到嘴前,沿着水平方向吹气,可以发现白纸不但没有被吹开,垂下的一端反而飘了起来,这是什么原因呢?根据上面所提到的流体力学的原理可知,流动慢的大气压强较大,而流动快的大气压强较小,白纸上面的空气被吹动,流动较快,压强比白纸下面不动的要小,因此将白纸托了起来。

对于固定翼无人机来说,当它在空气中以一定的速度飞行时,根据相对运动的原理,机翼相对于空气的运动可以看作机翼不动,而空气气流以一定的速度流过机翼。由于机翼一般是不对称的,上表面比较凸,而下表面比较平,流过机翼上表面的气流就类似于较窄地方的流水,流速较快;而流过机翼下表面的气流正好相反,类似于较宽地方的流水,流速较上表面的气流慢。根据流体力学基本原理,流动慢的大气压强较大,而流动快的大气压强较小,这样机翼下表面的压强就比上表面的压强高。换句话说,大气施加于机翼下表面的压力(方向向上)比施加于机翼上表面的压力(方向向下)大,二者的压力差便形成了飞机的升力。当无人机的机翼为对称形状,气流沿着机翼对称轴流动时,由于机翼两个表面的形状一样,所以气流速度一样,所产生的压力也一样,此时机翼不产生升力。当对称机翼以一定的倾斜角(称为攻角或迎角)在空气中运动时,就会出现与非对称机翼类似的流动现象,使得上、下表面的压力不一致,从而也会产生升力。

　　无人机在飞行过程中,机体上所受的力是平衡的,而无人机发动机的作用是克服所受的阻力,推动无人机前进,使得其相对于空气运动,从而产生升力。无人机在高速飞行的同时,还会因为各种原因受到阻力,所受的阻力可以分为摩擦阻力、压差阻力、诱导阻力、干扰阻力和激波阻力等。

　　(1)摩擦阻力。当两个物体相互滑动时,在两个物体上就会产生与运动方向相反的力,阻止两个物体的运动,这就是物体之间的摩擦阻力。在空气中飞行时,无人机也会受到空气的摩擦阻力,这个摩擦阻力是由空气的黏性所造成的。当气流流过物体时,由于黏性,空气微团与物体表面发生摩擦,阻滞了气流的流动,这就是物体对空气的摩擦阻力;反之,空气对物体也有摩擦阻力。摩擦阻力是在边界层中产生的,边界层就是紧贴物体表面,流速由外部流体的自由流速逐渐降低到零的那一层薄薄空气层。边界层中气流的流动情况是不同的,一般机翼大约在最大厚度之前,边界层的各层不相混杂而成层地流动,这部分称为层流边界层;在这之后,气流的活动变为混乱无章,并且出现了漩涡和横向流动,这部分称为湍流边界层。从层流边界层转变为湍流边界层的那一点称为转捩点。

　　边界层中的摩擦阻力大小与流动情况有很大关系,大量的实践证明,层流流动对物体表面的摩擦阻力小,而湍流流动对物体表面的摩擦阻力要大得多。在普通的机翼表面,既有层流边界层,又有湍流边界层,因此为了减小摩擦阻力,人们就千方百计地使物体表面的流动保持层流状态,如通过在机翼表面上钻孔,吸除湍流边界层,这样就可以达到减小阻力的目的。另外,提高加工精度,使层流边界层尽量长,延缓甚至抑制转捩点的出现,也可以起到很好的效果,这些都是无人机设计中的层流机翼的概念。物体表面受到的摩擦阻力还与物体的表面积有关系,表面积越大,阻力也越大。因此,当人们试图减小飞行阻力时,减小无人机的尾翼或者机翼的面积也是一个有效的方法,当然前提条件是保证产生足够的升力和控制力。例如,使用推矢量技术的无人机,由于发动机推力直接用于飞行控制,所以尾翼就可以减小或者去除,这样就可以大大减小摩擦阻力。

　　(2)压差阻力。压差阻力是由于运动着的物体前后形成的压强而产生的,由压强差产生的阻力就是压差阻力。压差阻力同物体的迎风面积、形状和在气流中的位置都有很大的关系。用刀把一个物体从中间剖开,正对着迎风吹来的气流的面积称为迎风面积(见图 2 - 4)。如果是从物体最粗的地方剖开,则该面积称为最大迎风面积。由经验和实验都不难证明,形状相同的物体的最大迎风面积越大,压差阻力也就越大。

物体形状对压差阻力也有很大的影响。把一块圆形的平板垂直地放在气流中,它的前后会形成很大的压差阻力。平板后面会产生大量的涡流而造成气流分离现象。如果在四边形平板的前面加上一个圆锥体,它的迎风面积并没有改变,但形状变了,平板前面的高压区,被圆锥体填满,气流可以平滑地流过,压强不会急剧升高。显然这时平板后面仍有气流分离,低压区仍然存在,但是前后的压强大为减少,因而压差阻力降低到原来平板压差阻力的大约1/5。如果在平板后面再加上一个长的圆锥体,把充满漩涡的低压区也填满,使得物体后面只出现很少的漩涡,压差阻力会进一步降低到原来平板的1/25~1/20,这样前圆后尖、表面光滑、与水滴形状相似的物体称为流线型物体,简称流线体(见图2-5)。在迎风面积相同的条件下,它的压差用力最小,这时阻力大部分是摩擦阻力。除了物体的迎风面积和形状外,物体在气流中的位置也会影响压差阻力的大小。

物体上的摩擦阻力和压差阻力合称为迎面阻力。一个物体,究竟哪种阻力占主要部分,这要取决于物体的形状和位置。如果是流线体,那么它的迎面阻力中主要是摩擦阻力;如果形状远离流线体的式样,那么压差阻力占主要部分,摩擦阻力居次要位置,而且总的迎面阻力也较大。

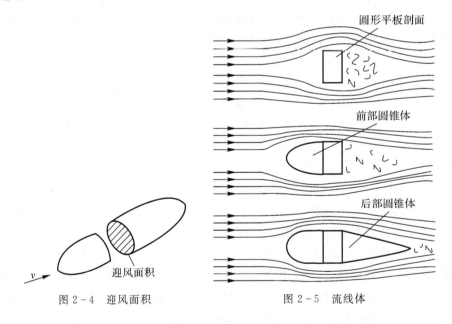

图2-4 迎风面积   图2-5 流线体

(3)诱导阻力。机翼上除了产生摩擦阻力和压差阻力,由于力的产生,还要产生一种附加阻力,这种由于产生升力而诱导出来的附加阻力称为诱导阻力。可以说,诱导阻力是为产生升力而付出的一种"代价"。当机翼产生升力时,机翼下表面的压力比上表面大,而机翼翼展长度又是有限的,因此下翼面的高压气流会绕过端翼尖,向上翼面的低压区流去。当气流绕过翼尖时,在翼尖部分形成漩涡,这种漩涡不断产生而又不断地向后流去即形成了翼尖涡流(见图2-6)。由于翼尖涡流的诱导,导致气流下洗在平行于相对气流方向出现阻碍飞机前进的力,这就是诱导阻力。在实际应用中,平面型机翼的诱导阻力系数与椭圆形机翼相比要大一些,即椭圆形机翼的诱导阻力系数是最小的。

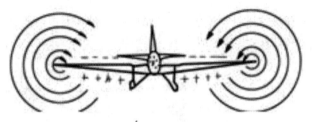

图 2-6 翼尖涡流

(4)干扰阻力。无人机上除了摩擦阻力、压差阻力和诱导阻力之外还有一种干扰阻力(见图 2-7)。无人机的各个部件,如机翼、机身、尾翼等,单独放在气流中所产生的阻力的总和往往小于把它们组成一个整体时所产生的阻力。干扰阻力就是无人机各部分之间由于气流相互干扰而产生的一种额外阻力。无人机各部件之间的平滑过渡和整流包皮,可以有效减小干扰阻力。干扰阻力在无人机总阻力中所占比例较小。

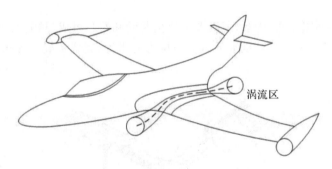

图 2-7 干扰阻力

(5)激波阻力。激波阻力是无人机在空气中飞行过程中产生的一种较强的阻力,由空气遭到强烈的压缩而形成。超声速飞行器翼身组合体的体积和截面面积分布对其激波阻力的影响十分显著,合理的机翼和机身横截面面积分布可以显著降低其激波阻力。

2.2 无人直升机的结构及飞行原理

2.2.1 无人直升机的系统组成

无人直升机系统大体上由直升机本体、操纵导航系统、综合无线电系统和任务载荷设备等组成。直升机本体包括旋翼、尾桨、机体。操纵导航系统包括地面控制站、机载姿态传感器、飞控计算机、定位与导航设备、监控及显示系统等,这一部分是无人直升机系统的关键部分,也是较难实现的部分。综合无线电系统包括无线电传输与通信设备等,由机载数据终端、地面数据终端等成。任务载荷设备包括光电、红外和雷达侦察设备及电子对抗设备、通信中继设备等。

1.无人直升机结构

无人直升机是由旋翼提供升力和推进力进行飞行的,一般由主旋翼、机身、尾桨、起落装置、操纵系统、传动系统、电动机或发动机组成,如图2-8所示。

图2-8　无人直升机的结构

1—机身;2—主旋翼;3—尾桨;4—操纵系统;5—发动机;6—起落装置

(1)主旋翼。如图2-9所示,主旋翼主要由桨叶和桨毂组成,是无人直升机最关键的部位,既产生升力,又是无人直升机水平运动的拉力的来源,旋翼旋转的平面是升力面也是操纵面。

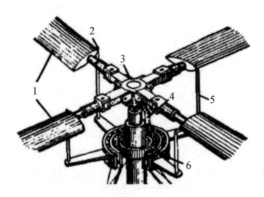

图2-9　主旋翼

1—桨叶;2—桨叶摇臂;3—桨毂;4—拨杆;5—变距拉杆;6—外环

(2)机身。无人直升机机身与固定翼无人机机身结构和功能类似。其主要功能包括装载燃料、货物和设备等,同时作为安装基础将各部分连成一个整体。机身具有承载和传力的作用,承受各种装载的载荷,还承受各类动载荷。

(3)尾桨。如图2-10所示,尾桨的主要作用是产生一个侧向的拉力/推力,并通过力臂形成偏转力矩,平衡主旋翼的反扭矩并且控制航向,相当于直升机的垂直安定面,可以改善直升机的航向稳定性和提供一部分升力等。尾桨分为推式尾桨和拉式尾桨,尾桨拉力方向指向直升机的对称面的为推式尾桨;从直升机的对称面向外指的为拉式尾桨。

(4)起落装置。用于地面停放时支撑重力和着陆时吸收撞击能量的部件。结构形式有轮式、滑撬式和浮筒式。

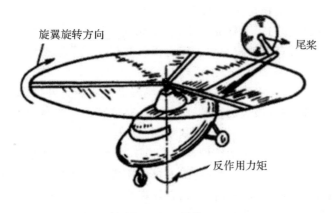

图 2-10　尾桨

（5）操纵系统。操纵系统是用来控制无人直升机飞行的系统。由自动倾斜器、座舱操纵机构和操纵线系等组成。无人直升机的垂直、俯仰、滚转和偏航 4 种运动形式，分别对应于操纵系统的总距操纵、纵向操纵、横向操纵和航向操纵。

（6）传动系统。在无人直升机中，发动机提供的动力要经过传动系统才能到达主旋翼和尾桨，从而使主旋翼旋转产生升力，尾旋翼旋转平衡扭矩。传动系统的主要部件由主减速器、传动轴、尾减速器和中间减速器组成，如图 2-11 所示。

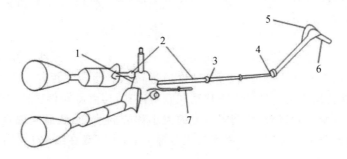

图 2-11　传动系统

1—主减速器；2—传动轴；3—轴承支座；4—中间减速器；5—尾减速器；6—尾桨轴；7—附件传动

2. 无人直升机旋翼头的结构类型

当前，应用于无人直升机中的旋翼头结构类型众多，如贝尔-希拉式、无副翼操作形式、新型无轴承旋翼头等类型。其中，应用较多的旋翼头有贝尔-希拉式旋翼头和无副翼旋翼头。

（1）贝尔-希拉式旋翼头。贝尔-希拉式操作形式是目前航模及微小型无人直升机常见的操作形式之一，分为上副翼和下副翼两种类型。

无人直升机的副翼即贝尔-希拉小翼，又称伺服小翼，在直升机旋翼系统中具有非常重要的作用：

1)具有非常重要的陀螺稳定效应。当主旋翼受到微小扰动时,贝尔-希拉小翼具有抗扰动能力,使飞机保持一定的稳定飞行状态。

2)为主旋盘提供操作力。当打舵操作旋盘时,伺服小翼会首先改变原来的运动状态,从而带动主旋盘倾转,这样就有效避免了主旋盘强大的交变载荷直接作用到伺服器上的副翼旋翼头。

(2)无副翼旋翼头。贝尔-希拉式旋翼头虽然解决了遥控直升机操控稳定性的问题,但是其复杂的机械结构隐藏着极大的机械故障风险,遥控直升机机械故障中带副翼系统的旋翼头故障占了绝大部分,这是因为一方面其复杂的结构多采用尼龙材料的球头连杆,极易出现疲劳磨损现象;另一方面,复杂的结构难于维护检查,增大了其出现问题的风险概率。

随着科学技术的发展,逐渐出现了仿载人机结构类型的无副翼旋翼头。无副翼旋翼头没有伺服小翼增稳作用,因此在遥控控制状态较难实现精准的操控,但是高灵敏度微小型三轴陀螺仪的出现解决了无副翼系统静态不稳定结构的控制问题。一方面,无副翼系统采用自动控制增稳功能的陀螺仪系统,在直升机受到微小扰动时能自动修正飞行姿态;另一方面,由于采取了伺服小翼,不但使得主旋盘效率大大提升,而且规避了主要的机械可靠性问题。

同时,由于技术的革新,能够承受更大载荷、寿命更长的高性能伺服器的出现解决了无副翼系统中伺服器需承受的巨大交变载荷的问题。

3.十字盘的结构

直升机的自动倾斜盘简称为倾斜盘,又称十字盘,是一种用于传递操作指令实现总操纵和周期变距操纵的机械结构。

十字盘发明于1911年,其使直升机的复杂操纵得以实现,现已在所有直升机上应用。其构造形式虽有多种,但工作原理基本相同。十字盘一般由与操纵线系相连的不旋转件和与桨叶变距拉杆相连的旋转件组成,不旋转件通过轴承与旋转件相连。操纵线系输入操纵量,经过不旋转件转换成旋转件的上下移动和倾斜运动,再由旋转件通过与桨叶变摇臂相连的桨叶变距拉杆改变桨叶桨距,使旋翼拉力的大小和方向改变,从而实现直升的飞行操纵。十字盘旋转件的转动由与旋翼桨毂相连的扭力臂带动,十字盘在结构上要保证纵向、横向和总距操纵的独立性。

总距操纵简称总距,即直升机旋翼相对水平面的攻角(迎角)。当需要控制直升机上升或者下降时,操作总距杆上移,此时十字盘总体上移,通过十字盘转动部分连杆的传递作用使桨叶的攻角加大,从而控制飞行器的上升(直升机的旋翼通常是以相对固定的转速工作的,它通过改变旋翼的攻角来改变飞行状态),反之则下降。

周期总距操纵简称周期总距,又称循环螺距,指在直升机旋翼做滚转或俯仰操作时,旋翼每旋转一周,旋翼总距的最大变化量。当操纵控制飞机前、后、左、右运动的操作杆时,通过一定的机械结构传动,最终使十盘相应地前、后、左、右倾斜,达到控制直升机旋盘相应地前、后、左、右倾斜的目的,从而实现控制飞行器的前、后、左、右运动。

2.2.2 无人直升机的飞行原理

单旋翼无人直升机的旋翼旋转产生升力,并对机身产生反转矩,尾桨旋转产生推力抵消反转矩。

当改变无人直升机主旋翼与水平面的夹角时,会使得旋翼拉力与重力不在一条直线上,无人机将以不同的飞行姿态飞行。

旋翼在空气中旋转,对周围空气产生一个作用力矩,根据牛顿第三定律,空气必定以大小相等、方向相反的力矩作用于旋翼,然后传到机体上。此时,如果不采取平衡措施,这个反作用力矩会使机体向旋翼旋转的相反方向旋转。为了平衡这个反作用力矩,需要采用不同的直升机布局形式。直升机的布局形式按旋翼数量和布局方式的不同,分为单旋翼直升机、共轴式双旋翼直升机、纵列式双旋翼直升机、横列式双旋翼直升机和带翼直升机等类型。

2.3 固定翼无人机的结构及飞行原理

2.3.1 固定翼无人机的结构

1. 固定翼无人机的组成

除少数特殊形式的机型外,到目前为止,大多数固定翼无人机由机翼、机身、尾翼、起落装置(简称起落架)和动力装置 5 部分组成,如图 2-12 所示。

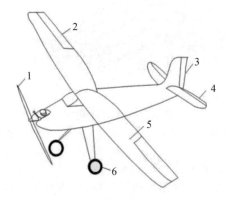

图 2-12 固定翼无人机的组成
1—螺旋桨;2—副翼;3—垂直尾翼;4—水平尾翼;5—机翼;6—起落架

(1)机翼。机翼的主要功能是产生升力,以动力装置支持无人机在空中飞行,同时也起到一定的稳定和操作作用。在机翼上一般安装有副翼和襟翼,操纵副翼可使无人机滚转,放下襟翼可使升力增大。机翼上还可安装发动机起落架和油箱等。不同用途的无人机的机翼形状、大小也各有不同。

(2)机身。机身的主要功能是装载武器、货物和各种设备,将无人机的其他部件(如机翼、尾翼及动力装置等)连接成一个整体。

(3)尾翼。尾翼包括水平尾翼和垂直尾翼。水平尾翼由固定的水平安定面和可动的升降舵组成。有的高速无人机将水平安定面和升降舵合为一体成为全动平尾。垂直尾翼包括固定的垂直安定面和可动的方向舵。尾翼的作用是操纵无人机俯仰和偏转,保证无人机能平稳飞行。

（4）起落架。无人机的起落架由缓冲支柱和机轮组成,其作用是起飞、着陆滑跑,地面滑行和停放时支撑无人机。

（5）动力装置。动力装置主要为无人机提供动力和升力,使无人机前行。需要注意的是,无人直升机除上面提到的几种装置外,根据操作和执行任务的不同会有不同的装置,如各种仪表、通信设备、安全设备等。

2.固定翼无人机的主要构造特点和分类

（1）机翼的构造特点和分类。

1）机翼的主要承力构件。机翼由翼梁、前墙、后墙、桁条、翼肋和蒙皮等典型构件组成,如图 2-13 所示。其中,翼梁、前墙、后墙和桁条为机翼的纵向构件,翼肋为机翼的横向构件,纵、横向构件组成骨架,蒙皮则包裹在骨架外面形成机翼型面。

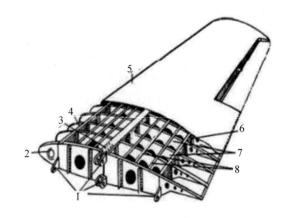

图 2-13　机翼的组成

1—接头;2—加强肋;3—翼梁;4—前墙;5—蒙皮;6—后墙;7—翼肋;8—桁条

A.翼梁:承受弯矩(缘条)和剪力(腹板);

B.前(后)墙:与蒙皮形成封闭的合段承受扭矩,与机身连接方式为铰接;

C.桁条:铝合金挤压或板材弯制而成,与翼肋相连并且铆接在蒙皮内表面,支持蒙皮以提高其承载能力,更好地承受机翼的扭矩和弯矩;

D.翼肋:包括普通翼肋和加强翼肋;

E.蒙皮:承受局部空气动力和形成机翼外形。

2）机翼的结构形式。任何一种机翼的结构和形状都取决于无人机的尺寸、质量、用途、在飞行和着陆中所要求的速度及爬升率等各种因素。为此,机翼有多种结构形式,根据蒙皮、桁条和翼梁椽条参与承受弯矩的能力,可把机翼分为梁式机翼和整体式机翼。

如果弯矩主要由翼梁椽条承受,这种机翼称为梁式机翼。梁式机翼中,桁条较弱,蒙皮较薄,剪力由翼梁腹板承受,转矩由蒙皮与后梁或纵墙腹板形成的盒形结构承受,作用在外翼剖面上的剪力和转矩在机翼根部传给机身加强框。梁式机翼的结构特点是有一根或者数根很强的翼梁,蒙皮很薄,长桁的量少,而且较弱。根据翼梁的多少,梁式机翼又可以分为单梁式机翼和双梁式机翼两种。

　　整体式机翼又可细分为单块式机翼和多腹板式机翼。如果腹板较少,且腹板椽条承受弯矩的能力较弱,则这样的整体式机翼称为单块式机翼。在单块式机翼中,可以用纵墙代替翼梁,它只承受剪力,转矩由后墙和蒙皮形成的盒形结构来承受,剪力和转矩传给中央翼与机身加强框的连接接头,来自两侧外翼的弯矩在中央翼上自身平衡。单块式机翼的结构特点是翼梁椽条的强度不高,蒙皮较厚,桁条多而且较强。蒙皮和桁条组成了机翼上、下很强的壁板,一起承担总体弯矩。单块式机翼的优点是蒙皮厚,局部刚度和扭转刚度较大,受力件分散,生存力较强,适用于高速飞机。其缺点是机翼上不便于开口,机翼和机身的连接接头比较复杂。多腹板式机翼有较多的纵向梁和墙,其椽条较强,弯矩由椽条和蒙皮共同承受,此种机翼常被超高速飞机采用,在此不做详细介绍。

　　为了充分利用梁式机翼和单块式机翼的优点,尽量避免它们的缺点,许多无人机的机翼采用梁式和单块式复合结构,即在靠近翼根开舱口的部分采用梁式结构,其余部分采用单块式结构。在复合式结构中,单块式部分的受力是分散的,梁式部分的受力是集中的。为了把单块式部分各构件分散承受力集中起来传递到梁式部分的翼上,在单块结构过渡到梁式结构的部位通常装有一些加强构件,以便把两部分的受力构件很好地连接起来。

　　(2)机身的构造特点。如图 2 - 14 所示,机身的受力构件包括内部的骨架、外部的蒙皮及连接接头。机身的骨架包括沿机体轴方向的大梁、桁条和沿横轴方向的隔框。

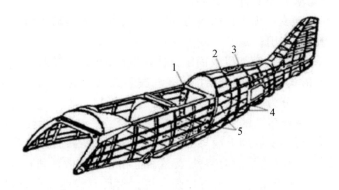

图 2 - 14　机身的组成
1—桁梁;2—桁条;3—蒙皮;4—加强隔框;5—普通隔框

　　1)蒙皮:与机翼蒙皮作用相似;

　　2)桁条:与机翼桁条作用相似;

　　3)桁梁:与翼梁作用相似;

　　4)隔框:与翼肋作用相似。

　　(3)起落架的构造特点和分类。

　　1)起落架的组成。如图 2 - 15 所示,陆上无人机的起落架一般由减震器、受力支柱、机轮(含制动装置)和收放机构几部分组成,这些部件按不同的组合方式,可以构成不同的起落架形式。减震器的作用是吸收着陆和滑跑时的冲击能量,减少冲击载荷,有利于减轻结构质量。受力支柱用来承受地面各个方向的载荷,并作为安装机轮的支撑部件。为了充分利用构件,减轻质量,减震器和受力支柱可以合二为一,形成缓冲支柱。机轮用于满足地面运动,并有一定的减震作用,制动装置安装在机轮上,以减小着陆滑跑距离;同时利用左、右机轮不同的制动力,可以在地面转弯,提高地面机动性。收放机构用于起落架的收起和放下。飞行时收起落架以减小阻力,着陆前放下起落架。收放机构同时用于固定支柱,使支柱与机体成为一个整体受力的构件,而不是一个可以运动的机构。

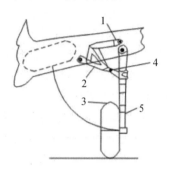

图 2-15 起落架的组成
1—收放动作筒;2—撑杆;3—机轮;4—铰链;5—减震器

　　A.受力支柱:起支撑作用并作为机轮的安装基础;
　　B.减震器:吸收着陆和滑跑冲击能量;
　　C.机轮:与地面接触支持无人机的重力,减少无人机地面运动的阻力,可以吸收一部分撞击动能,有一定的减震作用;
　　D.收放机构:用于收放起落架以及固定支柱,飞行时可减少阻力。
　　2)起落架的结构形式。起落架的结构形式取决于人机类型、尺寸等因素,主要影响结构受力和起落架的收放,可分为构架式、支柱套筒式和摇臂式 3 类。
　　构架式起落架,这种起落架的受力支柱与减震器合为一体,既承受飞机重力,又起缓冲作用,称为缓冲支柱。缓冲支柱的上端与机身的加强框(或机翼加强翼肋)通过连接接头相连,下端则安装滚动式机轮(轮带制动装置)。这种起落架没有收放机构,因此又称固定式起落架。为了加强缓冲支柱的能力,常装有加强支柱。它具有构造简单、质量小的优点,但飞行时会产生阻力,只适用于小型低速无人机。
　　支柱套筒式起落架与构架式起落架的组成相似,但其有收放系统,属于收放式起落架,其收放作动筒也起加强支柱的作用,防扭臂的作用是防止缓冲支柱的内、外筒相对转动而影响机轮直线滑跑。支柱套筒式起落架体积小,易于收放,其缺点是只能在缓冲支柱受轴向力时起很好的缓冲用;而当其受水平撞击时减震支柱将受弯矩,不能使缓冲支柱受轴向压缩,这就使缓冲作用减小,也会使内、外筒之间产生很大的局部摩擦而磨损密封装置。
　　摇臂式起落架的减震器与受力支柱分开,机轮则通过摇臂与受力减震器相连,故称为摇臂式起落架。摇臂式起落架解决了起落架水平载荷传递问题,其机轮通过一个摇臂(轮臂或轮叉)悬挂在承力支柱和减震器下。减震器根据配置不同,可以分为 3 种形式:减震器与受力支柱分开的摇臂式起落架,多用作主起落架;减震器与受力支柱合成一体的摇臂式起落架,一般用作前三点无人机的前起落:没有受力支柱,减震器和摇臂直接固定在无人机承力构件上的摇臂式起落架,一般用作后三点无人机的尾轮支撑机构。摇臂式起落架的机轮无论受正面撞击还是垂直向上的力,均通过摇臂压缩减震器,因而不仅保证了减震器不受弯矩,还提高了缓冲效能。摇臂式起落架的缺点是构造复杂且质量大、连接点多且受力大,不宜用在重型无人机上。

2.3.2　固定翼无人机的飞行原理

无人机自身有一定的重力,要想在天空中飞行,就要求无人机在飞行过程中能产生一种克服自身重力的力,这个力就是升力。固定翼无人机的升力主要靠机翼产生,升力的特性直接决定了无人机的性能。无人机在飞行过程中还会产生阻力,这个阻力主要靠发动机的推力来克服,这样才能保证无人机在空中持续飞行。

1. 升力的产生

固定翼无人机和无人直升机都是靠空气动力飞行的,它们的原理其实很相似。机翼上产生的升力大小和机翼的剖面形状有很大关系。机翼的剖面形状又称翼型,是指用沿平行于无人机对称面的切平面切割机翼所得的剖面。为了适应不同的需要,人们研究出了多种翼型。

固定翼无人机升力的产生依托于伯努利定理,在 2.1.4 节中已经介绍过伯努利定理,简单地说就是流体的速度越大,静压力越小;速度越小,静压力越大。对于固定翼无人机来说,机翼上部空气流动速度较快,静压力则较小;机翼下部空气流动速度较慢,静压力较大。两边互相作用,于是机翼被向上推,无人机就飞起来了。

2. 影响固定翼无人机升力的因素

(1)空气密度。升力的大小和空气密度成正比,密度越大升力也就越大。当空气很稀薄时,机翼上产生的升力很小。

(2)机翼面积。无人机的升力主要由机翼产生,而机翼的升力又由机翼上、下翼面的压强差产生的,因此,如果压强差作用的机翼面积越大,则产生的升力也就越大,机翼所产生的升力与机翼的面积成正比。但是应当注意的是,在计算机翼的面积时,要包括与机翼相连的机身的部分面积。

(3)相对速度。相对速度是指空气和无人机之间的相对速度,相对速度越大,产生的动力越大,机翼上产生的升力也就越大,但升力与相对速度之间并不是简单的正比关系,而是升力与相对速度的二次方成正比。

(4)机翼的剖面形状和迎角。机翼的剖面形状和迎角不同,产生的升力也不同,因为不同的剖面和不同的迎角会使机翼周围的气流流动状态(包括流速和压强)等发生变化,因而导致升力改变。对于早期的无人机,由于人们没有体会到翼型的作用,所以曾采用平板和弯板翼型。后来随着理论研究和实践研究的不断深入,人们认识到了翼型的重要性和它对升力所起的作用,因此创造了很多适合各种不同需求的翼型,并通过实验确定出各种不同翼型的空气动力特性。

3. 固定翼无人机的阻力及减阻措施

低速无人机上的阻力按其产生的原因可分为摩擦阻力、压差阻力、诱导阻力和干扰阻力,无人机进入跨声速之后,还会产生激波阻力,这在本书 2.1.4 节中已经介绍过了。

(1)摩擦阻力。由于空气存在黏性(非理想流体),致使空气与机身表面的黏滞作用直接产生摩擦阻力。空气的黏性和密度越大,摩擦阻力越大。当飞行器表面的气流状态是紊流时,也会增加一定的摩擦阻力。飞行器的表面积及表面粗糙度越大,摩擦阻力越大。减小摩擦阻力的方法如下:

1)机翼采用层流翼型。因为紊流附面层的摩擦阻力远远大于层流附面层,所以要减小摩擦阻力,就应设法使附面层保持层流状。层流翼型是使附面层保持层流状态的一种有效翼型。

2)在机翼表面安装一些气动装置,不断向附面层输入能量。结构上也可以采用对附面层进行吸气或吹气的措施。加大附面层内流的流动速度,减小附面层的厚度,使附面层保持层流状态。

3)保持机体表面的光滑整洁。附面层的流动翼表面对气流的任何一个扰动都会使附面层内的流动状态发生改变,转捩点大大提前。因此,在维护修理无人机的工作中,一定要保持机体表面的光滑整洁,特别是在主要的气动力面,要保证机体表面没有污物、划伤、凹痕或凸起,要注意埋头铆钉的铆接质量和蒙皮搭接缝的光滑密封等。

(2)压差阻力。压差阻力是由于飞行器飞行时各组成部件对气流前后产生的压力所形成的力。力的大小与部件的迎风面积和形状有关。相对气流的迎风面积越大,压差阻力越大。同在相同的流速和迎风面积的情况下,不同的外形形状对压差阻力的影响也不同。减小压差阻力的措施如下:

1)尽量减小无人机机体的迎风面积。例如,在保证装载所需要容积的情况下,为减小机身的迎风面积,机身横截面的形状应取圆形或近似圆形。

2)暴露在空气中的机体各部件外形应采用流线型。

3)飞行时除了起气动作用的部件外,其他部件的轴线应尽量与气流方向平行。

(3)诱导阻力。诱导阻力是由于机翼上、下存在一定压力差所形成的一种阻力。减小诱导阻力的措施如下:

1)采用诱导阻力较小的机翼平面形状。椭圆平面形状的机翼诱导阻力最小,其次是梯形机翼,矩形机翼的诱导阻力最大。同时,增加机翼的展弦比也可以减小诱导阻力。

2)在机翼上安装翼梢小翼。在机翼的翼梢部安装翼梢小翼或副油箱等外挂物,都可以阻止气流由下翼面向上翼面的流动,从而削弱翼梢漩涡,减小诱导阻力。翼梢小翼在减小诱导阻力和节省燃油、加大航程方面有着明显的作用。

(4)干扰阻力。干扰阻力是指飞机各部件组合到一起后,由于气流的相互干扰而产生的一种额外阻力。减小干扰阻力的措施如下:

1)适当安排各部件之间的相对位置。对于机翼和机身之间的干扰来说,中单翼干扰最小,下单翼干扰最大,上单翼干扰居中。

2)在部件结合部位安装整流罩,使结合部位较光滑,减小流管的收缩和扩张。

2.4 多旋翼无人机的结构及飞行原理

2.4.1 多旋翼无人机的结构

多旋翼无人机在易用性、可靠性、维护性、续航性和承载性等方面有着很大的优势。因此,很长时间内,多旋翼无人机在消费市场中都处于优势。另外,随着电池技术、材料技术和电动机技术的不断发展,多旋翼无人机的续航性、承载性会不断地提高,因此多旋翼无人机将在更多的方面表现出色,并且将会成为越来越多消费者的选择。本节将对多旋翼无人机的结构和飞行原理进行详细介绍。

多旋翼无人机出现在 21 世纪初,依靠对若干旋翼的速度调整,可实现无人机的悬停运动。引擎和直接安装的螺旋桨是唯一可以活动部件,使用这种无人机需要对旋翼旋转进行精确的同步调制,只有电动机才能完成这一任务。目前,多旋翼无人机主要有四旋翼无人机、六旋翼无人机和八旋翼无人机等。

多旋翼无人机的组成一般包括机架、起落架、无刷直流电动机(简称无刷电动机)、电子调速器(简称电调)、电池、螺旋桨、自动驾驶仪、遥控装置、全球定位系统(Global Positioning System,GPS)模块、任务设备及数据链路。

1. 机架

机架是大多数设备的安装载体,也是多旋翼无人的主体,又称机身。电动机、电调和飞机控制板等都需要安装在机架上面,根据机翼个数的不同,多旋翼又可分为三旋翼、四旋翼、六旋翼和八旋翼等。

(1)机架的分类。按材料来分,机架可分为以下几类:

1)塑胶机架。塑胶机架具有一定的刚度、强度和可弯曲度,价格相对低廉。

2)玻璃纤维机架。其主要特点是强度比较高,而且需要的材料很少,可以减小整体机架的质量。

3)碳纤维机架。碳纤维机架的质量较小,且强度和韧性较好,但是价格偏高。

对于多旋翼无人机来说,出于对整机结构强度和质量的考量,一般采用碳纤维机架。

(2)机架布局。常见的机架布局有 X 型、I 型、V 型、Y 型和 IY 型等,如图 2-16 所示。

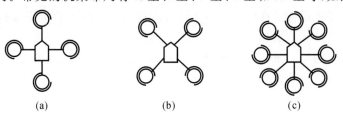

图 2-16 常见的机架布局

(a)I 型 4 旋翼;(b)X 型 4 旋翼;(c)I 型 8 旋翼

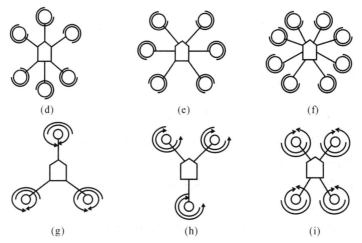

续图 2-16 常见的机架布局

(d)I 型 6 旋翼;(e)V 型 6 旋翼;(f)V 型 8 旋翼;(g)IY 型共轴 3 轴 6 旋翼;

(h)Y 型共轴双桨 3 轴 6 旋翼;(i)V 型共轴双桨 4 轴 8 旋翼

(3)机架轴距。轴距是机架最重要的数据指标,它是指对角线两个电机或者桨叶中心的距离,单位为 mm,如四轴 250(见图 2-17)表示对角线电机中心的距离为 250 mm。

图 2-17 四轴 250

(4)机架的主要作用。

1)提供安装接口。这些接口包括安装和固定电动机、电调、飞机控制板的螺钉孔。

2)提供整体的稳定坚固的平台。飞行器飞行过程中需要一个稳定坚固的平台,其可以使电动机在转动过程中不会毁坏其他设备,并为传感器的安装提供一个稳定的平台。

3)起落架等缓冲设备。这些可以为飞行器提供安全的起飞和降落条件,避免损坏其他设备。

4)通过良好的造型保证足够小的质量。这样就可以给其他设备提供更多的参数选择余量。

2.起落架

起落架是多旋翼无人机唯一和地面接触的部位。作为整个机身在起飞和降落时的缓冲部件,为了保护机载设备,起落架应强度高、结构牢固,与机身保持相当可靠的连接,能够承受一定的冲力。一般在起落架前后安装或者涂装上不同的颜色,以便在远距离多旋翼无人机飞行时能够区分多旋翼无人机的前后。

起落架的功能如下:

(1)在起飞与降落时支撑多旋翼及机身,并保持机身的水平平衡。

(2)保证旋翼与地面之间有足够的安全距离,避免螺旋桨与地面发生碰撞。

(3)减弱起飞和降落时的地面效应(下洗气冲击地面产生的气流干扰)。

(4)消耗和吸收多旋翼在着陆时的冲击能量。

3. 无刷电动机

电动机是多旋翼无人机的动力机构。电动机的转速快慢决定了飞行器可以承载的质量,同时其转速改变的快慢可以影响飞行姿态的变换,如图 2-18 所示,无刷电动机去除了电刷,其最直接的变化就是没有了有刷直流电动机运转时产生的电火花,这样就极大地减少了电火花对遥控无线电设备的干扰。无刷电动机运转时的摩擦力大大减小,运行更顺畅,噪声降低许多。该优点对于模型运行的稳定性是一个巨大的支持。

图 2-18 无刷电动机

无刷电动机的主要参数如下:

(1)尺寸。电动机的尺寸取决于定子的大小,在型号名称中用 4 位数字来表示。例如,3536(或写成 35×36)的前 2 位数字 35 代表定子直径(单位为 mm),后 2 位数字 36 代表定子高度(单为 mm)。因此,3536 电动机(见图 2-19)表示电动机定子直径为 35 mm,定子高度为 36 mm。也就是说,前 2 位数字越大,电动机越粗;后 2 位数字越大,电动机越高。高大粗壮的电动机的功率大,适合驱动更大的多旋翼。

图 2-19 3536 电动机

(2)电动机的 KV 值。无刷电动机的 KV 值[单位为 r/(min·V)]是指空载(不安装螺旋桨)情况下,外加 1 V 电压得到的电动机转速值(单位为 r/min)。如,100 KV 值意味着电动机空载时,当施加电压为 1 V 时,电动机空载转速将达到 100 r/min。KV 值小的电动机,其绕线更多、更密,能承受更大的功率,因此能产生更大的力矩,可以驱动更大的螺旋桨。相对而言,大 KV 值的电动机产生的力矩小,适合驱动更小的电动机。

(3)空载电流。在空载试验中,当对电动机施加空载电压(通常为 0 V 或 24 V)时,测得的电动机电流称为空载电流。

(4)最大电流/功率。最大电流/功率是指电动机正常工作情况下能承受的最大电流或者功率。例如,最大连续电流 25 A/30 代表电动机最大可在 25 A 的连续电流下安全工作,超过这个电流阈值 30 s 后,电动机可能被烧坏。最大功率的定义与其类似。

4. 电调

电调可将飞机的控制信号转变为电流信号,即根据自动驾驶仪传输的脉宽调制(Pulse Width Modulation,PWM)信号来控制电动机的转速。由于自动驾驶仪输出的 PWM 信号非常微弱,无法直接驱动无刷电动机,所以需要电调对信号进行处理和放大,从而驱动电动机。一些电调还可以作为制动器或者稳压电源给遥控器接收机和 40 A 舵机供电。与一般的电调不同,用来控制无刷电动机的无刷电调还可以充当换相器,把多旋翼无人机上的直流电源转化为可以供给电调无刷电动机使用的三相交流电源。除此之外,电调还有电池保护和启动保护等其他功能。

电调的主要参数如下:

(1)最大持续/峰值电流。最大持续电流和峰值电流是无刷电调非常重要的参数,其常用单位是 A,如 10 A、20 A、30 A。不同电动机需要配备不同的电调,不合理的配置会导致电调被烧坏甚至电动机失效。最大持续电流是指在正常工作模式下的持续输出电流,峰值电流是指电调能承受的最大瞬时电流。每个电调都会在型号标注最大持续电流,挑选电调时,要注意留有一定的安全度(如 20% 的安全裕度),以有效避免功率管被烧坏,如 50 A 的电调一般要留出 10 A 的安全裕度。

(2)电压范围。电调能够正常工作所允许输入的电压范围也是非常重要的参数。例如,在电调说明书上可以看到 3-4 S LiPo 字样,表示该电调用于 3～4 节电芯串联的锂聚合物电池,即其正常工作的电压范围为 11.1～14.8 V。

(3)内阻。电调都有内阻,通过电调的电流有时可达数十安培,因此电调的发热功率不能被忽视。为了减少热能耗散,电调的内阻应当尽可能小。

(4)刷新频率。电动机响应速度在很大程度上依赖于电调的刷新频率。在多旋翼无人机得到规模化发展前,电调是专为航模或车模设计的。当时伺服电动机的最大工作频率是 50 Hz,因此电调的刷新频率也定为 50 Hz。从理论上来说,电调的刷新频率越高,电动机的响应速度越快。多旋翼无人机需要通过螺旋桨转速的快速变化来改变拉力大小,因此多旋翼无人机电调的刷新频率往往比其他电调要高。此外,为了保证输出信号的平滑性,电调会在输入端或输出端加装低通滤波器,但这在一定程度上会影响电调的响应速度。

5. 电池

电池(见图 2-20)是电动多旋翼无人机的供电装置,给电动机和电子设备供电。最小的电池是 1S1S,代表 3.7 V。目前,市面上的电池种类很多,其中锂电池和镍氢电池以其优越的性能和低廉的价格成为受人们青睐的动力电池。

考虑到电池的质量和效率问题,无人机多采用锂聚合物电池。

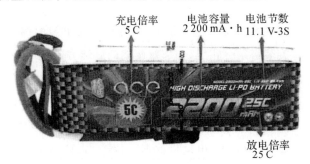

图 2-20　电池

(1)电压:分为额定电压、开路电压、工作电压和充电电压等,单位为 V,符号为 U。

1)额定电压是指电池工作时公认的标准电压,例如锂聚合物电池为 3.7 V;

2)开路电压是指无负载使用情况下的电池电压;

3)工作电压是指电池在负载工作情况下的放电电压,它通常是一个电压范围。例如:锂聚合物电池的工作电压为 3.7~4.2 V;

4)充电电压是指外电路电压对电池进行充电时的电压,一般充电电压要大于电池开路电压。

(2)电池容量:是指电池储存电量的大小,电池容量分为实际容量、额定容量和理论容量,单位为 mA·h,符号为 C。

1)实际容量是指在一定放电条件下,在终止电压前电池能够放出的电量;

2)额定容量是指电池在生产和设计时,规定的在一定放电条件下电池能够放出的最低电量;

3)理论容量是指根据电池中参加化学反应的物质计算出的电量。

(3)电池倍率:一般充放电电流的大小常用充放电倍率来表示,符号为 C,即

$$充放电倍率＝充放电电流/额定容量$$

例如:额定容量为 10 A·h 的电池用 4 A 放电时,其放电倍率为 0.4 C;1 000 mA·h、10 C 的电池,最大放电电流＝1 000×10＝10 000 mA＝10 A。

(4)电池串/并联数量:S 是指该电池串联的数量,P 是指该电池并联的数量,如图 2-21 所示。

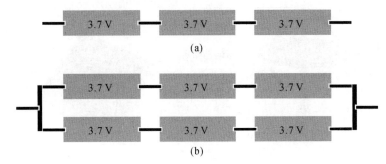

图 2-21　锂电池的串/并联

(a)3S 锂电池的串联;(b)3S2P 锂电池的并联

6. 螺旋桨

螺旋桨(见图 2-22)主要安装在电动机上,多旋翼无人机装的都是不可变距的螺旋桨。这里需要注意的是,螺旋桨必须分正反,相邻螺旋桨的旋转方向是不一样的。正反螺旋时风都下吹,适合顺时针旋转的称为正桨,适合逆时针旋转的称为反桨。安装螺旋桨时,应注意无论正反桨,有字的一面是向上的(桨叶圆润的一面要和电动机旋转方向一致)。电动机与螺旋桨的搭配是非常复杂的问题:螺旋桨越大,升力就越大,但对应需要更大功率的电动机来驱动;螺旋桨转速越高,升力越大,电动机的 KV 值越小,转动速度就越大。综上所述,大螺旋桨需要配套低 KV 值的电动机,而小螺旋桨需要配套高 KV 值的电动机。

图 2-22 螺旋桨

7. 自动驾驶仪

自动驾驶仪是多旋翼无人机的核心设备,其好坏从本质上决定了无人机的飞行性能的优劣。自动驾驶仪包括陀螺仪、加速度计和外部设备接口。

(1)陀螺仪(见图 2-23)。从理论上来说,陀螺仪只测试旋转角速度,但实际上所有的陀螺仪都对加速度敏感,而重力加速度在地球上无处不在,并且在实际应用中很难保证陀螺仪不受冲击和震动产生的加速度的影响。因此,陀螺仪对加速度的敏感程度非常重要,因为震动敏感度是最大的误差源。两轴陀螺仪仅能起到增稳作用,三轴陀螺仪仅能够自稳。

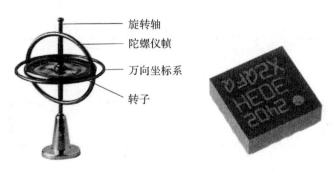

图 2-23 陀螺仪

(2)加速度计(见图 2-24)。加速度计一般为三轴加速度计,用来测量三轴加速度和重力。

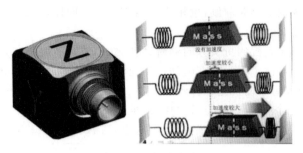

图 2-24　加速度计

多旋翼无人机自动驾驶仪完成的主要功能如下:

(1)处理来自遥控器或自动控制的信号。自动驾驶仪要识别遥控器或自动控制的信号,完成要求的飞行姿态或其他指令。

(2)控制电调。飞控系统给电调发送信号,调节电动机的转速,实现控制改变飞行姿态的功能。

(3)可通过一些机载的测量元件反馈信号,在没有任何人为控制的情况下控制电调的输出信号,以保持多旋翼无人机的稳定状态。

8.遥控装置

遥控设置包括遥控器和接收机,接收机安装在无人机上,一般按照通道数将遥控器分为六通道、八通道、十四通道遥控器等,对于通道的概念在第 2 章会有详细介绍。

9.GPS 模块

GPS 模块测量多旋翼无人机当前的经纬度、高度、航迹方向、地速等信息。一般在 GPS 模块中还会包含地磁罗盘(三轴磁力计),用来测量无人机当前的航向。

10.任务设备

目前使用最多的任务设备就是云台,常用的有两轴云台和三轴云台,作为照相机或摄像机的增稳设备,提供两个方向或三个方向的稳定控制。

11.数据链路

数据链路包括数字传输和图像传输。数字传输指地面控制站(笔记本计算机或手机数据终端)与飞控系统之间的数据信息传输。图像传输指接收机载照相机或摄像机拍摄的图像,一般延迟为数十毫秒。目前也有高清的数字图像传输,其传输速率和清晰度都有很大的提高。

2.4.2　多旋翼无人机的飞行原理

市面上的多旋翼无人机种类很多,但是主流产品是四旋翼无人机,本节将以常见的四旋翼无人机为例来进行介绍。四旋翼无人机的控制原理是:当没有外力并且重力分布平均时,4 个螺旋桨以一样的转速转动。当螺旋桨向上的拉力大于整机的重力时,四轴就会向上升;当拉力与重力相等时,四轴可以在空中悬停。当四轴的前方受到向下的外力时,前方电动机加快转速,以抵消外力的影响而保持水平。同样,当其他几个方向受到外力时,四轴也可以通过这种动作保持水平。当需要控制四旋翼无人机向前飞时,前方的电动机减速,而后方的电动机加速,这样,四轴就会向前倾,也相应地向前飞行。同样,四旋翼无人机向左、向右、向后飞行的原理与之类似。

当要控制四旋翼无人机的机头方向顺时针转时,四轴同时加快左右电动机的转速,并同时降低前后电动机的转速。因为左右电动机是逆时针转动的,且左右电动机的转速一样,所以左右保持平衡;而前后电动机是顺针转动的,且前后电动机的转速也一样,所以前后左右都可以保持平衡。同时,飞行高度也可以保持,但是逆时针转动的力比顺时针大,因此机身会反方向转动,从而实现无人机方向的控制。这也是四旋翼无人机使用两个反浆和两个正浆的原因。

旋翼越多,无人机越稳定,因为如果旋翼数量众多,那么阵风刮来的方向就有更大可能存在旋翼来对抗阵风。

四旋翼无人机在空间共有 6 个自由度。这 6 个自由度通过调节 4 个电动机的转速来实现,基本运动状态为垂直运动、俯仰运动、滚转运动、偏航运动、前后运动和侧向运动。

1. 垂直运动

同时增加 4 个电动机的输出功率,旋翼转速增加,使得总的拉力增大,当拉力足以克服整机的重力时,四旋翼无人机便离地垂直上升;反之,同时减小 4 个电动机的输出功率,四旋翼无人机则垂直下降,直至平衡降落,实现了沿 Z 轴的垂直运动,如图 2-25 所示。当旋翼产生的升力等于无人机的自重时,无人机便保持悬停状态。

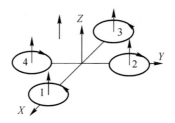

图 2-25　垂直运动

2. 俯仰运动

电动机 1 的转速上升,电动机 3 的转速下降,电动机 2、电动机 4 的转速保持不变。于是旋翼 1 的升力增大、旋翼 3 的升力减小,产生的不平衡力矩使机身绕 Y 轴旋转,如图 2-26 所示。同理当电动机 1 的转速减小、电动机 3 的转速增大时,机身便绕 Y 轴向另一个方向旋转,实现四旋翼无人机的俯仰运动。

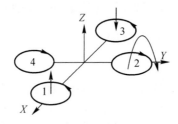

图 2-26　俯仰运动

3.滚转运动

改变电动机 2 和电动机 4 的转速,电动机 1 和电动机 3 的转速不变,则可使机身绕 X 轴旋转(正向和反向),实现四旋翼无人机的滚转运动,如图 2-27 所示。

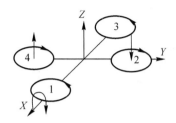

图 2-27　滚转运动

4.偏航运动

旋翼转动过程中由于空气阻力作用,会形成与转动方向相反的反转矩。为克服反转矩的影响,可使 4 个旋翼中的两个正转、两个反转且对角线上的各个旋翼转动方向相同。反转矩的大小与旋翼转速有关,当 4 个电动机转向相同时,4 个旋翼产生的反转矩平衡,四旋翼无人机不发生转动。当 4 个电动机转速不完全相同时,不平衡的反转矩会引起四旋翼无人机转动。当电动机 1 和电动机 3 的转速增大,电动机 2 和电动机 4 的转速减小时,旋翼 1 和旋翼 3 对机身的反转矩大于旋翼 2 和旋翼 4 对机身的反转矩,机身便在富余反转矩的作用下绕 Z 轴转动,实现四旋翼无人机的偏航运动,转向与电动机 1、电动机 3 的转向相反,如图 2-28 所示。

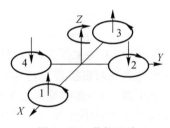

图 2-28　偏航运动

5.前后运动

要想实现四旋翼无人机在水平面内的前后、左右运动,必须在水平面内对四旋翼无人机施加一定的力。增加电动机 3 的转速,使拉力增大;相应减小电动机 1 的转速,使拉力减小;同时保持其他两个电动机转速不变,反转矩仍然保持平衡。按俯仰运动的理论,四旋翼无人机首先发生一定程度的倾斜,从而使旋翼拉力产生水平分量,因此可以实现四旋翼无人机的前运动,如图 2-29 所示。向后飞行与向前飞行正好相反。

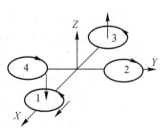

图 2-29　前后运动

6.侧向运动

由于结构对称,所以侧向飞行的工作原理和前后运动的原理完全相同,如图 2－30 所示。

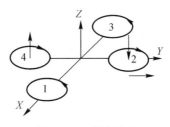

图 2-30　侧向运动

2.5　无人机飞行模拟器

合格的飞行能力首先要求无人机驾驶员掌握手动驾驶多旋翼无人机的能力,即使用遥控器驾驶无人机的能力,也就是通常所认为的会"飞"无人机。合格的手动驾驶无人机的能力主要通过模拟器训练和实机训练相结合的方式获得,先通过模拟器训练掌握一定的飞行驾驶能力,达到进行实机训练的标准,才能进入模拟器和实机配合训练阶段,直至能够驾驶规定质量的多旋翼无人机在规定飞行模式下完成规定动作。

2.5.1　飞行模拟软件选择

1.飞行模拟训练的必要性

从广义上来说,飞行模拟器就是用来模拟飞行器飞行的设备和软件,如模拟飞机、导弹、卫星、宇宙飞船等飞行的装置,都可称为飞行模拟器。它是能够复现飞行器及空中环境并能够进行操作的模拟装置。从狭义上来说,飞行模拟器就是用来模拟飞机飞行和操纵的装置。飞行模拟器在有人机和无人机的驾驶员培养中均有普遍采用,并对模拟器训练小时数有相应规定。使用模拟器训练具有以下突出优点:

(1)低成本。使用模拟软件和模拟设备代替真实飞机进行飞行训练,成本优势显而易见。普通无人机飞行模拟软件和设备的购买成本从几十元到一两百元不等,只相当于一个无人机电池的价格,安装在个人计算机上即可使用,训练过程几乎不产生设备维护、维修和损毁费用。相比于采购价格几千至几万元的实机和飞行训练中可能产生的电池、维保损耗,模拟器训练相当廉价。

(2)高效率。使用飞行模拟器的另一大优势是训练效率高,普通的无人机飞行模拟器只要在有个人计算机的地方连接上模拟设备和模拟软件就能使用。使用实机训练,需要考虑场地、天气、光线、飞行设备状态、能源(如电池)支持等因素。根据训练实践统计,使用模拟器训练 1 h 可以保障 30～40 min 的有效训练时间,即使用模拟器训练 1 h,训练时间可达到 30～40 min。使用实机训练 1 h 只能保障 10～15 min 的训练时间,即使用实机训练平均

1 h 只有 10～15 min 用在了飞行练习上,大量的时间被天气干扰、充电、转场、排队、维护、管理设备等工作占用。

(3) 低风险。刚接触飞行训练的新手,飞行技能不熟练,心理素质不过关,应急能力也较差,直接使用实机进行训练,飞行风险较高。飞行模拟器使用软件模拟飞行,不会对驾驶员和他人造成物理伤害,在室内进行练习也不会有风、热、雨、寒等天气影响。在飞行模拟器上可以获得初级驾驶技能和建立驾驶信心,能够平稳过渡到实机训练,大大降低飞行风险。

当然,飞行模拟训练也有一些缺点,再好的模拟器也不能完全模拟真实操控和飞行环境,模拟遥控器配合模拟软件的操作感受可能与实机有差异,模拟练习有一定难度且是简单动作的重复,可能产生一个练习疲劳阶段。但瑕不掩瑜,模拟器训练仍旧是必要的,因此掌握必要的飞行模拟器训练方法,可以充分发挥模拟训练低成本、高效率、低风险的优势,尽快过渡到模拟与实机配合训练时期,尽可能地缩短模拟训练的枯燥期。

2. 选择飞行模拟软件的考虑因素

飞行模拟器的组成一般包括可供操作的硬件部分和模拟飞行状态的软件部分,飞行模拟器根据对应的驾驶训练要求配置。有人机模拟训练会使用仿真程度很高的飞行模拟器,模拟器从外观到内部几乎和实机完全一致,最大限度地模拟真实飞行工作场景和飞行状态,其相对应的建设成本也较高。无人机的模拟器也要求尽可能地还原真实飞行场景,但无人机在结构和操控的复杂程度上要远远低于有人机,也不存在驾驶舱,因此在模拟器建设成本上要远远低于有人机,这对无人机广泛开展模拟训练十分有利。

多旋翼无人机的飞行模拟软件十分丰富,一般安装在个人计算机上即可使用,也有安装于移动设备的飞行模拟软件或飞行教程。常见的安装在个人计算机上的无人机飞行模拟软件有凤凰模拟器(PhoenixRC)、AeroFly、Reflex XTR、RealFlight 等通用模拟软件,也有满足专用训练要求的专用模拟软件,如穿越机飞行模拟软件等。飞手可以根据自己的技术需求和喜好进行飞行模拟软件的选用。消费级无人机企业在出售无人机时一般也会附带飞行教程,但大部分只能提供最初级的驾驶指引,部分消费级无人机企业也开发了兼容自己产品遥控器的飞行模拟软件,其功能与常用的飞行模拟软件相似。安装在移动端的飞行模拟软件种类众多,趣味性较强,但使用手机或平板作为操作平台,不能模拟遥控器驾驶状态,不建议在飞行训练阶段使用。

飞行模拟软件的选择主要考虑对象机型、模拟画面、模拟效果以及易用程度等因素。

(1) 对象机型。飞行模拟软件首先要能够匹配飞行训练对象机型,固定翼使用固定翼机型训练,无人直升机使用直升机机型训练,多旋翼使用多旋翼机型训练,其他机型可选择相近的模拟机型进行训练。需要说明的是,无人直升机的模拟训练操作要领与多旋翼无人机基本一致,多旋翼无人机平台本身飞行平稳性高,模拟软件中的多旋翼无人机模型参数更加完美,导致多旋翼无人机模型即使不进行操纵,飞行也比较稳定,使训练效果大打折扣,因此有不少训练机构使用难度较高的无人直升机模型来代替多旋翼无人机模型进行多旋翼类别的飞行模拟训练。实际上,无人直升机类别的驾驶员是可以兼飞多旋翼类别的无人机的,故提高训练标准,使用直升机模型代替多旋翼模型完全符合训练要求。

(2)模拟画面。模拟画面是模拟软件提供的飞行器模型和飞行场景,飞行器模型准确、精细,飞行场景画面清晰度和配色合理,音效还原度高,有利于提高飞行训练体验。模拟画面并非越"漂亮"越好,高质量的画面会使模拟软件过大,运行所需的硬件资源过多,需要高配置的计算机才能"带动",否则会影响使用体验。用于训练的模拟画面需要有明显的飞行参照物,以便在训练过程中判断飞行训练的效果,如进行悬停训练时需要有固定的点状参照物,用以判断悬停的偏移量;机型航线飞行时,需要有多个参照物串联成某种形状的航线。

(3)模拟效果。模拟效果是选择模拟软件最优先考虑的因素,前述对象机型和模拟画面会影响模拟效果,除此以外,使用模拟器操纵模拟软件飞行器时的手感是否与实机飞行时的手感接近是衡量模拟效果的最主要指标。不同机型的操纵手感受无人机的飞行性能和质量影响较大,微轻型无人机对操纵响应迅速,大中型无人机对操纵响应缓慢,应选择与训练实机操纵手感相近的模拟软件和机型。模拟软件应当可以设置风速、风向等自然界最常见的环境要素,在实机训练和应用中无风的状态较少出现。

(4)易用程度。模拟软件大多需要进行与模拟遥控器的匹配设置、飞行场景的参数设置和飞行器的参数设置,选择模拟软件时应当选择易看懂、易设置的类型,以免消耗大量时间在学习模拟软件的使用和调试上面,过多消耗学习热情。

(5)其他因素。除以上因素外,一些其他因素在选择模拟软件时也需加入考虑,如模拟软件的大小,过大的模拟软件不利于安装,对硬件配置要求往往也较高;再如模拟软件的兼容性,模拟软件应当与安装的硬件和操作系统兼容,并尽可能多地适配模拟遥控器,以免不能使用或在使用中频繁出错。

3. 几种常见的模拟软件介绍

(1)凤凰模拟器。凤凰模拟器(PhoenixRC)是广大航模爱好者和无人机爱好者最常用的飞行模拟软件之一,其模拟效果优良,模拟画面精细、舒适,对象机型丰富且可进行参数的调整,使用设置也较为简单,安装方便且模拟遥控器的适配度较高,是一款各项性能指标较为平衡的优秀模拟软件。

(2)AeroFly。AeroFly 是一款强大的飞行软件,场景制作精美、逼真,飞行器模型精细,气动外形真实,可选择的场景和飞行器种类多,可调节的气象要素丰富,可显示的操纵画面和飞行参数可以灵活搭配,支持第一视角飞行。Aerofly 是一款堪比顶级游戏的模拟软件。强大的功能和精美的画面也导致软件对硬件配置要求较高,各飞行参数设置也较烦琐,不利于初学者的快速上手。

(3)Reflex XTR。相比前两款模拟软件来说,Reflex XTR 模拟软件在模拟画面和飞行器模型细节上略逊一筹,但 Reflex XTR 简单易用的特点也十分明显。Reflex XTR 软件的大小不超过 1.5 GB,对安装设备的硬件要求低。采用中文界面,有利于初学者了解模拟软件的各种参数设置要求。模拟遥控器的连接与调试相对简单,在进行有效的通道分配的情况下,只需要校正中立位置一个操作即可使用。Reflex XTR 较多地考虑了训练需求,有专用的飞行训练场景和练习步骤可供选择。Reflex XTR 模拟软件使用较差的画面体验以换取方便的操作体验,注重飞行训练而牺牲了部分娱乐性,适合初学者需要快速掌握基本飞行技能的需求。

2.5.2　飞行模拟遥控器的设置

1. 模拟遥控器的选择

安装于计算机端的模拟软件需要搭配模拟遥控器进行使用,模拟遥控器的形式需要与实际操作的遥控器形式相匹配。遥控器包括发射机部分和接收机部分,发射机一般在驾驶员手中用于操纵飞行器,习惯上也将发射机部分称为遥控器。遥控器有不同的形式,车船用遥控器一般使用形似手枪的枪控,微轻型航模/无人机主要使用左右摇杆对称分布的板控,大中型无人机也有使用与有人机相似的操作摇杆。在下面的飞行训练中,主要使用微轻型航模/无人机使用较多的板控。

用于模拟的遥控器,既可以配置专门的模拟遥控器,也可以购买专用插口后连接普通遥控器使用。专门的模拟遥控器优点是价格便宜,几百元即可采购到,可以由计算机 USB 口直接供电,无需另外配置电池,缺点是不能用于控制实机,如需飞实机则需再购买航模遥控器,即需要配备两个遥控器。使用普通遥控器＋连接设备的组合可以连接模拟飞行软件,优点是模拟器练习和实机练习使用同一个遥控器,不会有操纵手感差异,缺点是需要购买连接线、加密狗等外接设备,普通遥控器也需要单独由电池供电,在长时间的模拟训练中需要频繁地充电。可见两者相比各有优劣,建议开展人数较多的模拟训练时,配置专门的模拟遥控器,免去充电和维护操作;个人使用或开展人数较少的模拟训练时,采用普通遥控器＋连接设备的组合,以提高模拟训练和实机操作的一致性。

当前,主流制式遥控器为 2.4 GHz 调频模拟遥控器,可用频段宽、信号直线性和绕射性好,传输距离几百米到几千米不等,能够满足普通娱乐和训练需求。市场上适用于航模/无人机的遥控器的种类十分丰富,可以提供给用户多样化的选择,国内外较知名的遥控器品牌有富斯(FlySky)、天地飞(WFLY)、乐迪、华科尔、睿斯凯(FrSky)、Microzone、Futaba、JR、Graupner、SPEKTRUM、Hitec、SANWA 等,部分无人机飞行平台供应商也会提供适应其产品的遥控器。遥控器的选择主要考虑价格、性能、功能、外观等因素。价格越高的遥控器,其性能、功能等一般也越优异,因此价格是选择遥控器的最主要因素,不同档次的遥控器价位差别很大,低价位的遥控器在 500 元以下,高价位的遥控器价格可达到数万元。飞行训练阶段推荐使用 1 000 元以下的遥控器,以降低建设成本,之后可选择 2 000～5 000 元价位的遥控器。除价格及由价格影响的性能、功能等因素外,不少爱好者也会关注编程功能、界面语言、代码开源、固件更新、外观、质量等影响遥控器使用的因素。

专用的模拟遥控器在结构和原理上要比实机用遥控器简单很多,相当于一个游戏手柄,选择能够与使用的模拟软件相匹配、廉价易用的产品即可。

2. 遥控器的通道

在区分遥控器时,常常使用七通道遥控器、十通道遥控器这样的名称,通道是遥控器重要的功能指标,遥控器通常会将通道数量标注在型号上,如天地飞 7 表示该遥控器为七通道遥控器,乐迪 AT10 表示该遥控器为十通道遥控器。遥控器的通道知识与飞行模拟软件的调试、实机的操纵、无人机的组装与维护、无人机功能的学习等重要内容有密切联系,因此有必要对其进行详细学习。

遥控器发射机的通道可以通过默认或调试的方式与接收机的通道对应,接收机的通道有信号传输插口,每个信号传输插口可以通过信号线或内部集成的方式与外部的设备连接,这样通过操作发射机的"开关"就可以对接收机发出信号,从而控制无人机的飞行姿态和任务设备,这样的开关可以是摇杆、拨钮、旋钮、按钮、滑杆等多种形式。由此可见,对通道最直观的理解就是遥控器所能实现的功能,一个通道对应一种功能,如将一个 LED 灯组与一个二段拨钮形成通道对应,就能通过该拨钮实现 LED 灯组的开关。多个通道也可以设置成相互关联,形成混控,在油门保护、固定翼无人舵面控制、智能飞行模式设置等功能的实现上常常使用混控。

微轻型航模/无人机主要使用板控,板控上最明显的通道是左右两组摇杆,每组摇杆能控制上下和左右两个通道,共有四个通道,能够对应控制多旋翼无人机的油门、副翼、俯仰和航向四个基本姿态。副翼和航向是多旋翼无人机左右变化的姿态,这两个功能分别对应到摇杆的左右通道上,一般来说,左摇杆的左右通道对应航向,右摇杆的左右通道对应副翼。

俯仰和油门是多旋翼无人机前后和上下变化的姿态,这两个功能分别对应到摇杆上下通道上,与航向与副翼只有一种习惯对应不同,俯仰和油门两种对应习惯均存在。油门对应左摇杆的上下通道、俯仰对应右摇杆的上下通道称为模式 2,即左手油门遥控器,业内习惯上称为"美国手";俯仰对应左摇杆的上下通道、油门对应右摇杆的上下通道称为模式 1,即右手油门遥控器,业内习惯上称为"日本手"。遥控器的油门通道大多不会回中,一般处于最小值(最低)状态,这是区分美国手和日本手最直观的标志,美国手和日本手遥控器在业内均被广泛使用,无明显的优劣之分。市场上消费级无人机大多采用油门也可回中的遥控器,能够实现美国手和日本手的灵活转换,国产消费级无人机一般使用美国手作为初始设置。除美国手和日本手遥控器外,还有欧洲手和中国手遥控器,即模式 3 和模式 4,但业内很少使用,这里不做介绍。

油门、副翼、俯仰和航向是无人机的四个基本姿态,绝大多数无人机都需要这四个姿态控制,仅在表述姿态的名称上可能稍有不同,因此遥控器和模拟软件普遍将前四个通道(CH1、CH2、CH3、CH4)分配给这四个姿态,但具体哪个姿态对应哪个通道,遥控器和模拟软件有不同的默认设置。例如,天地飞遥控器默认 CH1 对应副翼、CH2 对应俯仰、CH3 对应油门、CH4 对应航向,而 Gmupner 遥控器默认 CH1 对应油门、CH2 对应副翼、CH3 对应俯仰、CH4 对应航向。在将遥控器与无人机系统或模拟器软件进行连接时应当注意通道的差别。

3.模拟遥控器的设置

选择好模拟遥控器并对遥控器通道知识有了充分了解后,设置模拟遥控器和模拟软件就会变得相对容易,只需按照选择的模拟软件提示进行设置即可。这里以天地飞 7(右手油门)+连接设备+凤凰 5.0 版本模拟软件的组合为例,说明模拟遥控器和模拟软件的连接设置方法,其他类型的模拟软件在设置原理上也是相似的。

（1）遥控器设置。要使遥控器与模拟软件相连接，首先要进行遥控器设置。将 USB 端口的连接设备通过连接线与遥控器相连，USB 端口插入计算机端，可选择将天地飞 7 遥控器设置成模拟器模式，这样可以关闭信号发射，节约电量。打开凤凰模拟软件，设置好连接设备使其对应凤凰模拟软件后，按照软件对话框提示进行设置。这里主要介绍遥控器准备、遥控器校准、遥控器通道分配三个步骤，其他步骤相对简单，可按照提示完成。

1）遥控器准备。打开遥控器，为凤凰模拟器准备一个新的、空白的模型，将遥控器设定为 PPM 调制模式，有直升机模式的遥控器可以将遥控器设定为直升机模式，但需要关闭十字盘/CCPM 混控功能，也可以使用固定翼模式，其他参数设为默认。完成后单击下一步按钮。

2）遥控器校准。主要包括将遥控器置于中立位置和行程设置两个步骤。将遥控器置于中立位置是指将遥控器的摇杆、拨钮、旋钮等通道控制及其他有中间位置的开关置于中间位置，以告诉模拟软件遥控器各开关的中间位置。摇杆行程设置是指拨动遥控器摇杆到达最大行程和最小行程，可随机反复操作，也可以反复做圆周运动，以告诉模拟软件遥控器各开关的行程上下限，完成后单击下一步按钮。摇杆行程设置的下一步是其他拨钮、旋钮等行程设置，操作类似于摇杆行程设置，完成后单击下一步按钮。两步操作完成后会出现所有开关行程检查页面，如有问题应当排除后再重新设置，如无问题则可单击完成按钮。

3）遥控器通道分配。将遥控器通道分配给对应的无人机功能，以实现遥控器开关对无人机姿态或动作的控制。依次需要进行引擎、桨距、方向舵、升降舵、副翼舵、起落架、襟翼的通道设置，根据所使用遥控器的通道分配情况，在出现提示对话框时按正确的方向拨动相应的摇杆或拨钮即可完成设置，进入下一步设置。若无须设置桨距、起落架和襟翼，则单击跳过按钮即可。

（2）机型选择。在选择模型菜单中有更换模型选项，可以根据训练需求，选择模型类型。对于多旋翼无人机驾驶技能的训练，可以选择多旋翼机型，也可选无人直升机机型。无论哪种机型，都需要与用于训练的实机操作手感相近，编辑模型能对所选模型做参数上的微调，适应更多练习需求。

（3）场景选择。凤凰模拟软件提供了较丰富的飞行场景，有机场、草地、高原、冰原、湖泊、夜间和 3D 场景，可以按个人喜好选择。但对于飞行训练来说，需要有地表参照物来判断飞行质量的好坏，因此需要打开场地布局菜单，选择目标降落或精准降落标签，在飞行场景上形成明显的飞行参照点。为使训练场景更加真实，建议打开场地天气功能，设置或选择微风或以下等级的风速，毕竟实飞中完全静风的状态是很少的。

完成设置后，使用模拟遥控器操纵无人机模型进行试飞，检查通道对应、通道正反、通道行程等是否正确，场景画质、模型性能、场景舒适度、软件运行流畅程度等是否能满足训练需求。如果一切正常，即可制订训练计划，进行驾驶技能的模拟训练。

2.5.3　模拟训练流程

对于没有飞行经验的无人机驾驶员，初期的模拟器训练是一个枯燥乏味但又必须经历的过程。进入中后期后，驾驶员会认识到模拟器对飞行技能的重要作用，产生较强的练习动力。因此,需要制订高效的飞行模拟训练方法,帮助新手尽快度过初期模拟训练的枯燥阶段,进入实机和模拟器配合训练的阶段,驾驶员的练习动力随之会有大幅提升,训练进度将得到保证。根据教学和工作实践,下面推荐一组飞行模拟训练流程。本飞行模拟训练流程主要分为模拟设备的调试和自由飞行、对尾起降训练、方向训练和航线训练四个阶段。

1.模拟设备的调试和自由飞行

开展模拟飞行训练首先要完成模拟软件的连接和模拟设备的调试,开展全通道的自由飞行体验。自由飞行体验要达到的目的是让驾驶员体会和分辨遥控器的摇杆(通道)和无人机姿态操纵的对应关系,为下一步进行分步骤训练做好准备。同时,自由飞行体验也有利于培养驾驶员的驾驶兴趣和让驾驶员了解无人机驾驶的难度。

2.对尾起降训练

在通过自由飞行训练摸清模拟设备的使用和通道对应的关系后,就要开始有强烈目的性的训练,首先要在模拟训练中掌握对尾起降技能。对尾起降就是驾驶员站在无人机的后方操纵无人机做定点的起飞、悬停和降落。

对尾起降训练可以通过全通道(四通道)直接练习,但这里更加推荐循序渐进的练习流程,即通过单通道对尾悬停训练、双通道对尾悬停训练、全通道对尾悬停训练和全通道定点垂直降落四个分解步骤来训练。从训练步骤可以看出,模拟训练的基本动作之一是悬停,通过遥控器的不断修正,控制无人机在某个位置偏离不超过一个机身位。模拟飞行和实机飞行是有高度匹配性的,悬停和达成悬停的修正动作也是实机飞行的基本技能,在飞行中几乎无时无刻不在修正无人机使其"悬停"。例如,飞行过程中需要保证稳定的航线就需要不断微调和修正无人机姿态,无人机降落是在悬停的情况下垂直缓慢下降的。

在模拟器中达成本项训练目标后,应当尽快开始实机的对尾起降训练,进入模拟和实机配合训练阶段,这样才能有效防止长时间的模拟训练消耗学习热情,这一点对飞行模拟训练来说至关重要。

3.方向训练

对尾飞行能力仅仅使驾驶员能够在无人机后方驾驶无人机,这显然是不够的,无人机在空中的姿态是多样的,航向改变后,让驾驶员始终保持在无人机的后方几乎是不可能的。飞行过程中驾驶员需要熟练掌握对尾、对头、左向、右向各个方向的飞行能力,因此需要进行方向训练。

在模拟训练中,同样通过悬停训练来掌握不同方向的控制技能,首先练习对头悬停、左向悬停和右向悬停,可以直接通过全通道训练,也可以通过单通道或双通道分解训练动作后再进行全通道训练。其次练习八面悬停,分别在 $0°(360°)$、$45°$、$90°$、$135°$、$180°$、$225°$、$270°$ 和 $315°$ 八个位置上进行连续不断的悬停训练,偏离不超过一个机身位。最后练习慢速水平 $360°$ 来掌握方向即时转换的无人机驾驶能力。

方向训练是无人机飞行训练中难度较高的环节,只有在模拟器练习中做到基本功扎实,并配合实机反复训练,方能掌握。

4.航线训练

在完成基本的方向训练后,可以开展航线训练,航线训练要求驾驶员驾驶无人机按一定线路完成连续运动,多旋翼无人机执照要求的航线为水平 8 字,水平 8 字航线训练可以通过顺时针水平圆形航线、逆时针水平圆形航线和水平 8 字航线的练习步骤来完成。航线训练的要点是维持高度、航速与航向的协调配合,副翼适当修正。

习　题　2

1.大气是如何分层的?

2.升力和阻力是怎样产生的?

3.简述无人直升机的组成及各部分功能。

4.简述无人直升机的飞行原理。

5.简述固定翼无人机的组成及各部分功能,总结影响固定翼无人机升力的因素。

6.固定翼无人机增升原理有哪几种方式?

7.简述多旋翼无人机的飞行原理。

8.简述多旋翼无人机的组成及各部分功能。

第3章 无人机飞行系统

3.1 动力装置

多旋翼无人机升空飞行的首要条件是动力,有了动力才能驱动旋翼旋转,才能产生克服重力所必需的升力。使旋翼产生升力,进而推动多旋翼无人机升空飞行的一套设备装置称为动力装置,包括多旋翼无人机的发动机以及保证发动机正常工作所必需的附属系统和附件。

发动机是能够把其他形式的能转化为机械能,进而产生拉力或推力的机器,是多旋翼无人机动力装置的核心,被视为多旋翼无人机的心脏。发动机特性的优劣对多旋翼无人机的各种使用性能都有很大影响。

对于多旋翼无人机这一类飞行器来说,其结构大小、飞行空域、速度、高度和用途等的巨大差异,使得它可以使用的发动机有好几种,常用的发动机有电动机和燃油发动机两大类,如图3-1所示。

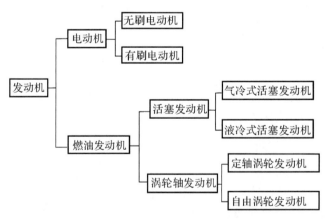

图3-1 多旋翼无人机的发动机分类

发动机的基本功用是为飞行器提供持续的动力,以确保重于空气的飞行器能够稳定、可控、持续地在空中飞行。评定发动机品质的主要指标有性能参数与可靠性、耐久性等。其基本要求归纳如下。

(1)功率质量比大。构成多旋翼无人机的任何部件,都应在满足使用要求的前提下,尽量减轻其质量。对发动机来说,就是要保证其有足够大的功率而自身质量又很轻。

（2）耗能小。发动机是否省电或省油，是其重要的经济指标。评定发动机的经济性，常用"耗电（油）率"作标准。耗电（油）率是指单位功率（1 N 或 1 hp）在 1 h 内所耗电的度数或油料的质量。

（3）体积小。发动机应在保证功率不减小的前提下，力求体积较小，以减小空气阻力。

（4）工作安全可靠、寿命长。多旋翼无人机在空中飞行的安全，是由各组成部分可靠工作来保证的。要维持飞行，发动机就必须始终处于可靠状态。发动机的寿命长，可降低使用成本，节约原材料。

（5）维护方便。日常维护方便可提高维护质量，确保发动机随时处于安全可靠状态。

组成多旋翼无人机动力装置的主要部件或系统取决于所采用发动机的类型。

1. 直流电动机及其附件和系统

为多旋翼无人机提供动力的电动机类型主要有无刷直流电机和空心杯有刷直流电机两种。

多旋翼无人机采用无刷直流电机作为发动机，其动力装置由以下五部分构成。

（1）无刷直流电机。无刷直流电机属于外转子电机，没有电刷。

（2）电调。电调全称为电子调速器，主要作用是控制电机的转速。

（3）电池。电池用来给电机供电，多旋翼无人机常用的电池有聚合物锂电池、燃料电池等。

（4）平衡充电器。由于多旋翼无人机电池的电流极大，所以其专用电池必须要用平衡充电器进行充电。

（5）传动系统。微型多旋翼无人机载重小，一般将旋翼叶片直接安装在电动机的转轴上，不另外加装传动齿轮。但对于载重大的多旋翼无人机，旋翼轴与电机转轴中间需要安装齿轮传动系统，主要有以下原因：①电机转轴只能承受及传递扭矩，因此旋翼轴外面要有轴套支架，轴套上端通过轴承与桨毂相连，轴套支架底部固定在机体上承受旋翼拉力，旋翼轴只需承受扭矩；②电动机与旋翼之间必须安装自由行程离合器，当电动机停车时借助这种单向离合器可自行与旋翼脱开，使旋翼能自由地进行自转。

2. 燃油发动机及其附件和系统

为多旋翼无人机提供动力的燃油发动机主要有航空活塞发动机和涡轮轴发动机两大类，组成多旋翼无人机的动力装置取决于所用燃油发动机的种类，可由下面的全部或部分系统组成。

（1）发动机。航空发动机将燃油的化学能转换为机械能，然后带动旋翼旋转产生升力。

（2）燃油系统。用于存储和向航空发动机的油泵供给燃油，保证发动机正常工作。

（3）滑油系统。滑油系统由带过滤装置的滑油箱、导管和空气滑油散热器组成，其功用是向发动机供给需要的滑油，并进行过滤和散热，保证一定量的滑油循环使用。

（4）传动系统。燃油发动机所提供的动力要经过传动系统才能到达旋翼主轴，传动系统性能的好坏将直接影响多旋翼无人机的性能和可靠性。

3.1.1 直流电动机

直流电动机是目前多旋翼无人机使用最多、应用最广的动力装置。电动多旋翼无人机以其结构简单、飞行平稳、操作容易、维护便利、无油残留污染等优点,越来越受到大家的关注和重视。

1. 有刷直流电机

如图 3-2 所示,有刷直流电机是内含电刷装置的、将电能转换成机械能(电动机)或将机械能转换成电能(发电机)的旋转电机。有刷直流电机的两个电刷(铜刷或者碳刷)是用来引入或引出电压和电流的,它们通过绝缘座固定在电机后盖上,直接将电源的正负极引入转子的换相器上,而换相器连通了转子上的线圈,三个线圈极性不断地交替变换与外壳上固定的两块磁铁形成作用力而转动起来。由于换相器与转子固定在一起,而电刷与外壳(定子)固定在一起,电机转动时电刷与换相器不断地发生摩擦会产生大量的阻力与热量,所以有刷直流电机的效率低下并且损耗非常大。

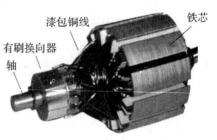

图 3-2 有刷直流电机

有刷直流电机工作时,线圈和换向器旋转,磁钢和碳刷不转,线圈电流方向的交替变化是由随电机转动的换相器和电刷来完成的。有刷直流电机由定子和转子两大部分组成,定子上有磁极(绕组式或永磁式),转子上有绕组,通电后,转子上也形成磁场(磁极),定子和转子的磁极之间有一个夹角,在定转子磁场(N 极和 S 极之间)的相互吸引下,使电机旋转。改变电刷的位置,就可以改变定转子磁极夹角(假设以定子的磁极为夹角起始边,转子的磁极为另一边,由转子的磁极指向定子的磁极的方向就是电机的旋转方向)的方向,从而改变电机的旋转方向。有刷直流电机分高速电机和低速电机两种,碳刷电机通常可连续工作500 h 左右,常规的使用寿命为 2~3 年。

有刷直流电机的优、缺点如下:

(1)有刷直流电机的优点。制造简单,成本低廉,并具有启动快、制动及时、可在大范围内平滑地调速、控制电路相对简单等优点。

(2)有刷直流电机的缺点。

1)磨损大,维护难。有刷直流电机的碳刷摩擦大,容易损坏。使用一段时间以后,需要打开电机来清理碳刷,费时费力。

2)发热大,寿命短。出于有刷电机的结构原因,电刷和换向器的接触电阻很大,造成电机整体电阻较大,容易发热,而永磁体是热敏元件,温度太高会导致磁钢退磁,使电机性能下降,寿命缩短。

3)效率低,输出功率小。有刷电机发热问题突出,使相当一部分电能白白转化为热,因此有刷电机的输出功率不大,效率也低。

4)噪声高,干扰大。有刷直流电机碳刷摩擦所发出的噪声要比无刷电机高得多,而且随着日后碳刷逐步磨损,噪声会越来越大。有刷电机运转时电刷产生的电火花,会对无线电设备造成很大的干扰。

2.无刷直流电机

无刷直流电机是多旋翼无人机使用最多的动力来源,由电动机主体和电子调速器(电调)两部分组成,是一种典型的机电一体化产品。无刷电机的基本结构与有刷电机有相似之处,也有转子和定子,只不过和有刷电机的结构相反。有刷电机的转子是线圈绕组,和动力输出轴相连,定子是永磁磁钢。无刷电机的转子是永磁磁钢,连同外壳一起和输出轴相连,定子是绕组线圈,去掉了有刷电机用来交替变换电磁场的换向电刷,故称为无刷电机。

无刷直流电机依靠改变输入定子线圈上的电流波交变频率和波形,在绕组线圈周围形成一个绕电机几何轴心旋转的磁场,这个磁场驱动转子上的永磁磁钢转动,电机就转起来了。电机的性能和磁钢数量、磁钢磁通强度、电机输入电压大小等因素有关,更与无刷电机的控制性能有很大关系,因为输入的是直流电,电流需要电子调速器将其变成三相交流电,控制电机的转速,以满足使用需要。

无刷直流电机的结构是比较简单的,真正决定其使用性能的还是无刷电子调速器(电调),好的电子调速器需要有单片机控制程序设计、电路设计、复杂加工工艺等过程总体控制,因此价格要比有刷电机高很多。

无刷直流电机有以下优点:

(1)低干扰。没有电刷,消除了电火花对无线电设备的干扰。

(2)噪声低。没有电刷,运行顺畅,噪声低许多。

(3)寿命长。机械磨损少,寿命长,可连续工作 20 000 h。使用寿命 7～10 年。

(4)转矩特性优异。中、低速转矩性能好,启动转矩大,启动电流小。

(5)效率高。体积小、质量轻、功率大、软启软停、制动特性好。

(6)性能优异。可靠性高,稳定性好,适应性强,过载能力强,维修与保养简单。

(7)节能省电。无级调速,调速范围广,综合节电率可达 20%～60%。

3.空心杯电机

空心杯电机属于直流、永磁、伺服微特电机,与普通电机的主要区别是采用无铁芯转子,也叫空心杯型转子。空心杯电机具有突出的节能特性、灵敏方便的控制特性和稳定的运行特性,作为高效率的能量转换装置,代表了电机的发展方向之一。

空心杯电机的应用,从军事、高科技领域进入大工业和民用领域后,10 多年来得到迅速的发展,已经涉及大部分行业和许多产品,尤其是在民用航空无人机领域,深受广大专业技术人员的青睐。空心杯电机在结构上突破了传统电机的转子结构形式,采用无铁芯转子,彻底消除了由于铁芯形成涡流而造成的电能损耗,同时其质量和转动惯量大幅降低,从而减少了转子自身的机械能损耗。转子的结构变化使电机的运转特性得到了极大改善,不但具有突出的节能特点,更为重要的是,具备了铁芯电机所无法达到的控制和拖动特性。

空心杯电机的主要特性如下:

(1)节能特性。能量转换效率很高,最大效率一般在 70%以上,部分产品可达 90%以上

(有铁芯电机的能量转换效率一般为20%~50%)。

(2)控制特性。起动、制动迅速,响应极快,机械时间常数小于28 ms,部分产品可达10 ms以内(有铁芯电机一般在100 ms以上)。

(3)拖动特性。运行稳定性十分可靠,转速的波动很小,作为微电机,其转速波动能够控制在2%以内。

(4)能量密度特性。空心杯电机的能量密度大幅度提高,与同等功率的有铁芯电机相比,其质量、体积减轻1/3~1/2。

3.1.2 活塞式发动机

活塞发动机,也叫往复式发动机,是一种利用气缸内燃料燃烧膨胀产生压力推动活塞运动做功的机器,将化学能转化为热能又转化成了机械能。活塞式发动机是内燃机的一种,靠汽油、柴油等燃料提供动力。活塞式发动机主要由气缸、活塞、连杆、曲轴、气门机构、螺旋桨减速器和机匣等组成。活塞式发动机类型可按照以下方式进行划分。

(1)按混合气形成的方式划分,可分为汽化器式发动机和直接喷射式发动机。

1)汽化器式发动机。装有汽化器,燃料和空气预先在汽化器内混合好再进入发动机气缸内燃烧。

2)直接喷射式发动机。装有直接喷射装置,燃料由直接喷射装置直接喷入气缸,然后同空气在气缸内混合形成混合气。

(2)按发动机的冷却方式划分,可分为气冷式发动机和液冷式发动机。

1)气冷式发动机。直接利用迎面气流来冷却气缸。

2)液冷式发动机。利用循环流动的冷却液来冷却气缸,由冷却液把吸收的热量耗散到周围的大气中。

(3)按空气进入气缸前是否增压划分,可分为增压式发动机和吸气式发动机。

1)增压式发动机。发动机上装有增压器,外界空气先经过增压器提高压力后,然后再进入气缸。

2)吸气式发动机。发动机上没装增压器,工作时外界空气被直接吸入气缸。

(4)航空活塞式发动机的气缸通常排列在发动机的壳体(机匣)上,按照气缸的排列方式又可分为直列型和星型,如图3-3所示。

1)直列型发动机。直列型发动机的气缸沿机匣前后成行排列,分为对缸、V形、W形等排列方式。

2)星型发动机。星型发动机的气缸以曲轴为中心沿机匣向外呈辐射状均匀排列。

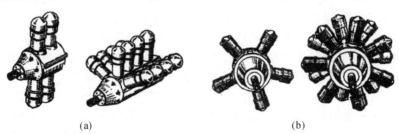

(a)   (b)

图3-3 航空活塞式发动机的分类

(a)直列型航空活塞式发动机;(b)星型航空活塞式发动机

　　航空活塞式发动机的主要工作是将热能转变成机械能,它是通过活塞的几个行程来完成的。当发动机工作时,燃料与空气组成的混合气经进气门进入气缸,在气缸内被活塞压缩后,由电火花点火进行燃烧,放出热能。高温高压的燃气膨胀,推动活塞做功,将热能转换为机械能。最后将做功后的废气经排气门排到大气中。

　　当航空活塞式发动机工作时,混合气从进入气缸起,分别经过压缩、燃烧、膨胀,直到变为废气排出。在这整个过程中,活塞从上死点到下死点之间往返了两次,也就是连续地移动了 4 个行程。由于在这 4 个行程中,分别完成了进气、压缩、膨胀和排气的工作,所以这 4 个行程相应地叫作进气行程、压缩行程、膨胀行程和排气行程。从进气行程开始,到排气行程结束,4 个行程组成一个工作循环,如图 3-4 所示。

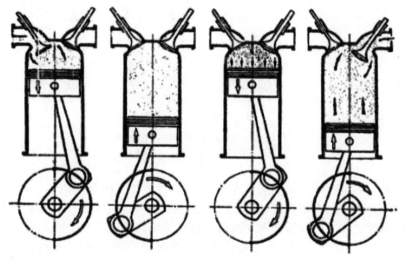

图 3-4　四行程发动机的工作循环

　　(1)进气行程。在进气行程中,排气门始终关闭。活塞在上死点时进气门打开。因此当活塞从上死点向下死点移动时,气缸内容积扩大,压力减小,在气缸内外压力差的作用下混合气经过进气门进入气缸。当活塞到达下死点时,进气门关闭,不再进气,于是进气行程结束。

　　(2)压缩行程。在进气行程之后,活塞从下死点往上死点移动,此时由于进气门和排气门都关闭着,使气缸内的容积不断缩小,混合气经过压缩后压力和温度升高,称为压缩行程。活塞到达上死点时,压缩行程也就结束。

　　(3)膨胀行程。当压缩行程结束时,电嘴产生电火花,将压缩后的混合气点燃。膨胀行程就是混合气燃烧膨胀做功的一个行程,也就是发动机赖以产生动力的一个行程,即工作行程。在膨胀行程中,进气门和排气门仍然关闭着,混合气在电嘴点火后的瞬间全部烧完,放出大量的热能,燃气的温度和压力急剧升高。燃气在膨胀的同时,以很大的压力推动活塞,使活塞从上死点向下死点移动,这样燃气便做了功。燃气在膨胀做功的过程中,所占的容积逐渐扩大,压力和温度不断下降,直到活塞到达下死点时膨胀行程就结束。

　　(4)排气行程。燃气膨胀做功以后就变为废气。为了再次把新鲜混合气送入气缸,以便连续工作,必须把废气排出气缸。排出废气的工作便是靠排气行程来完成的。在排气行程中,进气门仍然关闭着。当膨胀行程结束、活塞到达下死点时排气门打开,废气便在气缸内外气体的压力差及活塞从下死点向上死点移动的推压作用下排出气缸。活塞到达上死点时排气门关闭,排气行程结束。

二行程发动机(见图3-5)是完成两个行程作为一个完整工作循环的发动机。进气、压缩、膨胀和排气这四个步骤是曲轴旋转一圈完成的,且曲轴每旋转一圈对外做一次功。二行程发动机的进气孔和排气孔设置在缸体上,活塞的上下移动就能打开或关闭气孔,实现进气和排气。而四行程发动机则是由相应的驱动机构定时地打开或者关闭进气门和排气门。

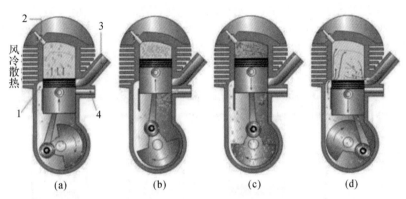

图3-5　二行程发动机的工作循环
(a)压缩;(b)进气;(c)膨胀;(d)排气

发动机除主要部件外,还需要有其他相关系统与之相互配合才能工作,主要有进气系统、燃油系统、点火系统、冷却系统、启动系统、散热系统等。进气系统为燃烧做功提供燃料和清洁空气,并使之混合然后输送到气缸内。进气系统内常装有增压器,作用是用来增大进气压力。燃油系统由油箱、油泵、汽化器或燃料喷射装量等组成,作用是为发动机持续不断地提供洁净燃油。燃料泵将汽油压入气化器,汽油在此雾化并与空气混合进入气缸。点火系统用于点燃空气和燃油的混合气体。点火系统由磁电机产生的高压电在规定的时间产生电火花,将气缸内的混合气体点燃。冷却系统将发动机内燃料燃烧时产生的热量除转化为动能使活塞运动和排出废气带走部分内能外,还有很大一部分传给了气缸壁和其他有关机件。冷却系统的作用就是将这些热量散发出去,以保证发功机的正常工作。发动机由静止到工作需要外力转动曲轴,使活塞开始往复运动直到工作循环能够自动进行,这个过程叫作发动机的启动。为了使发动机产生的热量能及时排出,在合适的温度工作,必须对气缸和气缸盖进行适当地冷却。冷却方法有两种,一种是水冷,另一种是风冷。水冷发动机的气缸周围和气缸盖中都加工有冷却水套,并且气缸体和气缸盖冷却水套相通,冷却水在水套内不断循环,带走部分热量,对气缸和气缸盖起冷却作用。

3.2　控制站与控制系统

1.无人机控制站

无人机控制站,又称地面站,通常由显控台和通信设备组成,是无人机系统的重要组成部分。无人机地面站的功能主要包括实时通信、数据存储与分析、地图定位,以及任务规划和管理等。民用消费级的无人机地面站比较简单,通常把装有调试软件的 PC 端或移动设备端称为地面站,调试软件又可称为地面站软件,而对飞控调试、航迹规划和数据监控则是消费级无人机地面站的主要内容。

地面站系统泛指地面上可以对无人机发出指令以及接收无人机传回信息的设备,它的硬件可以是一个遥控器,也可以是一部手机,或者是一台笔记本电脑。地面控制站的功能和实现形式根据无人机系统技术的发展以及自身的功能需求在不断地发生变化。早期民用领域无人机系统受制于硬件价格和制造技术,没有太多传感器和控制器可供选择,无法实现自动化或自主控制飞行,仅能够实现远程无线电控制。当时的无人机与现在常说的遥控飞机没有太大区别。在那个阶段的地面控制站就是遥控器,将操纵杆的物理位置变化转化为相应的无线电信号并向外输出,遥控飞机通过机载接收机接收到遥控器发来的信号后,将信号转化为舵机或电动机转速控制信号来实现遥控飞机的姿态控制或速度控制。

随着微机电系统技术的发展,更多硬件被加入无人机系统中,无人机具备了根据控制算法自动执行飞行任务和飞行模式切换的能力。在这个阶段,地面控制站逐渐转变为一个包括地面 PC、遥控器、数传等众多硬件设备的大系统。功能从单一的发送姿态操作指令向系统调试、参数调整、硬件校正、飞行数据传输与展示、飞行数据在线处理、飞行模式切换等方向转变。比如,当下常见的数传、图传、地面控制站式遥控器、PC、FPV 显示器等设备都可以算作地面系统的一部分。人们可在 PC 上进行算法调试、硬件校准、模式设定等,并可通过从 Wi-Fi 或数传实时发送、接收、分析、处理飞行数据;也可以通过数传、图传等设备在地面实时监控采集的数据质量,调整数据采集内容,操控无人机执行超视距飞行任务,遥控器也从单一的操作指令发送过渡到无人机模式调整,甚至有的遥控器集成了更多的系统功能,变成一个功能更加强大的复合型地面控制站。我们完全可以把智能手机归入前面的地面控制站系统,同时手机特有的信号覆盖范围、便携性和 APP 的多样性、灵活性等特点也使得它成为消费级无人机地面控制站选择的不二之选。虽然通过手机实现无人机控制势必面临安全性与稳定性的挑战,但手机作为个人数据处理终端的地位无疑预示着它在无人机系统中具有越来越重要的发展前景。

2. 无人机飞行控制系统

无人机飞行控制系统是控制无人机飞行姿态和运动的设备,由传感器、机载计算机和执行机构三部分组成。

(1)飞行控制系统的组成。

1)传感器。传感器包括陀螺仪、加速度计、气压计、GPS。

2)机载计算机。机载计算机是飞行控制系统的核心部件,应具有姿态稳定与控制、导航与制导控制、自主飞行控制、自动起飞及着陆控制的功能。

3)执行机构。执行机构的主要作用是根据飞控计算机的指令,按规定的静态和动态要求,通过对无人机各控制舵面和发动机节风门等的控制,实现对无人机的飞行控制。

(2)飞行控制系统的功能。

1)完成多路模拟信号的高精度采集,包括陀螺信号、航向信号、舵偏角信号、发动机转速信号、缸温信号、动静压传感器信号、电源电压信号等。

2)输出各类能适应不同执行机构控制要求的信号。

3)利用多个通信信道,分别实现与机载数据终端、GPS 信号、数字量传感器以及相关任务设备的通信。

飞控系统实时采集各传感器测量的飞行状态数据,接收无线电测控终端传输的由地面测控站上行信道送来的控制命令及数据,经计算处理,输出控制指令给执行机构,实现对无人机中各种飞行模态的控制和对任务设备的管理与控制;同时将无人机的状态数据及发动机、机载电源系统、任务设备的工作状态参数实时传送给机载无线电数据终端,经无线电下行信道发送回地面测控站。

3.3　通信导航系统

无人机通信导航系统由机载设备和地面设备组成。

机载设备也称机载数据终端,包括机载天线、遥控接收机、遥测发射机、视频发射机和终端处理机等。地面设备包括由天线、遥控发射机、遥测接收机、视频接收机和终端处理机构成的测控站数据终端,以及操纵和监视设备。

机载设备一方面接收处理各个传感器的飞行参数,并将这些数据发送给地面站;另一方面接收来自地面站的遥控指令,以调整无人机飞行参数。地面设备对来自无人机的数据进行接收处理,也发送指令调整飞行状态。

1.无人机通信

无人机的通信不仅仅体现在遥控操纵方面,还有数据和图像资料的传输方面。通信是通过信号来传输的,因此一般把无人机的无线控制信号分为遥控器信号、数据传输信号和图像传输信号。

(1)频段。

1)2.4 GHz(见图 3-6)。无人机的遥控器信号大多数采用的无线通信芯片用的是 2.4 GHz 无线技术,也有图传使用 2.4 GHz 无线技术的。这个频段受到的干扰较少,一般用于高速传输情况下保障数据的有效传输。但是目前手机、蓝牙和 Wi-Fi 都占用这个频道,导致遥控器信号传输分配的带宽很小,为了保证传输信号的质量,传输距离不能太远,在开阔的无人区最远只能达到 1～2 km。但是,如果一台无人机上既使用 2.4 GHz 频段来遥控,又用来图传,这样的结果是相互间干扰较大,不利于飞行。

　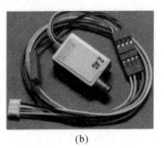

(a)　　　　　　　(b)

图 3-6　2.4 GHz 频段

(a)2.4 GHz 模块 JF24D;(b)2.4 GHz 图传发射模块

2)5.8 GHz(见图 3-7)。5.8 GHz 频段包含了三个 100 MHz 频段,分别是:①5.15~5.25 GHz,适用于室内无线通信;②5.25~5.35 GHz,适用于中等距离通信;③5.725~5.825 GHz,目前用于社区的宽带无线接入。5.8 GHz 相比较 2.4 GHz 而言优势是比较明显的,实现容易,频谱利用率高,业务种类多,接口简单统一,升级容易,特别适合于非连接的数据传输业务;基于电路的技术时延小,适合于进行传统的语音传送和基于连接的传输业务。但是 5.8 GHz 也有缺点,波长较短,绕射能力较差,传播带宽也比 2.4 GHz 要小些。

图 3-7 5.8 GHz 图传设备

3)1.2 GHz。1.2 GHz 频率最低,穿透力最强,因此直线传输距离也最远,但这是军方和政府常用的频段,民用是禁止的。

(2)传输技术。

1)Wi-Fi 传输。Wi-Fi 是无线局域网技术,通常使用 2.4 GHz 特高频无线电波或 5 GHz 超高频无线电波。和蓝牙技术类似,通过该技术,相关电子设备可以接入无线局域网以实现在小范围里高速传输信号。如图 3-8 所示为大功率无人机 Wi-Fi 模块。

图 3-8 大功率无人机 Wi-Fi 模块

手机端通过 Wi-Fi 沟通地面中继端的 Wi-Fi 模块 SKW77,地面中继端的 Wi-Fi 模块 SKW77 通过 Wi-Fi 再沟通无人机端的 Wi-Fi 模块 SKW77,既可以发送来自地面手机端的控制信号,也可以通过 Wi-Fi 传输无人机航拍的视频数据到手机端,如图 3-9 所示。

无人机上的 Wi-Fi 模块功能有以下特点:①传递控制信号,控制它的飞行方向、距离、速度和倾斜角度等;②给无人机传输航拍的视频数据;③增加传输距离。

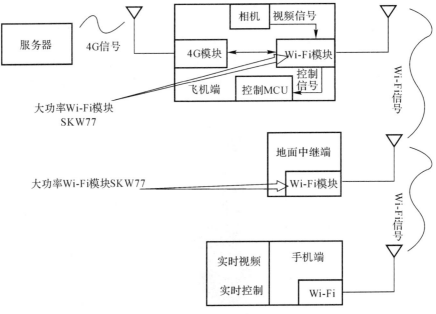

图 3-9　大功率 Wi-Fi 模块 SKW77

2)4G 网络。在航模领域,控制飞行器常用的是遥控器。信号较好的 2.4 GHz、5.8 GHz 遥控器往往能高质量地传输控制信号,但这是在视线以内可直线传输信号的情况下。如果在非视距内的情况下,比如被建筑物遮挡等,就会出现失控。但如果有了 4G 网络,假设网络信号稳定且时延小到忽略不计,那么 4G 网络无论是作为遥控器信号的辅助,还是完全作为控制信号,无人机的可控范围就会大很多。这就相当于让可以控制的范围扩大到整个 4G 网络信号覆盖区域。4G 网络的优点是通信传输距离可以很远,缺点是限于低空 200 m,因此只能用于低空民用无人机。

3)数据卫星。4G 通信的最大缺陷是低空控制,那么高空控制就需要卫星来实现。通过发射卫星提供中继服务,可以使无人机控制范围更广,但是成本更高,因此这种方式只作为辅助通信使用。传统无人机和卫星无人机通信功能的比较见表 3-1。

表 3-1　传统无人机和卫星无人机通信功能的比较

	传统无人机	卫星无人机
飞行控制	无线电遥控设备,最远传输距离大约 100 km 以内	卫星数据控制,最远传输距离在 5 000 km 以上
定位回中	定向天线或无线电回传,当飞出可控范围时,只能进行预设定位飞行	可实时回传定位信息,运动轨迹可完全在平台显示
图传	受通信方式限制,一般最远 5 km	在 5 000 km 范围内,可将无人机所拍摄的实时影像传回地面站显示屏
安装	由于定向天线、无线电远程控制需要调试、架高等,安装麻烦	直接集成在无人机内部,无须调试,直接控制

4)COFDM(见图 3 - 10)。在无人机的视频传输方面,一般的做法是采用模拟图传或者 Wi-Fi 图传,但是模拟图传画面质量不够好,Wi-Fi 图传会有马赛克,容易停顿或卡死。COFDM 技术刚好解决了这两个方面的问题。COFDM 高清图传是指前端摄像机或播放设备通过数字高清接口(HDMI/SDI 数字信号)传送 1 920×1 080像素逐行扫描画质的视频给到 COFDM 调制方式的发射机,发射机编码后通过天线用无线微波方式向外传送信号,另外一端接收机通过天线隔空接收信号,解码还原为全高清数字信号(HDMI)输出。COFDM 技术的传输数据量大,距离远,是民用无人机通信的首选。

图 3 - 10　COFDM

2.无人机导航

导航是把飞行器从出发地引导到目的地的过程。一般需要测定的导航参数有位置、方向、速度、高度和航迹等。目前用于无人机的导航技术有无线电导航、惯性导航、卫星导航、图像匹配导航、天文导航和组合导航等。

(1)无线电导航。无线电导航借助于无线电波的发射和接收,测定飞行器相对于导航台的方位、距离等,以确定飞行器的导航参数。其特点是受气候条件限制少,作用距离远,精度高,设备简单可靠,应用广。

按测量电信号的参量不同,无线电导航分为振幅、频率、相位、脉冲;按测量的位置线几何形状,无线电导航分为测角、测距、测速、测距差;按有效作用距离,无线电导航分为近程、远程、超远程、全球定位;按机载设备实现的系统功能,无线电导航分为自备式、他备式;按无线电导航台的安装位置,无线电导航分为陆基、空基、星基;按无人机的飞行区域,无线电导航分为航路、终端区。

(2)惯性导航。惯性导航是通过测量飞行过程中的加速度,经过运算得到无人机当时速度和位置的一种综合性导航技术,这是应用较为广泛的导航方式。惯性导航主要有以下优点:①自主导航,隐蔽性好,不受外界电磁干扰;②可全天候全时间工作于空中、地球表面乃至水下;③能提供位置、速度、航向和姿态角数据;④数据更新率高,短期精度高,稳定性好。惯性导航主要有以下缺点:①导航信息由积分产生,定位误差随时间而增大,长期精度较差;②较长的初始对准时间;③设备价格昂贵。

(3)卫星导航(见图 3 - 11)。卫星导航是利用导航卫星发射的无线电信号,求出无人机相对卫星的位置,再根据已知的卫星相对地面的位置,计算出无人机在地球上的位置。卫星导航系统由导航卫星、地面台站和用户定位设备三个部分组成。目前世界上已有的卫星导航系统有美国的全球定位系统(GPS)、俄罗斯的全球导航卫星系统(GLONASS)、欧洲的"伽利略"导航卫星系统和中国的北斗卫星导航系统(BDS)。

1)GPS。GPS由空间部分、地面测控部分和用户部分三者组成。GPS的空间部分由24颗卫星组成,其中有21颗工作卫星、3颗备用卫星。地面测控部分由监测站、主控制站、地面天线所组成。用户部分包括GPS接收机和用户团体。

图 3-11 卫星导航

2) GLONASS。GLONASS由星座、地面支持系统和用户设备三者组成。GLONASS的星座由27颗工作星和3颗备用卫星组成。地面支持系统由系统控制中心、中央同步器、遥测遥控站(含激光跟踪站)和外场导航控制设备组成。

3)"伽利略"导航卫星系统。"伽利略"导航卫星系统由全球设施部分、区域设施、局域设施、用户端和服务中心五个部分组成。全球设施部分由空间段和地面段组成。空间段由分布在3个轨道上的30颗中等高度轨道卫星(MEO)构成;地面段由完好性监控系统、轨道测控系统、时间同步系统和系统管理中心组成。

4)北斗卫星导航系统。我国的北斗卫星导航系统(BDS)是中国自行研制的全球卫星导航系统。是继美国的GPS和俄罗斯的GLONASS之后第三个成熟的卫星导航系统。BDS的空间段部分计划由35颗卫星组成,包括5颗静止轨道卫星、27颗中地球轨道卫星、3颗倾斜同步轨道卫星。BDS目前已实现对东南亚地区全覆盖。BDS可在全球范围内全天候、全天时为各类用户提供高精度、高可靠定位、导航、授时服务,并具有短报文通信能力,已经初步具备区域导航、定位和授时能力,定位精度为10 m,测速精度为0.2 m/s,授时精度为10 ns。

(4)图像匹配导航。由于地表特征一般很难发生变化,所以可预先拍摄地表图片保存在无人机中,当无人机飞过时,通过辨别原图和当前地表特征来判断飞行位置,从而进行导航。图像匹配导航分为地形匹配导航和景象匹配导航两种。图像匹配导航的关键数据原图称为数字地图。

(5)天文导航。天文导航是以已知准确空间位置的自然天体为基准,通过天体测量仪器被动地探测天体位置,经解算确定测量点所在载体的导航信息。常用的天文导航仪器有星体跟踪器、天文罗盘和六分仪等。

(6)组合导航。组合导航,是无线电导航、卫星导航、图像匹配导航和天文导航等一个或几个与惯性导航组合在一起,形成的综合导航系统。因为惯性导航能够提供比较多的导航参数,还能够提供全姿态信息参数,所以一般组合导航中以惯性导航为主。

3.4 任务载荷

无人机任务载荷系统,是指装备到无人机上用以实现无人机飞行所要完成的特定任务的设备、仪器及其子系统。

1.军用任务载荷

军用无人机安装的光电侦察设备主要有CCD、前视红外仪、合成孔径雷达、激光测距和激光雷达等。

(1)电荷耦合器件(Charge Coupled Device,CCD)。CCD也可称为CD图像传感器。CCD是一种半导体器件,能够把光学影像转化为数字信号,其上植入的微小光敏物质称作像素,像素数越多,画面分辨率越高,它的作用就像胶片一样,但它是把图像像素转换成数字信号。与航空照相机相比,其具有实时信号传输能力,同时体积小、质量轻、寿命长、可靠性高,更适合作为机载设备。

(2)前视红外仪。前视红外仪是具有高光学分辨率的高速扫描热像仪,通常装在无人机的头部,摄取无人机前方和下方景物的红外辐射。前视红外仪是热成像技术在军事上的一项重要应用,可以完成夜间监视,目标捕获、定位和指引,火炮和导弹的瞄准攻击等,也能作为白天或夜间无人机滑行、起飞和着陆时的辅助导航设备。

(3)合成孔径雷达。合成孔径雷达在夜间和恶劣气候时能有效地工作,它能够穿透云层、雾和战场遮蔽,以高分辨率进行大范围成像。目前,轻型天线和紧凑的信号处理装置的发展以及成本的降低,使合成孔径雷达已经能够装备在战术无人机上。

(4)激光测距和激光雷达(见图3-12)。激光测距和激光雷达是以发射激光束探测目标的位置、速度等特征量的雷达系统。其工作原理是向目标发射探测信号(激光束),然后将接收到的从目标反射回来的信号(目标回波)与发射信号进行比较,做适当处理后就可获得目标的有关信息,如目标距离、方位、高度、速度、姿态甚至形状等参数,从而对无人机、导弹等目标进行探测、跟踪和识别。

图3-12 激光测距和激光雷达

2.民用任务载荷

搭载航空照相机、摄像机、红外热像仪、药箱、喷洒设备或者GPS等任务载荷的无人机,可以完成很多人难以完成的任务。

(1)航空照相机(见图3-13)。航空照相机是一种利用光学成像原理形成影像并使用底片记录影像的设备,是用于摄影的光学器械,装载在无人机上拍摄地面景物来获取地面目标。航空照相机具有良好的机动性、时效性和低投入等优点,在航空遥感、测量和侦察等领域发挥了重要作用,主要在昼间实施侦察任务。

图 3-13　航空照相机

(2)电视摄像机(见图 3-14)。电视摄像机可将景物的活动影像通过光电器件转换成电信号,以便于存储或传输,由摄影镜头、摄像管或其他光电转换器、放大器和扫描电路等组成。摄影镜头将景物的影像投射在摄像管或其他光电转换器上,经摄像管内电子束扫描或通过扫描电路对光电转换器按一定次序的转换,逐点、逐行、逐帧地把影像上明暗不同或色彩不同的光点转换为强弱不同的电信号,即得到了"视频信号"。光电信号很微弱,需通过放大器进行放大,再经过各种电路进行处理和调整,最后得到的标准信号再通过录像设备或发送设备将电信号记录或发送出去,能传送景物明暗影像的为黑白电视摄像机;能传送景物彩色影像的为彩色电视摄像机。

图 3-14　电视摄像机

(3)红外热像仪(见图 3-15)。利用大气、烟云无法吸收某一波段热红外线的原理,红外热像仪能在无光的夜晚或是烟云密布的战场清晰地观察到地面情况。红外热像仪应用于空中探测,能提高无人机全天候实时观测能力,利用红外热像光谱探测器探测地面上具有热泄漏的物体,并将所探测的热泄漏物体图像实时记录并传输至机载电子储存器上。通俗地讲,红外热像仪就是将物体发出的不可见红外能量转变为可见的热图像,热图像上的不同颜色代表被测物体的不同温度。

图 3-15　红外热像仪

3.5　发射回收系统

发射回收系统保证无人机顺利完成起飞升空,并在执行完任务后从天空安全降落到地面。

多旋翼无人机和无人直升机的发射回收一般采用垂直起降的方式。

固定翼无人机常采用以下发射回收方式。

1.发射系统

(1)手抛发射(见图 3-16)。这种发射方式简单可靠但是受到质量限制,是所有发射方式中最简单的,由操作手投掷到空中,一般适用于微小型低速无人机,靠无人机自身动力起飞。

图 3-16　手抛发射

(2)零长发射(见图 3-17)。这种发射方式是一台或者多台助飞火箭发动机作为助推器产生推力,使安装在零长发射装置上的无人机发射升空,助飞火箭发动机工作时间只有几秒,无人机飞离发射装置后,助飞火箭将被抛离机体,此时无人机由机上的主发动机产生升力并完成飞行任务,一般适用于中小型无人机,如美国的"火蜂""猎人"等。

图 3-17　零长发射

(3)弹射式发射(见图 3-18)。这种发射方式是将弹性势能转换为机械能,使无人机加速到安全起飞速度。比如在压缩空气、橡皮筋或者液压等弹射装置产生的弹力作用下,使安装在轨道式发射装置上的无人机发射升空,在无人机飞离发射装置后,由无人机上的主发动机产生升力并完成飞行任务。

图 3-18 弹射式发射

(4)起落架滑跑起飞(见图 3-19)。无人机起落架滑跑起飞受到地面环境条件的限制,与有人机起飞方式机相似,不同的地方在于以下两点:

1)无人机起落架可以采用可弃式起落架,只在起飞阶段用到起落架,起飞后便抛弃,减轻无人机质量,等到回收时用其他回收方式。

2)轻微型无人机一般采用固定起落架,结构简单。而远航飞行的大小型无人机则采用可收放起落架,以减少飞行过程中因起落架产生的阻力。

起落架滑跑起飞几乎适用于任何类型的无人机。

图 3-19 起落架滑跑起飞

(5)空中发射(见图 3-20)。无人机一般由直升机携带在两侧或者悬挂在固定翼翼下和机腹的挂架上,或由有人驾驶飞机携带无人机到空中,当达到无人机预定所需高度和速度时,先启动无人机发动机再将无人机投放至空中。但无人机空中发射成本较高,除任务特别要求外一般不采用。

(6)垂直起飞(见图 3-21)。这种起飞方式对场地要求不高,且旋翼无人机和固定翼无人机垂直起飞方式不同。

图 3-20 空中发射

1)旋翼无人机垂直起飞。旋翼无人机垂直起飞是以旋翼作为产生升力的部件,动力系统工作带动旋翼旋转产生升力,垂直起飞。

2)固定翼无人机垂直起飞。固定翼无人机垂直起飞有两种形式:一种是在发射场上将无人机以垂直的形态放置,由无人机尾部支座支撑,在机上发动机作用下起飞。另一种是在无人机上配置专门用于垂直起飞用的发动机,使无人机能够垂直起飞。

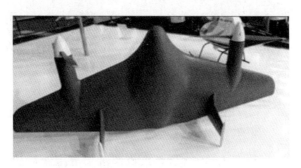

图 3-21　垂直起飞

2.回收系统

(1)伞降回收(见图 3-22)。这种回收方式由主伞和减速伞(阻力伞)二级伞组成降落伞,回收方式较为普通。

使用伞降方式回收的无人机在回收时,先由无人机接收地面站发送的回收指令,无人机开始无动力飞行,当减速降高到合适值时,减速伞打开,减小无人机下降过程的速度,直到合适的高度、速度时,主伞打开,充气完成的主伞悬挂无人机慢慢着陆,着陆瞬间开关接通,主伞脱离。

图 3-22　伞降回收

(2)空中回收(见图 3-23)。用有人机回收无人机,使用这种回收方式的前提是有人机上必须有空中回收系统,无人机上必须有减速伞、主伞、钩挂伞、吊索和可旋转的脱落机构。它的工作过程是地面站给无人机发出遥控指令,无人机接收指令,减速伞打开,同时使发动机停车,无人机开始下降;当无人机在减速伞作用下降到合适的高度和速度时,主伞和钩挂伞打开,钩挂伞高于主伞,吊索方向指向前进的方向。此时有人机逆风进入,钩住无人机钩挂伞和吊索,主伞自动脱离无人机,有人机空中悬挂运走无人机。这种回收方式的好处是不会损伤无人机,不足之处是成本过高,不能大范围使用。

图 3-23　空中回收

(3)起落架滑跑着陆。与有人机相似,无人机起落架滑跑着陆受到地面环境条件的限制,不同之处在于以下几点:

1)在跑道要求方面,无人机比有人机要求低。

2)有些无人机特意将起落架局部设计成较脆弱的结构,用以吸收无人机着陆时撞地能量。

3)有些无人机会在尾部装上尾钩,在回收着陆滑跑过程中,尾钩勾住地面的拦截锁,通过拦截索的弹性变形吸收无人机的动能,降低速度,缩短滑跑距离。

(4)撞网回收(见图 3-24)。用阻拦网系统回收无人机是目前世界小型无人机较普遍采用的回收方式之一。

阻拦网系统通常由阻拦网、能量吸收装置和自动引导设备组成。能量吸收装置与阻拦网相连,其作用是吸收无人机撞网的能量,免得无人机触网后在网上弹跳不止,以致损伤。自动引导设备一般是一部置于网后的电视摄像机,或是装在阻拦网架上的红外接收机,由它们及时向地面站报告无人机返航路线的偏差。

图 3-24　撞网回收

(5)"天钩"回收(见图 3-25)。和撞网回收相似,这种回收方式在回收时控制无人机飞向绳索,利用无人机翼尖挂钩钩住绳索回收。

图 3 - 25　"天钩"回收

（6）气垫着陆。这种回收方式不需要起落架和降落伞,无人机在着陆前打开气囊,发动机把空气压入气囊,压缩空气从囊口喷出,在机腹下形成高压空气区——气垫,实现无人机着陆时的缓冲目的。但需要注意的是,依靠气囊直接着陆,缓冲能力有限,只适用于微小型无人机。

（7）垂直着陆回收。同垂直起飞方式一样,这种回收方式对场地要求不高,且旋翼无人机和固定翼无人机垂直着陆方式不同。

1）旋翼无人机垂直着陆。旋翼无人机垂直着陆是以旋翼作为产生升力的部件,旋翼旋转产生升力,控制旋翼转速能控制升力大小,使无人机垂直着陆。

2）固定翼无人机垂直着陆。同固定翼无人机垂直起飞的两种形式相同,固定翼无人机垂直着陆实质上是以发动机推力直接抵消重力。

3.6　实验:组装多旋翼无人机

1.实训目的

（1）通过组装多旋翼无人机,训练必要的无人机检查和维护技能;

（2）通过组装多旋翼无人机,学习必要的无人机系统硬件和软件的理论知识;

（3）通过组装多旋翼无人机,掌握遥控器通道与无人机姿态和伺服设备对应关系,有利于提高驾驶训练和无人机应用技能培养效率。

2.实训内容及要求

使用配件进行 450 轴距四旋翼无人机基本结构组装和调试,并进行解锁试车。

3.实训步骤

（1）安装电机和电池。将电机固定在悬臂上。安装电机时,需要注意将电机固定牢固、稳定。

电池是为四旋翼无人机提供能源的部件,在安装时需要注意不能让其短路,也不能将其安装在容易受到冲击的部分。为了保证电池的散热,不要将电池封闭起来。

1)在固定时,需要检查电池是否固定牢固,为以后的测试和飞行做好第一次检查。

2)要使用一条固定用的绳子(最好是带状)将电池固定牢。

3)校正电机座水平和每个电机臂与中心板的轴距。有条件时可使用数字角度仪测量每个电机座与中心板的角度,确保其完全水平。没有数字角度仪亦可采用气泡水平计,当然测量精度略差。测量每个电机臂与中心板的轴距一致。以上校正是为了消除低效的动力输出和电机自身角度误差带来的额外能量消耗。

(2)安装电调。将电机和电池固定好以后,接着要安装电调,此时注意不要将电池短路。电调与飞控连接时是有顺序的,这样飞控才能识别出电调控制的电机是哪个电机,才可以给出正确的判断。安装时还需要注意安装的线路走线方式。通常新电调到手后,应根据说明书复位电调设置一次,然后低压保护设置为最低电压,关闭电调刹车,定速。设置完毕后在未安装螺旋桨的情况下,再次确认每个电机的转向是否与飞控说明书中对应的多旋翼无人机电机转向一致。如飞控调参软件提供测试电机功能,则应逐个测试电机是否轴位正确,是否转向相符。

(3)安装飞控。飞控的正面方向决定了飞行器的前行方向,一般的飞控都有一个指示箭头指向飞控的正前方,因此安装飞控时要特别注意飞控正面方向的朝向。同时,除了飞控的正面,还要知道自己向飞控中烧录的程序是什么。在安装前需要将配件都整理好,包括飞控板、飞控托架、六棱柱及与之匹配的螺丝。将 4 个六棱柱固定在飞控托架的 4 个孔上,将飞控放置好,拧上螺丝。

1)飞控与电调线路连接:电机 1、电机 2、电机 3 和电机 4 分别对应于飞控上的 M1、M2、M3 和 M4 针脚。连接时需要将对应电机的电调的信号线连接到对应针脚上。同一个电调的信号线也需要按顺序连接针脚,飞控针脚上标有 3 个标记,分别为 S、+ 和 GND,分别表示信号、电源正极和接地线。与电调线的颜色对应关系是 S 对应白色线,+ 对应红色线,GND 对应黑色线。每一个电调都要按这个顺序连接。

2)飞控与遥控接收机连接:在飞控连接遥控接收机时需要仔细查看说明书,了解应该如何连接遥控接收机的针脚。例如,在 KK 飞控中只有 4 组针脚,分别对应着 AIL(副翼)、ELE(升降舵)、THR(油门)和 RUD(方向舵),必须对应连接在遥控接收机上。

(4)失控返航设置。失控触发通道的接线尤其需要注意牢靠,市面上出售的飞控触发失控返航以单通道触发为多,但也有采用多通道的。要在未安装螺旋桨的情况下正确设置和验证失控返航,例如 DJI Wookong-M 需要油门通道 15% 以上和另一通道设置为特定舵量触发,因此需要两个通道正确设置失控返航。设置后通过调参软件可在地面验证设置和关闭遥控器确认效果。

(5)排除磁性物体。市面上出售的飞控板大多都采用了 GPS+地磁罗盘数据融合方式来提高飞控定点稳定度。由于地磁极易受干扰,所以在安装多旋翼无人机时,务必要认真检查天线、安装盖等是否有磁性,有磁性的部件需要移除,以避免干扰飞控的正常工作。

4. 附件

(1)450 轴距四旋翼无人机主体结构配件(见表 3-2)。

表 3-2　450 轴距四旋翼无人机主体结构配件

配件名称	课程清单	示意图
螺旋桨	大疆 E300 动力套装:9045 自紧塑料桨	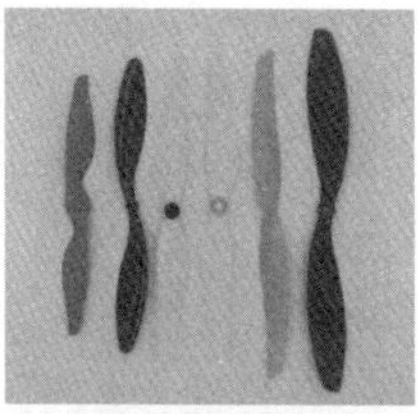
电机	大疆 E300 动力套装:2312 外转子电机	
电调	大疆 E300 动力套装:40A 不带 BEC 电调	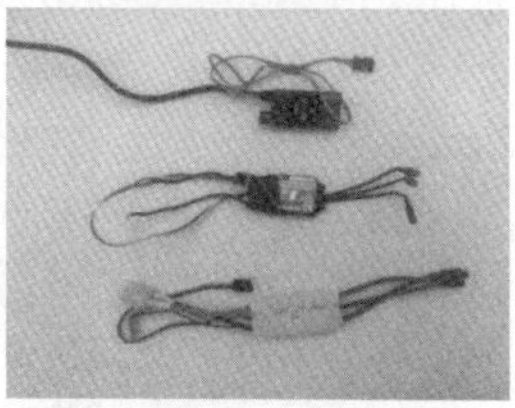
机架	大疆 E300 动力套装:450 机架	
飞控	大疆 NAZA-lite,含电源 模块和 LED 模块	
GPS 模块	大疆 NAZA-lite 适配模块	—
遥控器和 接收机	天地飞 7 遥控器和接收机	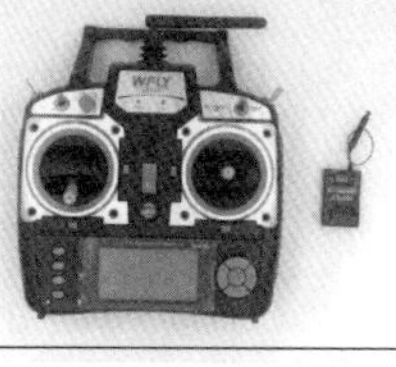

配件名称	课程清单	示意图
耗材	扎带、3M胶、热缩管、魔术扎带等	
工具	电烙铁、螺丝刀、剪钳等	
其他	电池、充电器、测电器等	—

（2）450轴距四旋翼无人机组装完成图如图3-26所示。

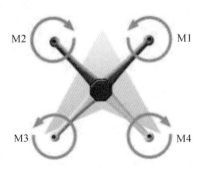

图3-26　450轴距四旋翼无人机组装完成

（3）NAZA-lite飞控的X型四轴电机编号和旋转方向示意图如图3-27所示。从机头方向的右上角开始,电机编号为M1、M2、M3、M4,旋转方向分别为逆时针、顺时针、逆时针、顺时针。

M2　　　　　　M1

M3　　　　　　M4

图3-27　X型四旋翼飞行器

（4）NAZA-lite 飞控连接线示意图如图 3 - 28 所示。

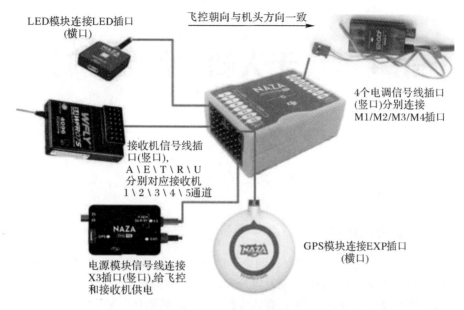

图 3 - 28　NAZA-lite 飞控连接线

习　题　3

1. 简述无人机动力装置的分类。
2. 简述活塞发动机的工作过程。
3. 简述无人机飞行控制系统的组成及作用。
4. 简述无人机通信导航系统的组成。
5. 无人机常见的任务设备有哪些？简述每种任务设备的应用领域。
6. 简述无人机常用的发射回收方式。

第4章 无人机飞行与控制

4.1 遥控器的组成与功能

4.1.1 遥控器的组成

遥控器(见图 4-1)是无人机收发控制指令的重要设备,用于遥控无人机。遥控器包括两部分,即发射机和接收机。受限于无人机行业的现状和特点,目前国内大部分民用无人机仍然使用为航模所设计的遥控器,其具有功能强大、性能可靠响应速度快、控制距离远等特点,可以完全满足大部分民用无人机手动遥控操作飞行器的需要。

图 4-1 遥控器

目前,常见应用于无人机的遥控器有红外遥控器和无线电遥控器两种。由于红外遥控器控制距离较短,可靠性较差,所以应用较少。对无线电遥控器,其根据无线电的调制方式可以分为调幅(Amplitude Modulation,AM)和调频(Frequency Modulation,FM)两种。调频即载波信号的幅度不变,通过改变载波信号的频率选频;调幅即载波信号的频率不变,通过改变信号的幅度选频段。在遥控飞行器的早期,模型制造者们使用较低的 AM 频段。这一频段的传输距离很长,但一次只能有一个人调谐到该频段。如果有人在发射机上设置了相同的频道,只要打开发射机就可能产生干扰。调频信号的带宽比调幅信号宽,抗噪声(干扰信号)能力更强,因此相对而言比调幅信号质量更好。

无线电遥控器也可根据信号编码方式分为脉冲编码调制(Pulse Code Modulation,PCM)和脉宽编码调制(Pulse Position Modulation,PPM)两种类型。

许多人误以为 PPM 就是 FM,其实这是两个不同的概念,前者是指信号脉冲的编码方式,后者是指高频电路的调制方式。操作者通过操纵发射机上的手柄,将电位器阻值的变化信息送入编码电路,编码电路将其转换成一组脉冲编码信号(PPM 或 PCM),这组脉冲编码信号经过高频调制电路(AM 或 FM)调制后,再经高放电电路发送出去。

PPM 的编解码方式一般是使用积分电路来实现的,而 PCM 编解码是用 A/D 和 D/A 转换技术实现的。首先,编码电路中模数转换部分将电位器产生的模拟信息转换成一组数字脉冲信号,由于每个通道都由 8 个脉冲组成,再加上同步脉冲和校核脉冲,所以每组脉冲信号中包含 10 个脉冲信号。每一个通道有 8 个信号脉冲且数量永远不变,只是脉冲的宽度不同,宽脉冲代表 1,窄脉冲代表 0,这样每个通道的脉冲就可用 8 位二进制数据来表示,共有 256 种变化。接收机解码电路中的单片机收到这种数字编码信号后,再经过数模转换,将数字信号还原成模拟信号。由于空中传播的是数字信号,其中包含的信号只代表两种宽度,这样如果在此种编码脉冲传送过程中产生了干扰脉冲,解码电路中单片机就会自动将与 0 脉冲或 1 脉冲宽度不相同的干扰冲清除。如果干扰脉冲与 0 脉冲或 1 脉冲宽度相似,或直接将 0 脉冲干扰加宽成 1 脉冲,解码电路中的单片机也可以通过计数功能或检验校核码的方式将其滤除或不予输出,另外,因电器接触不良对编码电路造成的影响,也经由编码电路中的单片机将其剔除,这样就消除了各种干扰造成误动作的可能。

PCM 编码的优点不仅在于其很强的抗干扰性,而且可以很方便地利用计算机编程,不增加或少增加成本,实现各种智能化设计。例如,将来的比例遥控设备可以采用个性化设计,在编解码电路中加上地址码,实现真正意义上的一对一控制。另外,如果在发射机上加装开关,通过计算机编程,将每个通道的 256 种变化分别发送出来,接收机接收后,再经计算机解码后变成 256 路开关输出,这样,1 路 PCM 编码信号就可变成 256 路开关信号。而且,这种开关电路的抗干扰能力相当强,控制精度相当高。从上述可以看出,PCM 编码方式与 PPM 编码方式相比,具有很大的优越性。虽然以往将这两种编码方式都说成是数字比例遥控,但从严格意义上说,只有 PCM 编码才可称得上是真正的数字比例遥控。

随着数字无线通信技术的不断发展,越来越多的航模厂商将目光投向 ISM(Industrial Seientific Medical)频段,尤其是全球免申请频段 2.4 GHz 的数字无线传输模块上,而传统的模拟低频无线航模遥控系统日益受到信号扰严重、通信距离有限、同场信道少等缺点的制约。

当在同一区域内有相同频点的遥控器同时工作时,很容易产生干扰,造成飞机失控,甚至造成极为严重的事故,因此必须确保不出现同频工作的现象。在日常可以买到的遥控器中,其频段有 27 MHz、35 MHz、36 MHz、0 MHz、72 MHz 和 2.4 GHz。大频段后分为若干频点进行区别,如 40.790 MHz、73.190 MHz、72.210 MHz 等。同频是指在同一地区有频段相同、频点也相同的两个遥控器同时在使用,这是飞行时极为畏忌的现象(如两个同是 73.190 MHz 的遥控器在同区域飞行)。

通道的英文缩写为 CH,一个通道即一个控制回路。例如,T8FG 型遥控器是 14 通道的遥控器,即表示该遥控器可实现控制 14 个回路,通道数越多表示该遥控的功能越强大。在遥控无人机中,控制升降舵需要一个通道,控制副翼需要一个通道,控制方向舵需要一个通道,控制动力也需要一个通道。因此,在遥控无人机中通常需要具有多个通道的遥控设备,以便实现更多功能,遥控器间各个通道的发射端和接收端是一一对应的。

4.1.2 遥控器的功能

1.遥控器的操控模式

根据目前国内外遥控器的使用特点,以及摇杆通道定义的不同,把遥控器的操控模式分为以下几种类型:

(1)模式1(见图4-2)。模式1是流行于亚洲地区的主流操作方式,起源于日本,因此称为"日本手"(又称"亚洲手"),其使用右手控制油门/螺距、副翼通道,而左手控制升降航向通道的操作手法,是目前国内使用最多的遥控器操控模。模式1把控制无人机的两个主要动力方向(滚转和俯仰)分别用两个分开的摇杆来控制,有利于控制无人机运动轨迹的精准度。大部分要求飞行精准、控制细微的F3C遥控技动作表演/竞赛类选手多采用这种操作手法。

方向 —————— 副翼

图4-2 模式1遥控器

(2)模式2。模式2主要流行于欧美国家,近几年国内的使用者也逐渐增多,俗称"美国手"或"欧洲手"。它把控制无人机俯仰和滚转的两个通道同时放在右手,而把航向和油门/螺距放在左手控制。这样的布局符合一般人的行为习惯需要,也是参照载人航空器的座舱布局设计的。通常人们比较习惯使用右手,因此采用这种类型的操作手法在操控无人机时动作较为灵活迅速一些。对于滚转和俯仰运动都通过旋盘倾斜来实现无人机的动作,这样的操作手法更为直观和易于学习掌握。

(3)模式3。模式3俗称"火星手"或"反美手",其在布局上与模式2的形式刚好相反。目前,仍有一些根据个人喜好定义的操作手法,应用较少,在此不再说明。

2.遥控器的设置

(1)遥控器连杆长度的调整。固定操纵杆底部,将操纵杆顶部按逆时针旋转解锁,拧松操纵杆后可以看到有两格刻度可供调整。将摇杆锁定到第一格的位置调整连杆长度,摇杆越长操纵灵敏度越低,反之越灵活。

(2)遥控器开机准备前三项。

1)天线位置横放。

2)开关位置在第一挡。

3)以右手油门(模式1)为例,用拇指锁定油门位置,然后开机。

(3)遥控器的开关定义。

1)SF 开关:无定义。

2)SE 开关:手动和自动悬停功能切换。

3)SA 开关:升降舵大小舵角。

4)SB 开关:方向舵大小舵角。

4.2　无人机的飞行方法

4.2.1　飞行前的检查与校准

由于无人机飞手自身疏忽导致的炸机事件概率高达 67%,而因自身疏忽未检查机身和没有观察好环境所占比例是特别高的。

无人机起飞前若电线插错、插头断电、电线未整理、返航高度未设置好、螺钉脱落、罗盘杆断裂、螺旋桨未装好和云台未安好等都能够造成无人机失控进而导致炸机事故。因此,起飞前的检查是避免炸机事故的重要一步,起飞前一定要做好全面的检查工作,因为即使一根电线也可能成为安全隐患。

空中的障碍物是无人机飞行时的一大"杀手",体积较大、容易察觉的障碍物,飞手能够轻易避开,然而绝大多数的飞行事故都是由于一些容易被忽视的障碍物引发的。

无人机飞行中树枝、电线等纤细物体是航拍工作中的致命问题,因为这些物体很难被察觉,无人机若撞上,会瞬间失去平衡,导致炸机。因此,仔细观察周围环境,避开障碍物显得尤为重要。

此外,无人机飞手还要养成良好的飞行习惯,包括:①定期检查保养无人机;②关键部位的螺钉打螺钉胶;③电池在使用过程中不应过放,这样容易损害电池的使用寿命;④充电过程中要时刻关注电量显示和充电时间,设定相应的充电模式和充电电流等。无人机飞行前的检查与校准包括以下几项:

(1)在航前检查及地面测试中,飞行器严禁装螺旋桨,起飞前必须确认已做好航前检查。

(2)扫视机身外观,观察机身是否损坏,注意观察机身各螺钉连接处是否有裂纹,各部件螺钉是否紧固,如出现损坏,应及时解决,绝不能视而不见。

(3)用手转动每支螺旋桨,检查每支桨叶安装是否正确,观察是否出现桨与电动机之间的相对位移,若出现应及时紧固螺旋桨固定螺钉。观察每个电动机的安装螺钉是否松动,若松动应及时紧固。

(4)检查无人机各处接线是否出现断裂、松动、崩脱,在起飞前还应检查无人机各电动机的转向是否正确。

(5)通电前,应检查电池是否插有电显,并检查电显报警电压是否为 3.6 V;检查遥控器是否打开。

(6)无人机飞行前需要对航线进行校验,校验完毕后才可最终确认起飞。

(7)正式起飞之前观察周围环境是否允许起飞,周边是否有人员围观,确保周围环境是安全的。飞手应站在离无人机 3~5 m 处,其他人员应站在飞手身后安全位置,起降区与飞行员及地勤必须保持安全距离,即无人区(无人区直径为无人机最大直径的 3 倍)。

(8)检查各个接头(杜邦线、XT60、T 形插头、香蕉头等)是否紧密,插头不焊接部分是否有松动、虚焊、接触不良等现象。

(9)检查各电线外皮是否完好,有无刮擦脱皮等现象。

(10)检查电子设备是否安装牢固,应保证电子设备清洁、完整,并进行一些防护(如防水、防尘等)。

(11)检查电子罗盘、IMU等的指向是否和无人机机头指向一致。

(12)检查电池有无破损、鼓包胀气、漏液等现象(如出现上述情况,应立即停止飞行,更换电池),测量电池电压容量是否充足(建议每次飞行前都应把电池充满电)。

(13)检查遥控器设置是否正确,遥控器电电量是否充足,各挡位是否处在相应位置,各摇杆微调是否为0,上电前油门应处于最低位置。

(14)电调校准(注意:在进行电调校准前,请务必拆桨)。

1)将油门杆推至最高位置,LED指示灯指示当前GPS状态和飞行状态。

2)CH5(模式通道)在最低和最高位置来回快速切换6~10次,LED指示灯变为红色常亮。

3)保持油门位置不变,断开总电源,然后重新加电,LED指示灯红、绿、蓝三色轮流闪烁。

4)通电0.5 s左右,会听到电动机"嘀嘀"两声;然后在2 s内将油门杆拉到最低位置,LED指示灯红、蓝交替闪烁后进入正常指示;正确校准完成并解锁后,电动机会依次怠速运转。

(15)水平校准。

1)首次试飞前,把无人机放到水平的地面,执行外八字加锁动作,保持10 s以上。

2)LED指示灯蓝、绿开启交替闪烁,此时可松开遥控器操控杆。

3)约10 s后,LED指示灯变为蓝色指示灯单闪;约15 s后,LED指示灯闪灯正常,表明校准成功。

(16)指南针校准。

1)将油门杆推到最低位置。

2)CH5在最低位置和最高位置快速来回切换6~10次,直到状态指示灯蓝灯常亮。

3)将无人机机头向前,水平放置,然后缓慢顺时针旋转至少一圈,直到状态指示灯绿灯常亮。

4)将无人机机头朝下,机身垂直,然后缓慢顺时针旋转至少一圈,直到状态指示灯白灯常亮。

4.2.2 无人机的日常检查与保养

无人机时常会因为电子、机械或环境引起故障,从而突发一些紧急情况,尤其是在升空时的紧急情况,如果处理不当,轻则损失飞行设备,重则造成人员伤亡。因此,要注重无人机的日常检查与保养。

1.智能电池的日常检查与保养

(1)若智能电池连接处的金属片有污垢,一定要及时清理。

(2)若智能电池出现金属片弯折、电池鼓包、金属片不一样长短等情况,不要使用。

(3)智能电池单片电压 3.7 V 以上时,部分电芯电压偏低或偏高超过 0.2 V,要用专门的设备进行平衡处理。

(4)智能电池在多次循环后出现亏电现象或者电量在手机软件上显示不稳定,不要使用,应联系售后服务部门,若是质量问题或可换新。

(5)智能电池的平常存储应保持电量在 40%～65%,如两个月不用,使用前应满充满放电一次。

2.无人机的日常检查与保养

(1)建议无人机的箱子内放置的干燥包每 1～2 个月更换一次,防止电子元器件受潮。

(2)不要使用不拆螺旋桨就可以放进去的箱子,螺旋桨在箱子运输的过程中非常容易出现弯折,影响飞行质量甚至炸机。

(3)建议每到一个新的地方一定要校准 IMU 和指南针,因为长途运输的颠簸对 IMU 有影响,而每个地方不同的磁场环境对指南针也有影响。

(4)每次起飞前应先检查电动机启动后的响声是否正常;安装桨叶后注意观察螺旋桨是否在同一水平面,若不是应更换桨叶,因为桨叶是易损品,不更换危害更大。

(5)无人机的天线、视觉定位的镜头、超声波系统、电动机内如果有灰尘要及时清理。

(6)无人机云台连接处的减震球,建议在观察到存在开裂现象或者在 200 个起落后更换。

(7)无人机云台的镜头平常可以购买保护盖,减少灰尘的进入;每次飞行后用酒精纸擦拭,滤镜使用时间过长后会出现各种划痕,建议更换。

(8)无人机飞行时长在 50～100 h 建议观察电动机内金属丝的颜色,如果发现变色等问题,建议更换电动机,以免引发飞行安全问题。

(9)对于悟系列无人机,应注意机身是否出松动或者中心框丝杆部位是否出现异响,检查中心框丝杆是否出现锈迹或者弯折现象,平常可以上油保养。

(10)对于筋斗云系列无人机,应注意检查桨叶固定螺钉和其他部位的螺钉是否松动,各部件之间的连接线是否牢固,有无破损。

(11)检查遥控器天线是否有物理损伤。例如,遥控器和天线连接处断裂损坏或者两根天线杆内部天线折断,这两根天线一根接收像传输信号,一根发出遥控器信号,如果出现天线磨损问题或者接触不良等要及时修理或更换。

(12)现在的充电器可以同时充电池和遥控器,但是从安全方面考虑,最好不要同时充电。

4.2.3　无人机的飞行基础

1.起飞与降落练习

起飞与降落是飞行过程中的重要操作,虽然简单但也不能忽视其重要性。下面介绍起飞过程(这里省略接通电源操作)。远离无人机,解锁自动驾驶仪,缓慢推动油门等待无人机起飞。注意,推动油门一定要缓慢,即使已经推动了一点距离,电动机还没有启动也要慢慢来,这样可以防止由于油门过大而无法控制无人机。在无人机起飞后,不能保持油门不变,而是待无人机到达一定高度,一般离地面约 1 m 后开始降低油门,并不停地调整油门大小,使无人机在一定高度内徘徊。这是因有时油门稍大无人机上升,有时油门稍小无人机下降,所以必须控制油门才可以让无人机保证飞行高度。

降落时,同样需要注意操作顺序:降低油门,无人机缓慢地接近地面,离地面 5～10 cm 处稍稍推动油门,降低下降速度;再降低油门直至无人机触地(触地后不得推动油门);油门降到最低,锁定自动驾驶仪。相对于起飞来说,降落是一个更为复杂的操作,需要反复练习。

2.升降练习

简单的升降练习不仅可以锻炼对油门的控制,还可以让初学者学会稳定无人机的飞行。在练习时注意场地要有足够的高度,最好在户外进行操作。

(1)上升过程。上升过程是无人机螺旋桨转速增加,无人机上升,该过程的主要操作杆是油门操作杆("美国手"左侧摇杆的前后操作杆为油门操作,"日本手"右侧摇杆的前后操作杆为油门操作)。练习上升操作时,假定已经起飞,缓缓推油门,此时无人机会慢慢上升,油门推动越多(不要把油门推动到最高或接近最高),上升速度越大。

当达到一定高度时或者上升速度达到自己可操控限度时停止推动油门,这时会发现无人机依然在上升。要想停止上升,必须降低油门(注意:不要降低得太猛,保持匀速即可)直至无人机停止上升。然而,这时会发无人机开始下降,这时又需要推动油门让无人机保持高度,反复操作后无人机即可保持稳定。

(2)下降练习。下降过程同上升过程正好相反。下降时,螺旋桨转速会降低,无人机会因为缺乏升力开始降低高度。在开始练习下降操作前,确保无人机已经达到了足够的高度。在无人机已经稳定悬停时,开始缓慢地下拉油门(注意:不能将油门拉得太低)。在无人机有较为明显的下降时,停止下拉油门,这时无人机还会继续下降。同时,注意不要让无人机过于接近地面,在到达一定高度时开始推动油门迫使无人机下降速度减慢,直至无人机停止下降,这时会出现上升操作类似的情况,无人机开始上升,这时又要降低油门,保持现有高度,经过反复几次操作后无人机保持稳定。

在这个过程中,如果无人机下降的高度太多,或者快要接近地面,并且无人机无法停止下降,需要加快推动油门速度(操控者要自行考量推动油门的速度)。但是,应注意查看无人机姿态,若过于偏斜,则不可加速推动油门,否则会有危险。

3.俯仰练习

俯仰练习也是飞行的基本操作,用于无人机的前进和后退操作,以保证无人机正确飞行。

(1)俯冲练习。俯冲操作时,无人机的头会略微下降,机尾会抬起。对应螺旋桨的转速,则是机头两个螺旋桨转速下降,机尾螺旋桨转速提高,随之螺旋桨提供的力就会与水平面有一定的夹角。这样,不仅可以为无人机提供抵消重力的升力,而且提供了前行的力。这时升力也会减小,因此无人机会降低,可以适当推动油门。只要向前推动操作俯冲的摇杆,无人机就会俯冲向前。同样,在俯冲前行时要注意,开俯冲时要让飞行达到一定高度,对于新手,飞行最好离地一人以上的高度,并且确保无人机前行的线路上没有任何障碍物(并确保飞行时不会有障碍物移动到飞行器前方或附近)。

　　飞行时轻推摇杆,无人机即开始向前飞行。如摇动杆的幅度越大,无人机前倾的角度也越大,前行速度越大。但是,当推动摇杆的幅度过大时,机头前的螺旋桨可能会过低,导致无人机前翻或者直接坠机(有自稳器一般不会出现该状况,但也不要轻易尝试)。因此,在推动摇杆俯冲时,推动幅度不能太大,一般只要无人机开始前行即可停止推动,保持摇杆现在的位置,让无人机继续向前飞行。同样,在飞行时需要使用其他摇杆来保持飞行方向。

　　(2)上仰练习。上仰练习与俯冲练习类似,只不过需要将摇杆从中间位置向后拉动。在拉动过程中无人机尾部两个螺旋桨会缓减转速,机头两个螺旋桨会加快转速,然后会出现与俯冲操作类似的现象,只是无人机会向后退行。因此,在练习操作时需要确保无人机后退的线路上没有任何障碍物,包括操作者自己也不要站在无人机后面,以免发生意外。确保一切安全后就可以开始操作练习。缓慢拉下摇杆,当无人机开始退行时停止拉动摇杆,这时无人机会继续退行,退行一段距离后,缓慢推动摇杆直到摇杆恢复到中间位置时停止推动,这时无人机就会停止退行,上仰练习完成。

　　4.偏航练习

　　偏航练习即练习改变无人机航线。在无人机飞行过程中,改变航向也是一个常用且基本的操作。

　　(1)左偏航练习。左偏航练习是在无人机前行时,使其向左偏转的操作(类似于汽车转弯)。在进行偏航操作时,使用到的摇杆是油门摇杆,但是只有左右方向才是偏航操作。在左偏航时,摇杆轻轻向左摆动。当摆动以后,无人机的机头开始偏向。其实,若无人机没有使用俯仰操作时直接摇动偏航,无人机会原地旋转(类似于陀螺),转动方向与摇杆推动的幅度有关,摇杆偏离中心位置越大,转动的速度越快。左偏航需要练习以下两种模式。

　　1)左转弯。这项操作需要使用俯仰操作来配合。首先需要使用俯仰操作让无人机前行,然后缓慢将油门摇杆向左推动一点,之后停止操作(保持现在的摇杆位置),这时已经开始向左转弯,保持摇杆位置2~4 s即将油门摇杆的左右方向回中。右侧方向摇杆全部回中。

　　2)(逆时针)旋转。这项操作只需要将油门摇杆拨动到一侧即可。但是,无人机在旋转过程中可能无法保持正确位置,因此在旋转操作时需要有足够的耐心。轻轻拨动油门摇杆,无人机开始有轻微转动时停止拨动,保持现有位置。这时无人机会慢慢开始转动,若无人机飞行方式有些控制不住,立刻松开油门摇杆,让油门摇杆自动回中。同时,准备操控方向摇杆以控制无人机位置。如果发现无人机旋转,则需要拨动油门摇杆,操作无人机旋转一圈,即可完成旋转练习。

　　(2)右偏航练习。右偏航练习同左偏航练习类似,只需要将摇杆向右推动,其也需要两种练习,即右转弯和旋转。在此提醒读者,交替练习右偏航和左偏航效果更好。

　　建议无人机新手在熟悉基础操作教程后,在选试飞场地时首选草坪,这样不容易摔坏无人机。无人机新手最容易犯的错误就是看见无人机飞高,一紧张就猛减油门,这样会导致无人机垂直落地。在无人机飞得比较高的情况下慢减油门才是正确的做法。

5. 悬停练习

悬停是一项比较基本而且微操作较为复杂的操作。悬停操作需要达到的要求:保持无人机高度不变,保持飞行不会出现前移后退,保持无人机不会左右摇摆。学会悬停后,可以很好地进行无人机和发射机的微调。因此,练习悬停时要认真体会其操作,为以后的操作打下调试基础。

悬停操作看似简单,但是由于飞控程序的不准确性(原因可能是传感器不灵敏或内嵌程序算法质量较差,也有可能是发射机中点未校准),因此在油门固定且其他摇杆不动的情况下,无人机可能不停地乱飞(飞行速度较慢),如果发射机未校准,飞行操作会比较危险。总之,悬停操作需要飞手有丰富的操作经验,因此需要多练习。具体的操控还需要飞手自己体会。

6. 直线飞行

直线飞行是一个相对简单的操作,从理论上来说,只要推动方向杆即可,但是实际情况却比较复杂。由于传感器和算法的问题,有时也可能是因为有风,无人机不会完全按照发射机的操作完成动作。因此,需要调整发射机的操作,保证无人机沿直线飞行。需要注意的是,当俯仰杆推动或下拉的幅度过大时,无人机会有下降趋势,甚至有时在幅度过大时会直接冲向地面,因此在进行操作时候要注意安全。

7. 曲线飞行

曲线飞行就是让无人机沿着一条曲线飞行,可以 Z 形或 S 形的路线飞行。曲线飞行可以锻炼飞手自由操控无人机,需要反复练习操作并感受无人机的飞行规律。

曲线飞行比直线飞行要复杂得多。首先,明确飞行路线,确保飞行路线上没有障碍物和人;然后,无人机起飞后沿着曲线路径飞行。飞行时需要通过油门摇杆控制无人机的朝向,使用方向摇杆让无人机开始前进飞行,这样的运动组合就合成了曲线飞行路径。

但这只是一种曲线飞行的方式,因为四轴的特殊结构,所以在曲线飞行中还需要另外一种飞行方式。之前曲线飞行时会不停地改变机头的朝向,而这种方式是利用侧向飞行来实现机头不变的曲线飞行。首先,使用油门摇杆控制无人机的高度,并保持机头方向不变;然后,使用方向摇杆控制无人机前行和侧向飞行,逐步控制即可完成机头方向不变的曲线飞行。在练习前进方向飞行时,可以试着练习后退时曲线飞行。需要注意的是,如果还不太熟悉无人机的方向控制,最好先不要练习,待熟悉无人机飞行方式的控制后再进行练习,否则会有一定的危险。

4.2.4 无人机的飞行技巧

遥控无人机危险系数较高,但是如果遵守飞行守则,飞行的安全系数还是很高的。那么如何保证安全飞行呢?

1. 大疆精灵无人机的飞行技巧

(1)对于初学者来说,在空旷的地方飞行,尽管飞行时不必抬头一直盯着无人机,但也要保证无人机一直处于视野范围内,高楼和植被的阻挡有时会影响遥控和实时信号。

(2)有时因为 GPS 或者遥控信号丢失,无人机会尝试自动返航,但是无人机并不能预见周围的障碍物,因此应该使用遥控器的开关紧急取回遥控权。

(3)不要忽略启动照相机后手机软件的任何提示。云台故障、SD 卡未插入、矫正指南针等提示非常重要,忽略提示强行起飞,非常容易出现事故。

(4)时常检查。首先检查电池寿命,按住电源 5 s 可以显示电池总寿命,一般来说,4 灯有 3 盏以上常亮代表电池寿命正常。电池寿命下降时会造成供电不稳定,无人机会无预警下降。然后检查螺旋桨的状态,螺旋桨是无人机最容易损坏的部件,要经常检查其是否有缺损或者裂痕。

2.航拍中的飞行技巧

航拍器上的三轴云台的作用是保证照相机的稳定,无论无人机如何晃动,照相机始终保持在特定位置。另外,利用航拍中的飞行技巧,能让视频和照片更加完美。

(1)倒飞,更容易获得好的视频片段。大的 Phantom 系列无人机在飞行时,有时因为机身摇晃得比较剧烈,螺旋桨会进入视频画面。如果是倒飞,则可以避免这个问题,也比较方便操控者使用较高的速度控制无人机飞行。而对于 DJI Inspire1 这样较为专业的无人机来说,由于其起飞以后螺旋桨抬升较高,因此不必担心这个问题。

(2)控制飞行速度。在拍摄视频片段时,首先要避免突然加速或减速,这样的视频片段会出现明显的间歇性停顿;其次在允许的条件下尽量放慢飞行速度,后期可以调整加快视频片段的播放速度,但是变慢却比较难。

(3)在新的 Phantom 系列中,由于遥控器的改进,可以不必在手机或者平板计算机上调整照相机的角度,这样就可以一边遥控一用食指调整照相机的角度,该技巧能帮助操控者拍出很酷的视频片段。同样地,在更高的 Inspire 系列中甚至有双遥控器的搭配,一个人控制,另一个人控制照相机,可以更方便灵活地运用镜头。

3.航拍器自带的照相机的使用技巧

航拍器自带的照相机虽然性能不能和专业单反媲美,但是其图像质量和视频质量(4Kdeo)还是有非常大的潜力可以挖掘的。

(1)拍摄照片时,尽量使用 RAW 格式,以此来获取更大的后期处理空间。

(2)环绕场景 360°拍摄照片,或者环绕拍摄视频再截取视频截图,用这两个办法再加上 Photoshop 的极坐标功能,可以拍摄出"小行星"效果。

(3)尽量使镜头方向保持水平,这样可以避地平线弯曲,同时保证自然的建筑拍摄效果。

(4)将照相机角度调至最下,平行于地面。这是最能体现航拍视角的一个角度,利用该角度拍摄往往能发现很多惊喜。

4.2.5　无人机飞行突发情况处理

当无人机飞行过程中有突发状况时,一定要沉着冷静,采取正确的处理方式,尽量减少损失。首先,在处理过程中要保证人身安全和公共安全,如迫降地尽量远离公路、广场等人群密集活动范围,尽量选择草地、沙地等有缓冲作用的场地迫降,减少飞行平台的损失,保护存储卡。其次,判断问题所在,采取正确高效的挽救措施。一般紧急情况可以分成 3 种:①飞行平台可控;②飞行平台半控;③完全失控甚至丢失。

1.飞行平台可控

飞行平台可控指无人机遇到一些突发状况,导致飞行任务必须尽快结束,但是无人机还在飞手可以控制的情况下。一般有以下几种情况:

(1)天气突变,如突然下雨,突然有阵风袭击飞机,不适合继续飞行。

(2)电池电量不够或者损坏,导致电池性能下降。

(3)拍摄设备出现电池电量不足、存储卡已满的情况。

(4)无线图像传输干扰或者天线掉落导致无法发送视频信息。

(5)云台无法保持稳定或无法操控。

这些情况相对危险性不是很高,无人机能够正常飞行,至少能有迫降时间。飞手只需要沉着冷静,选好无人机最近、最安全的迫降地,并要求副飞手驱离附近无关人员,在稳定情况下尽快安全降落。

2.飞行平台半控

飞行平台半控指无人机遇到突发状况,导致无人机不具备完整的可控飞行功能,但是还能被飞手采取非常规手段半操控的情况。引发这种情况的起因比较复杂,有以下几种可能:

(1)多轴中某个电动机停转,导致无人机自旋。这有可能是电动机电源线和信号线脱落或者电调故障造成的。类似这种飞行不平稳,但是飞控正常的情况,需要准确分辨机头的方向,在正确的位置调节方向舵引导无人机降落到合适的位置,缓慢调整油门,在落地的瞬间打正方向舵使无人机水平降落。

(2)无人机在空中乱转甚至飞走。这种情况有可半失控,也可能完全失控,只能用排除法来解决。切换飞行模式,GPS 模式可切换姿态模式或者手动模式,直到飞行姿态正常并能够控制方向。若解救成功,则表明是 GS 故障、IMU 模块松动、传感器失效或是飞行过于激烈导致自动驾驶仪故障。迫降后检查 GPS、IMU,并连接计算机调试软件查看各种功能是否正常,自检和重新校正磁罗盘。若不能解决,自动驾驶仪需送厂检修。

(3)间歇性失控。这种情况可能是干扰造成的,在可控时间里应尽量远离干扰源。

3.完全失控

如果切换模式无法接管无人机,要立即疏散人群,让无人机自行着陆。如果确认无人机失去控制向远处飞走,还可以尝试一键返航并关闭遥控器,看无人机能否启动失控返航功能自动返航降落;在自动返航功能失效,无人机丢失的情况下,可以打开手机软件中的飞行记录查看是否有数据保存,如果有,可以根据此数据判断无人机的大致方位,立即前去寻找,也可以用另一架无人机的航拍画面进行寻找。

4.2.6 无人机维护

无人机维护定义为无人机的保管、检查、大修和维修,以及部件替换。

经验表明,无人机每飞行 20 h 需要进行预防性维护,每 50 h 需要进行较小的维护。

当运行类型和环境不同时,维护要求有所差异。

制造商提供维护无人机时应该使用的维护手册、部件目录和其他服务信息。

1. 预防性维护

定义:预防性维护是简单的或者次要的维护操作以及小的标准零件或设备的替换,不涉及复杂的操作。

维护实施方:认证的驾驶员,可以对他们拥有或者运行的任何无人机执行预防性维护。

(1)每次飞行结束都要按清单清点设备、材料和工具。

(2)及时把 SD 卡内的相片及视频移进电脑,避免积压占用过多的内存,从而给下次使用带来不便。

(3)每次飞行结束后及时检查飞行器完好情况,如螺旋桨、护架等的完好情况,发现有缺陷的要及时更换修复,如不能修复的应暂停使用此飞行器,避免造成对飞行器的继续损坏,必须待修复好无问题后方可继续飞行。

(4)及时清理油污、碎屑,保持各部位清洁。

(5)视需要加注润滑油。

(6)长期储存时,整机使用机衣进行防尘,轴承和滑动区域喷洒专用保养油进行防腐蚀和霉菌。

(7)定期保养包含但不限于以下内容:

1)保持机身外观完整无损;

2)保持机身框架完好无裂纹;

3)保持橡胶件状态良好;

4)保持紧固件、连接件稳定可靠。

(8)日常保养包含但不限于以下内容:

1)保持任务载荷设备清洁;

2)保持数据存储空间充足;

3)合理装卸,妥善储存,避免碰撞损坏。

2. 检查性维护

中国民用航空局(以下简称为局方)把处于适航条件的无人机的维护的主要责任寄予所有者和运营者,必须对无人机执行可靠的检查,所有者在任何故障校正需要的检查期间必须维持无人机的适航性。

局方要求所有的民用无人机按照特定的时间间隔来确定总体运行状态,间隔时间依赖于无人机所属的运行类型。一些无人机每 12 个月至少需要一次检查,而其他无人机要求的检查间隔是每运行 100 h 检查一次。在某些情况下,可能按照一个检查制度来检查无人机,这个检查制度是为了对无人机进行完全的检查而建立的,可以基于日历时间、服务时间、系统运行次数或者这些条件的组合。

所有检查都应该遵守制造商的最新维护手册,包括检查间隔、部件替换和适用于无人机的寿命有限条款这些连续适航性的说明。

(1)年度检查。民用无人机系统要求至少一年检查一次。

检查应该由认证的持有检查授权的人员来执行,或者由制造商检查,或者由认证和正确评估的维修站执行。

除非年度检查已经在之前的 12 个月完成,否则无人机不能运行。12 个月的期限为从一个月的任何一天到下一年相同月份的最后一天。

(2)飞行前检查。飞行前检查是一个彻底的和系统的检查方法,通过此项检查,无人机驾驶员可以确定无人机是否适航和处于安全运行状态。

飞行前检查的系统及方法在 4.2.1 节已有介绍。

3.修理和更换

修理和更换被分为重要级和次要级两个级别。

重要级修理和更换由局方相关文件描述。

重要级修理和更换应该由局方评级的认证修理站、持有检查授权的局方认证人员或者在局方的代表批准后执行。

常见的一些无人机部件需要修理和更换的情况如下:

(1)电池。一般电池的正常使用寿命是很长的,但是一旦电池坏了,就需要直接更换新的。

(2)螺旋桨。螺旋桨由于其本身材质的特性,损坏较快。桨叶一旦出现裂痕、缺口等会直接影响飞行稳定性,因此需要直接更换新的桨叶。

(3)减震球。当拍摄视频出现果冻效应时,有很大可能性是减震球过硬或破损。一旦发现其破损了,应马上更换,以免航拍影片画面产生扭曲或波动。

(4)电机。除了螺旋桨外,对飞行稳定性影响最大的就是电机了。如果无人机在悬停时出现无故侧倾或无法顺利降落,则有可能是电机出了问题。可先尝试重新校正机身后再起飞。若仍然出现问题,那么一定要及时送厂检修,避免出现电机停转导致无人机失控甚至坠毁。

4.动力系统的维护

(1)电池的使用注意事项。

1)正确使用可以延长锂聚合物电池的使用寿命。有些用户根据传统电池的使用经验,在新电池开始使用后充满电再放光电,以为这种方法能激活电池的最大潜力。还有些用户得到新电池后长期放置不用,以为只要没用过,电池的寿命就没有影响。其实对于锂聚合物电池,这两种都是非常错误的使用习惯,深度放电对锂聚合物电池的寿命会产生严重伤害,一块锂聚合物电池只要深度放电 2 次,寿命就终结了。在长期存放电池时定期地充电,在日常使用电池时避免电池电量完全放光,可以有效地延长电池寿命。

2)每次使用完电池必须等待完全冷却后才能重新充电,避免电池自身处在高温状态或在高温环境下充电。

3)长时间存放而不使用的电池,应保持电池总电量的 70%。当处于未被使用的状态当中时,锂电池会有一个自动放电的过程。如果放电电压低于 2.4 V,会严重损坏电池,导致电池不能再使用。因此建议每隔 3 周检查电池或重新为电池充 1 次电。多功能电池检测仪可以正确地显示电池的状态。

4)正确设置充电电流,以过大的电流充电也会影响电池寿命,同时也不能完全充满。

5)电池只适合在室温下保存和使用,电池的温度在 4℃ 以下时放电性能会下降,电池的温度在 −10℃ 以下时会导致电池放电性能严重下降,甚至会导致电池完全不放电,因此应尽量避免将电池长时间在低温环境下放置。如果电池的温度较低,如冬天在室外的汽车中过夜,在使用前应将电池放到室温环境里放置,慢慢加温到 20～40℃ 后再使用。如果多旋翼无人机在低温环境下飞行作业,应做好电池的保暖工作,如将电池放置在有暖气的汽车内或工作人员的怀里,在使用前的最后一刻再取出装在无人机上,一旦装上就要尽早起飞,让电池开始工作。电池放电过程中会产生热量,可以避免电池温度过低。但即使做好电池使用前的保温工作,−10℃ 以下的低温环境仍然会让电池的放电性能严重下降,在使用中需要特别注意。

6)避免在 4℃ 以下的低温环境里对电池进行充电,太低的温度下电池有时甚至充不上电。但不必担心,这只是暂时状态,一旦环境温度升起来,电池中的分子受热,就会马上恢复到以前的蓄电能力。

7)锂电池在 35℃ 以上的高温环境下工作,电池的电量也会减少,电池的供电时间不会像往常那样长。如果在这样的高温环境下对电池进行充电,对电池的损伤将更大。长期在高温环境中存放电池,也会不可避免地对电池的质量造成相应的损坏。夏天在室外进行飞行作业时,一定要避免电池在阳光下暴晒。尽量保持在适宜的操作温度是延长电池寿命的好方法。

8)要想发挥电池的最大效能,就需要经常使用,让电池内的电子始终处于流动状态。如果不经常使用,请一定记得每月给电池大幅度充放电 1 次。

9)不要把电池放在有硬币或钥匙的口袋中,也不要放在雨后或结露的潮湿草地上,因为这些情况下电池有可能发生短路。

10)飞行时如果地面站电压告警,必须马上降落。即使只是暂时的电压告警,接着马上电压显示正常,也必须降落。

11)降落后要及时把电池取出。

12)起飞前换入充满电的电池,避免与部分放电的电池弄混。

13)很多坠机和粗暴着陆都是由于使用了未完全充满电的电池引起的。

(2)电机、电调的维护和注意事项。除了螺旋桨外,对飞行稳定性影响最大的就是电机了。如果无人机在起飞、悬停时出现无故侧倾或无法顺利降落,则有可能是电机出了问题。因此对电机的维护就显得格外重要了。

1)避免无刷电机长期工作在高温环境。电机长期处于 100℃ 以上的高温环境,将对无刷电机的各个系统造成损伤。

2)钕铁硼磁铁不耐高温,在接近其耐温极限时,将持续性地发生退磁,温度越高其退磁的速度也越快。退磁后电机磁性下降,扭矩下降,电机性能会受到不可逆的损伤。

3)轴承不可长期工作在高温环境,高温将使轴承内部的润滑油发生挥发,并且滚珠因为高温发生形变,从而加速磨损。

4)发现电机运转时跟以前的声音不同或发卡、发热时,加精密轴承润滑脂,对电机运转的声音和发热会有所改善,并且能延长轴承的使用寿命。

5)避免电机进水,保持内部干燥。

6)进水将有可能导致轴承生锈,加速轴承磨损,降低无刷电机寿命。另外,包括硅钢片、转轴、电机外壳也都有生锈的可能。

7)由于电机容易进水或沙尘,所以需要经常清扫电机,及时清除电机机座外部的灰尘、油泥。如使用环境灰尘较多,最好每次飞行之后清扫一次。

8)定时检查电机轴承磨损情况。

9)电机轴承的检查方法是去掉螺旋桨驱动电机,正常的转动没有杂声,声音浑厚;如果声音带杂声,并且有类似有沙子在内部的杂声,则轴承有损伤需要更换。

10)定时检查电机的动平衡情况。

11)电机动平衡的检查方法是去掉螺旋桨驱动电机,正常的电机转动有较轻微的振动,如果电机动平衡失效,则电机振动较大,产生高频振动。

12)电机是否歪斜,电机及内线是否存在熔断、异物残存等。

13)电调外包装是否完整,是否有破裂或者烧焦的味道。

14)各个焊接点是否有明显断裂或焊锡点变形等。

15)电调接线板是否有焊接松动甚至是接线毛刺。灰尘要及时清除,以防漏电。

16)对电调接线连接的电机飞控接线板,把线拉几下,看周围接线是否牢固。

17)对电机、电调等灰尘敏感部件进行灰尘清理。

5.无人机所有者/运营者职责

(1)保持无人机有最新的特许适航文件和国籍登记文件。

(2)维护无人机处于适航状态,包括遵守所有适用的适航指令。

(3)确保维修被正确地记录。

(4)与最新的涉及无人机运行维护的规章保持同步。

(5)地址的变更、无人机的销售与出口、注册飞机的资格丢失等事项都要立即通知局方注册处。

(6)无人机系统无线电资源的使用需要持有局方无线电管理部门的许可证。

6.植保无人直升机的维护

植保无人直升机主要用于喷洒药剂、种子和粉剂等。这些药剂和粉剂对无人机的伤害较大,必须要做好日常维护保养工作。

(1)整机清洁。

周期:作业期间必须每天清洁,非作业期间可每周清洁一次。

要点:该项目主要指机身主体的清洁工作,如大桨、尾桨、机身板、尾杆、外露轴承的清洁工作。外露轴承建议涂上润滑脂,以达到润滑、防锈、防腐蚀的目的。清洁过程中注意观察大桨、尾桨和尾杆的完整度、是否膨胀、是否开裂等情况,以及机身板上的固定螺丝是否有松脱等现象。

(2)主螺旋头固定情况。

周期:作业期间要每天检查确认,非作业期间可每周检查确认。

要点:检查主螺旋头各个螺丝状况、大桨的固定情况,以及 T 头是否松动。

（3）主轴晃量检查。

周期：作业期间要每天检查确认，非作业期间可每周检查确认。

要点：检查主轴横向是否有晃量，上下是否有松动。如晃量很大，建议与厂家联系处理；若上下松动明显，建议马上返厂维修。

（4）清洁主轴并加润滑脂。

周期：作业期间要每天检查确认，非作业期间可每周检查确认。

要点：作业期间建议每天清洁主轴并涂上润滑脂。同时需清洁主轴外露轴承，建议涂上润滑脂。

（5）齿轮箱前轴检查。

周期：作业期间要每天检查确认，非作业期间可每周检查确认。

要点：检查齿轮箱前轴横向是否有晃量，若有晃量，建议返厂维修。检查单向轴承，正常状况是顺时针方向旋转只能自转，逆时针方向旋转会带动主轴旋转。

（6）启动轴晃量检查。

周期：作业期间要每天检查确认，非作业期间可每周检查确认。

要点：检查启动轴是否有明显晃量，若有晃量，建议返厂维修。

（7）离合器检查。

周期：作业期间要每天检查确认，非作业期间可每周检查确认。

要点：顺时针旋转离合器罩，观察是否卡壳、不顺畅。有必要可拆掉皮带检查，正反向都应旋转顺滑。

（8）尾螺旋头固定情况。

周期：作业期间要每天检查确认，非作业期间可每周检查确认。

要点：检查尾 T 头顶丝固定是否牢固和尾桨夹固定情况。

（9）尾轴虚位检查。

周期：作业期间要每天检查确认，非作业期间可每周检查确认。

要点：检查尾轴旋转面晃量，若有晃量，建议返厂维修。

（10）清洁尾轴并加润滑脂。

周期：作业期间要每天检查确认，非作业期间可每周检查确认。

要点：清洁粘在尾轴上的农药灰尘，再涂上润滑脂。检查固定尾轴的两个轴承，作业期间建议每天清洁并涂上润滑脂。同时注意铜套的损耗状况。

（11）尾轴变矩结构检查。

周期：作业期间要每天检查确认，非作业期间可每周检查确认。

要点：清洁变矩结构，特别是轴承，清洁后建议涂上润滑脂。

（12）尾同步轮检查。

周期：作业期间要每天检查确认，非作业期间可每周检查确认。

要点：固定主轴，轻微转动尾轴，若有滑动现象说明尾同步轮固定不紧，需重新固定。

（13）全机舵机拉杆清洁检查。

周期：作业期间要每天检查确认，非作业期间可每周检查确认。

要点：清洁舵机及拉杆，包括主螺旋头舵机、螺距拉杆和十字盘拉杆、油门舵机和拉杆、尾舵机和拉杆。注意拉杆连接部分是否松动、变形,用两个手指轻拧固定螺丝,观察是否松脱。注意球头扣和球头之间的磨损状况、间隙大小。在未连接电源的情况下,用手摇动舵机臂,观察行程是否顺畅、是否有滑齿现象;连接电源后,摇动拉杆,观察相应舵机的反应行程和速度。

(14)喷洒系统清洁、检查。

周期:作业期间要每天检查确认,非作业期间可每周检查确认。

要点:检查水泵、喷头是否堵塞,线路是否氧化,以及旋转碟的固定情况。长时间使用之后,由于药物的残留和腐蚀,实际的流量与测试流量不一致,此时需要进行喷洒校准。

(15)电池检查。

周期:作业期间要每天检查确认,非作业期间可每周检查确认。

要点:检查电池电线是否破损,电池是否有膨胀,电压是否正常。

(16)启动器检查。

周期:作业期间要每天检查确认,非作业期间可每周检查确认。

要点:检查单向轴承是否损坏,固定螺丝是否松脱,继电器是否脱焊。

(17)遥控器清洁检查。

周期:作业期间要每天检查确认,非作业期间可每周检查确认。

要点:注意防潮、防尘、防暴晒,有条件的话可以用风枪吹干净;检查各个操纵杆、按键是否正常工作。

(18)存放点检查。

周期:作业期间要每天检查确认,非作业期间可每周检查确认。

要点:机身存放点需注意防火、防潮、防尘、防暴晒,远离可能形成线路漏电场所。电池和遥控器建议存放在单独的箱子里,箱子的存放点也需注意防火、防潮、防暴晒,远离可能形成线路漏电场所。油箱的存放需注意防火、防潮、防暴晒,远离可能形成线路漏电场所。油箱不可长时间存放在车厢里。若油箱带油存放,请不要拧死通气口。

(19)主皮带、尾皮带、风扇皮带检查。

周期:作业期间每周检查确认,长时间未使用后首飞应先检查一次。

要点:注意是否少齿、分叉以及其他可能导致断裂的状况,并检查松紧度是否合适。

(20)检查更换空气滤清器。

周期:作业期间建议至少每周更换一次,在比较恶劣的环境里作业,应缩短检查更换周期。

要点:空气滤清器的干净与否会影响发动机的工作效率,因此要经常检查空滤;更换安装时注意固定卡箍是否对齐,是否牢靠。

(21)清洗火头。

周期:作业期间建议每周清洗一次火头。

要点:用汽油清洗,并将火头上的积碳用铜丝刷刷掉;清洗干净,用间隙尺测量火头间隙是否为 0.7 mm。

(22)齿轮油检查及更换。

周期:作业期间建议每周检查一次,连续使用一个月后可拧开加油孔,检查齿轮油是否老化。长时间未使用后的首飞也须检查确认。10 个飞行小时磨合阶段后应更换一次齿轮油,以后每 30 个飞行小时更换一次齿轮油。

要点:每周检查一次齿轮油密封状况,是否有渗漏。齿轮油老化明显建议更换。

(23)线路检查。

植保无人机属于精密器械,任何部件的微小变动都会影响其飞行状态和使用寿命。因此,不仅在其使用、转运和存放的过程中应该小心谨慎,其日常的保养工作也非常重要,甚至在很大程度上决定了其使用的寿命。

周期:作业期间建议每周检查。

7. 多旋翼航拍无人机的维护

(1)无人机机身保养。目前大多数无人机采用碳纤维材料作为机身,在保护无人机内部电路不被外界环境腐蚀的同时,一般也设有散热孔,但小的孔隙也容易让机身受到腐蚀,难以清理。

机身检查保养技巧如下:

1)检查机身螺丝是否出现松动,机身结构上,机臂是否出现裂痕破损。

2)检查减震球是否老化(减震球外层变硬或者开裂)。

3)检查 GPS 上方以及每个起落架的天线位置是否贴有影响信号的物体(如带导电介质的贴纸等)。

4)尽量避免在沙土或者碎石等有小颗粒存在的环境下起飞。

5)避免在雨雪天或者雾气较大的天气使用无人机。

(2)电机检查保养。

1)清擦电机。及时清除电机机座外部的灰尘、淤泥。如使用环境灰尘较多,最好每次飞行之后清理一次。

2)检查和清擦电机接线处。检查接线盒接线螺丝是否松动、烧伤。

3)检查各固定部分螺丝,将松动的螺母拧紧。

4)检查电机转动是否合格。用手转动转轴,检查是否灵活,有无不正常的摩擦、卡阻、窜轴和异常响声。同时检查电机上各部件是否完备。

5)如通电之后,某个电机不转或者转速很低,或有异常响声,应立即断电,若通电时间较长,极有可能烧毁电机,甚至损坏控制电路。

如果无人机在悬停时出现无故侧倾或无法顺利降落,则有可能是电机出了问题。此时可先尝试重新校正机身后再起飞,若仍然出现问题,就要及时送厂检修,避免出现电机停转导致无人机失控甚至炸机。另外,无人机飞行前需要确认电机与螺旋桨是否已经固定,飞行后及时检查电机是否存在杂物并清理。

(3)无人机螺旋桨保养。在正常使用中,很少有无人机坠地直接导致桨叶折断,但因视觉误差或操纵不当导致的撞毁却时有发生,这些因素使得螺旋桨也是高耗材之一。

螺旋桨检查保养技巧如下:

1)检查螺旋桨是否出现裂痕、缺口等直接影响飞行稳定性的问题。如果损伤严重,最好还是直接更换新的螺旋桨。

2)注意起飞前螺旋桨是否按顺序固定好。

(4)无人机遥控器保养。无人机遥控器一般包括开关键、遥控天线、摇杆等基础装置。

想要无人机在空中展现各种姿态,除了飞手需要拥有丰富的经验之外,还需要对遥控器进行保养,使其随时保持着"最佳工作状态"。

遥控器检查保养技巧如下:

1)不要在潮湿、高温的环境下使用或放置遥控器。

2)避免让遥控器受到强烈的震动或从高处跌落,以免影响内部构件的精度。

3)注意检查遥控器天线是否有损伤,遥控器的挂带是否牢固以及与航拍器连接是否正常。

4)在使用或者存放过程中,尽量不要"弹杆"。

(5)无人机云台和相机保养。云台是无人机安装、固定相机的支撑设备。一般无人机云台都能满足相机的 3 个活动自由度:绕 X、Y、Z 轴旋转。每个轴心内都安装有电机,当无人机倾斜时,同样会配合陀螺仪给相应的云台电机加强反方向的动力,防止相机跟着无人机"倾斜",从而避免相机抖动。如果无人机的云台与相机出现故障,就会导致航拍出现失误,因此平时的保养很重要。

云台和相机检查保养技巧如下:

1)使用一段时间后,建议检查排线是否正常连接。

2)金属接触点是否氧化或者无损(可用橡皮擦清洁),云台快拆部分是否松动,风扇噪声是否正常。

3)要注意不要用手直接触摸相机镜片,被污损后可用镜头清洁剂清洗。

4)系统通电之后,检查云台电机运转是否正常。

(6)无人机电池保养。电池是无人机的动力之源,支撑着无人机飞行与作业工作。无人机电池需要放电,以此来满足无人机在不同环境下的使用要求,如遇强风,就需要电池能大电流放电以做出相应的补偿,保证无人机的稳定。

电池检查保养技巧如下:

1)检查电池是否可以使用,观察电池外观是否有鼓包。有鼓包的电池不建议继续使用。

2)如果经常外出航拍,还应注意温度对电池的影响。电池理想的保存温度为 22～28℃,切勿将电池存放于低于 −10℃ 或高于 45℃ 的场所。

3)长时间不用时应把电池放在阴凉且干燥的地方保存。电池每隔大约 3 个月或经过约 30 次充放电后,需进行一次完整的充电和放电过程再保存。定期检查智能飞行电池寿命,当电池指示灯发出低寿命报警时,请更换新电池。

(7)视觉定位系统保养。视觉定位系统是通过内置的视觉和超声波传感器感知地面纹理和相对高度,来实现低空无 GPS 环境下的精确定位和平稳飞行。

视觉定位系统检查保养技巧如下:

1)检查系统模块的镜头是否有污损或者异物,若有,应及时清理。

2)检查视觉定位系统固定是否牢靠,全部步骤完成后,在室内不装螺旋桨的情况下将系统启动,连接手机软件,在一个光线充足、地表有丰富纹理且有坚硬地面的位置,平握飞行器,使飞行器距离地面 1～2 m,将遥控器飞行模式切换至 P,查看手机软件界面上是否出现离地高度以及 P‑OPTI 的模式。若出现,则表明视觉定位系统工作正常。

8.常用维护工具

无人机的一些简单维护保养可独立完成。首先,需要准备一个小工具箱,包含无人机的保养、清洁和修理等工具。这些工具需和无人机的品牌、型号相匹配。

（1）无人机清理工具。

1）柔软的小清洁刷：用于清除陷入无人机角落与缝隙中的尘垢，也可以用清管器代替。

2）罐装压缩空气：清洁彻底，不留水痕，环保配方，带强力小气吹，能有效地清洁缝隙的灰尘。适合用来清除无人机电机或电路板旁边的尘垢，而且还不会损坏无人机。

3）异丙醇：这种清洁剂可以祛除污垢、草渍、血液等 99％的各种顽渍，还不会损坏电路，可以让无人机外壳光洁如新。

4）超细纤维布：这种布吸水去污能力强，易清洗，不掉毛，不生菌，不伤物体表面，又可以和异丙醇协同工作，配合完美，能把无人机清洁到底。

5）三合一多用途润滑剂：这种润滑剂包装小巧、使用方便、高效润滑且有清洁、防锈功效，能精准点滴在需要保养的部位。适用于各种金属制品表面的润滑、防锈，包括精密轴承、齿轮的润滑，各类工具的润滑保养，也可用于家居用品的日常保养。在放飞无人机之前一定要携带一瓶三合一多用途润滑剂，以防临时需要。

（2）无人机修理工具。无人机在飞行或降落过程中都有可能发生小故障。无人机是一种精密器械，任何部件的微小变动都会影响其飞行状态和使用寿命。因此，在处理无人机故障时务必要小心谨慎，在出门之前也要备足工具。

1）备用支架：支架是让无人机飞起来的重要零件之一，一旦出现故障就应使无人机立刻降落，用备用支架把它替换下来。备用支架的型号也要和机型匹配。

2）工具箱：小工具箱能够装下所有需要的工具，方便携带，而且能够快速进行现场维修。

3）烙铁：随身携带烙铁是区分专业人员与业余爱好者的重要标准之一。一旦无人机的电线或电子出现重大故障，烙铁就能派上用场。但是，一定要有使用烙铁的经验，以防安全事故和保证焊接到位。

4）备用电池：这要根据无人机的具体情况而定。如果有可更换电池，一定要充满电，作为备用。

4.3　无人机的飞行模式

一般无人机有多种飞行模式，下面以大疆无人机为例来讲解无人机的飞行模式。大疆无人机包括 GPS 模式、运动模式、姿态模式和手动模式 4 种飞行模式。GPS 模式是使用最频繁的飞行模式，适合新手，可定点定位。运动模式能实现精确悬停，相比于 GPS 模式，这种模式操作无人机时灵敏度更高。姿态模式需要修正姿态，适合有一定飞行经验的飞手。若无人机没有装 GPS，则只能用此模式飞行，使用率一般，不能定点但可以定高。手动模式不定点，不自动修正姿态，可以判断无人机重心是否合适，使用者较少。

4.3.1　GPS 模式

GPS 模式，大疆无人机中该模式称为 P 模式。顾名思义，GPS 模式就是无人机使用 GPS 模块或多方位视觉系统实现精确悬停，指点飞行、规划航线等都需要在该模式下进行。当 GPS 信号良好时，无人机可以实现精准定位；当 GPS 信号较差但光照良好时，无人机利用视觉系统实现定位，但悬停度会变差；当 GPS 信号较差并且光照条件也差时，无人机不能实现精确悬停，仅提供姿态增稳，无人机此时相当于姿态模式。

精灵 3 的 P 模式是最为常用的模式,表现比较安全稳定。P 模式又分为 P-GPS、P-OPTI 和 P-Ati 三种模式。当遥控器切换到 P 时,这三种模式根据条件不同自动进行切换,并不需要手动调整。

1. P-GPS 模式

P-GPS 模式在卫星数不小于 6 个时自动启用,启用时无人机可以实现空中准确悬停,而且卫星数越多,无人机的悬停精度越高。假如无人高度低于 3 m,视觉定位系统满足工作条件,同时提供视觉定位和超声波增稳。因此,在 P-GPS 模式下,无人机在水平和竖直方向都比较稳定。

2. P-OPTI 模式

当无人机接收不到卫星信号或卫星信号非常微弱,飞行环境满足视觉定位条件时,无人机将自动切换到 P-OPTI 模式,这一模式仅限飞行高度在 3 m 以下时使用(超过 3 m 高度,将切换为 P-GPS 或 P-Ati 模式)。此时,视觉定位和超声波模块使无人机在水平和垂直方向比较稳定。

注意:在室内飞行时,假如地面和光照不满足视觉定位条件,那么无人机将无法使用该模式,将自动切换到 P-Ati 模式。

3. P-Ati 模式

当无人机接收不到卫星信号或卫星信号非常微弱,飞行环境也不满足视觉定位条件时,无人机将自动切换到 P-Ati 模式,即姿态模式。

4.3.2 运动模式

大疆无人机中运动模式称为 S 模式。在该模式下无人机通过 GPS 模块或下视视觉系统实现精确悬停。相比于 GPS 模式,运动模式下操作无人机时灵敏度更高,速度更快。该模式主要为满足部分熟练飞手体验竞速而设置,不建议新手尝试。

4.3.3 姿态模式

大疆无人机中姿态模式称为 A 模式。在该模式下,不使用 GPS 模块和视觉系统进行定位,无人机仅提供姿态增稳。实际操作中,无人机会明显出现漂移,无法悬停,需要飞手通过遥控器来不断修正人机的位置。姿态模式考验的是飞手对于无人机的操控性。在一些紧急情况下,需要切换姿态模式。

A 模式是半手动的姿态模式,在使用时无人机的表现与 P-Ati 模式相同,无人机在竖直方向比较稳定,水平方向表现为自然漂移。这一模式为手动选择不使用 GPS 模块,无人机不使用卫星信号增稳。A 模式与 P-Ati 模式的最大区别在于,A 模式是主动选择使用姿态模式,而 P-Ati 模式是由于条件不足被迫进入姿态模式。这一区别也使 A 模式在卫星信号良好的情况下可以记录返航点,并实现准确返航。由于 P-Ati 模式是卫星信号不足被动进入的,所以无法记录返航点,也无法准确返航。

4.3.4 手动模式

大疆无人机默认没有手动模式。无人机的所有操作(包括稳定姿态)都需要飞手通过遥控器来控制,新手操作会比较危险。大疆无人机可通过遥控器上的飞行模式切换开关进行切换,在 DJI GO App 中设置允许切换飞行模式,之后便可以自由切换。

4.4　实验:无人机飞行训练

1.实训目的

(1)能够驾驶四轴多旋翼无人机进行平稳起降和悬停;
(2)能够驾驶四轴多旋翼无人机进行八面悬停飞行;
(3)能够进行飞行前检查和飞行后检查;
(4)有能力进行水平 8 字航线飞行。

2.实训内容及要求

(1)飞行前后检查:包括但不限于无人机系统外观、紧固件、连接线、电量、电子设备状态、信号等;
(2)基本飞行训练:包括起飞/升高训练、降落/降低训练、定高移动训练和方向控制训练等,能够至少在定点模式下垂直平稳起降微型多旋翼无人机,起飞后定点悬停不超过一个机身位;
(3)进阶飞行训练:包括八方位悬停和 360°自旋悬停训练等,偏离不超过一个机身位;
(4)综合飞行训练:包括矩形航线训练、梅花航线训练、圆形航线训练和匀速水平 8 字训练等水平八字飞行,在教师指导下完成。

3.实训步骤

(1)熟悉常用品牌无人机的基本功能(以 DJI Air 2S 为例)。
1)开箱及对频。打开 DJI Air 2S 外箱,以 Combo 为例,依次取出产品及配件(见图 4-3),注意:配件分别放置于两个配件盒内,遥控器内置一条转接线,也可以扫描 DJI 官网 DJI FLY 下载页面的二维码下载安装 DJI FLY 手机软件。

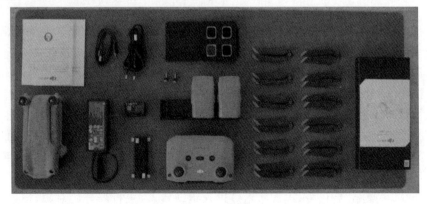

图 4-3　开箱

取下云台保护罩,依次展开飞行器机臂,多旋翼飞行器有 A/B 电机和 A/B 桨叶之分 (见图 4-4)。A 电机浆座外圈有橙色圆弧标志,B 电机浆座外圈没有橙色圆弧标志,对应安装中心也没有橙色圆圈标志的 B 桨叶,请确保在飞行前正确安装桨叶,保障飞行安全。

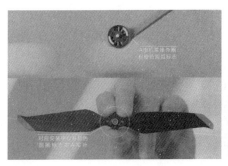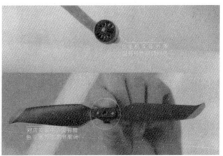

图 4-4　A/B 电机和 A/B 桨叶

从遥控器下方取出并安装好摇杆,拉伸移动设备支架,将遥控器转接线收纳于支架凹槽内,右端带有遥控器标志的接口用于连接遥控器端,左端的接口用于连接移动设备端,遥控器默认出厂装载 Lightning 转接线,可在配件盒中更换其他转接线。从左端取出转接线接头,绕至右端,并将转接线放置于防滑脚架后方,将移动设备放置在防滑脚架上,并让移动设备的接口朝向右方向上推拉支架,固定好移动设备后,即可连接上转接线,如图 4-5 所示。

图 4-5　遥控器连接

首次使用电池时,请将电池接入直充充电器,充电约 1 min 即可完成电池激活,将电池放入电池仓,听到"哒"声后,请确认电池是否安装牢固,短按一次再长按约 2 s 飞行器和遥控器的电源开关,即可分别开启飞行器和遥控器,当需要关闭飞行器和遥控器时,同样短按一次再长按约 2 s 电源开关,即可关闭电源。

当飞行器与遥控器需要对频时,可以通过 DJI FLY 手机软件完成对频。首先开启飞行器,将移动设备与遥控器连接,在 DJI FIY 手机软件内点击右下角"连接飞机",随后点击右上角"飞行界面",打开设置,在"操控"页面底部点击"配对飞机",当遥控器发出"滴滴滴"的提示音,但遥控器电量指示灯呈现跑动状态时,即可开始对频,长按飞行器电池开关约 4 s,听到指示音"嘟—嘟嘟"后松开,电源指示灯进入跑动状态,飞行器开始对频,当遥控器提示音停止,遥控器电量指示灯停止跑动时,恢复至电量显示状态,当飞行器电源指示灯停止跑动时,恢复至电量显示状态时,手机软件显示图传画面,则对频成功。

　　还可以使用遥控器组合按键实现对频功能,同时按住遥控器左上方的"自定义按键"右上方的"拍照/录像切换按键",以及遥控器顶部的"拍摄按键",约2 s后,遥控器发出"滴滴滴"的提示音,且遥控器电量指示灯呈现跑动状态,即可开始对频,长按飞行器电源开关约4 s,听到提示音"嘟—嘟嘟"后松开,电源指示灯进入跑动状态,飞行器开始对频,当遥控器提示音停止,遥控器电量指示灯停止跑动时,恢复至电量显示状态,当飞行器电源指示灯停止跑动,恢复至电量显示状态时,手机软件显示图传画面,则对频成功,如图4-6所示。

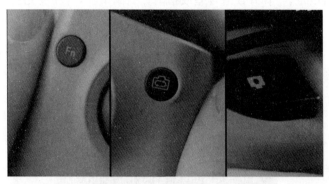

图4-6　对频

　　2)激活升级。打开DJI FLY手机软件,跟随手机软件页面指示进行飞行器的激活操作,当屏幕左上角出现新固件的升级提示时,点击升级提示,进入升级页面,点击"开始升级",在升级过程中,请勿断电或退出手机软件。注意:在升级过程中,遥控器中间两颗LED灯会快速交替闪烁,遥控器与飞行器自动重启均属于正常现象,升级完成后,飞行器和遥控器将保持开机状态,折叠飞行器脚架,安装云台保护罩,将飞行器装入飞行单肩包内。

　　3)基础飞行操作。飞行准备(见图4-7),拆除云台保护罩,展开机臂,正确安装桨叶后,将飞行器放置在水平地面上,注意将机尾朝向自己,运行DJI FLY手机软件,在主界面选择DJI Air 2s,对频完成后,点击开始飞行,请在安全设置中,将返航高度调整为高于周围最高建筑或物体的高度。

图4-7　飞行准备

　　基础飞行操作,起飞前,请选择无障碍、无遮挡的开阔环境,先检查智能飞行电池电量,将飞行器放置在水平地面,注意将机尾朝向自己,开机,检查摇控器电量,并将遥控器飞行挡位切换至N挡,检查手机软件飞行界面,确认无异常提示且GPS信号良好,点击手机软件左侧起飞按钮,长按弹窗,飞行器将实现自动起飞,起飞后手机软件左侧按钮变为降落图标,点击左侧降落按钮,长按弹窗,飞行器将实现自动降落。

如需手动起飞,以美国手为例,请将两个摇杆同时下拉到底部,再向内掰动,桨叶转动后,左手向上轻推油门杆,可实现手动起飞,遥控器左边的摇杆用于控制飞行高度与机头朝向,右边的摇杆用于控制飞行器前进后退以及左右飞行。在掰杆启动电机后,若飞行器未起飞,下拉左边摇杆,飞行器的电机将会关闭;若飞行器已经起飞,下拉左边摇杆,飞行器将会降落。短按遥控器上的急停按键,飞行器将会紧急刹车并悬停,在手机软件界面左下方,能看见到当前飞行距离和速度等信息,飞行过程中,请始终保持遥控器天线对准飞行器方向,以获得更好的飞行质量。当 GPS 信号差或指南针受到干扰,若环境光线不满足视觉定位模式时,飞行器将进入姿态模式,此时飞行器无法定点悬停,为避免发生意外,需要将飞行器降落至安全位置。

4)智能返航。点击手机软件左侧图标,长按返航按钮,或长按遥控器的返航键,飞行器将会执行智能返航,如图 4-8 所示。

图 4-8　智能返航

安全注意事项:起飞前,请注意起飞环境是否符合要求,并设置好返航的高度,别忘了检查桨叶是否安装安全,电池是否安装牢固,云台保护罩是否拆卸。

(2)起飞/升高训练、降落/降低训练(以组装无人机为例)。操控之前需先找准无人机机头和机尾的位置,然后将无人机机头的位置对准前方,机尾的位置对准操纵者,这样无人机的机头方向就和人的站立方向一致。一般情况下,机头或机尾在无人机机身上会有标记,如桨叶的颜色或尾灯位置不一样。

起飞/升高训练:离无人机一个安全距离(约 3 m 高),解锁飞控,缓慢推动油门,等待无人机起飞。其中推动油门动作一定要缓慢,即使已经推动一点距离,电机还没有启动,也要控制好速度,这样可以防止由于油门过大而无法控制无人机。

当无人机起飞时,可能会往某个方向偏移,此时要控制相应的摇杆使无人机不要飞远,在可控范围内,保证人员和设备的安全(以下训练同样),起飞后不能保持油门不变,而是在无人机到达一定高度后开始降低油门,并不停地调整油门大小,使无人机在一定高度内徘徊。

步骤如下:

1)保持机尾对着操纵者,将飞行模式切换到自稳模式。

2)根据设置的解锁方式将无人机解锁,如将遥控器左摇杆推到右下角位置,大约 2 s 之后,无人机会发出解锁提示音或进入怠速,说明无人机动力系统开始工作。此时,将右摇杆回正,左摇杆推到正下方位置,飞控解锁完毕。

3)将油门从正下方位置缓慢提升,并超过 50% 左右,此时,无人机呈现上升状态。

4)待无人机飞到 3 m 高度时推动油门至 50% 左右,此时无人机处于悬停状态,完成起飞训练,如图 4-9 所示。

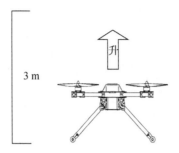

图 4-9　起飞/升高训练

降落/降低训练:降落时,同样需要注意操控顺序。

降低油门,使无人机缓慢地接近地面,离地面 5～10 cm 处稍稍推动油门,降低下降速度,然后再次降低油门直至无人机触地(触地后不得推动油门),油门降到最低,锁定飞控(上锁的方式根据飞控的设置来决定,通常和解锁的方式相反)。

步骤如下:

1)保持飞机悬停。尽量选择空旷、平坦的地面进行降落练习。

2)缓慢拉低油门,当无人机缓慢下降时保持油门杆位不动,等待无人机降落。

3)无人机落地后迅速把油门杆拉到底,等待电机停转,完成降落,如图 4-10 所示。

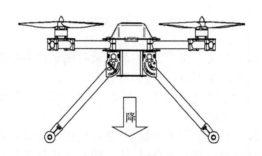

图 4-10　降落/降低训练

在起飞和降落的操控中,还需要注意保证无人机的稳定,无人机的摆动幅度不可过大,否则降落和起飞时,有打坏螺旋桨的可能。

(3)定高移动训练(以组装无人机为例)。

1)无人机起飞,缓慢推动油门至 50% 左右,当无人机高度处于视线上方 30°(约 2 m 处)时,保持无人机处于悬停状态。

2)操纵副翼摇杆,练习移动无人机左右位置[见图 4-11(a)]。

3)再操纵升降杆,练习移动无人机前后位置[见图 4-11(b)]。

4)最后把无人机移动到起飞点上空,完成定高移动练习。

(4)方向控制训练(以组装无人机为例)。

1)无人机起飞,缓慢推动油门至 50% 左右,当无人机高度处于视线上方 30°(约 2 m 处)时,保持无人机处于悬停状态。

2)操纵方向舵摇杆,练习旋转无人机方向(见图 4-12)。

3)最后旋转无人机,让尾灯对着飞手,结束练习。

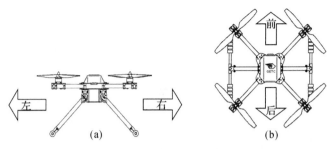

图 4-11　无人机左右、前后移动

(a)左右移动;(b)前后移动

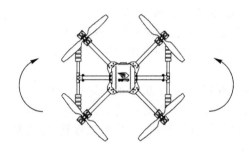

图 4-12　无人机旋转

(5)对尾悬停训练(以组装无人机为例)。无人机对尾悬停是指将机尾对着操控者。

1)在无人机下方放一个圆锥形参照物,如雪糕筒。

2)操纵无人机起飞,缓慢推动油门至 50% 左右,当无人机高度处于视线上方 30°(约 2 m 处)时,保持无人机处于悬停状态。

3)在保持高度的同时控制偏航方向的稳定,使机尾正对着操纵者。

4)保持无人机在参照物中心点上方悬停,位置偏差不超过半个机身位置(见图 4-13)。

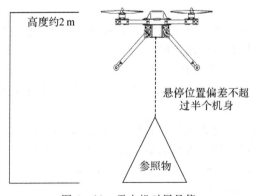

图 4-13　无人机对尾悬停

(6)八方位悬停训练(以组装无人机为例)。

1)在无人机下方放一个圆锥形参照物,如雪糕筒。

2)操纵无人机起飞,缓慢推动油门至 50% 左右,当无人机高度处于视线上方 30°(约 2 m 处)时,保持无人机处于悬停状态。

3)在保持高度的同时控制偏航方向的稳定,依次使无人机前、后、左、右和四个 45°方向正对着自己,单次只练习一个方向,依次练习(见图 4-14)。

4)保持无人机在参照物中心点上方悬停,位置偏差不超过半个机身位置。

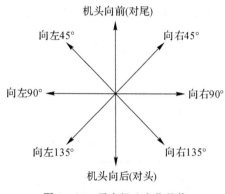

图 4-14 无人机八方位悬停

(7)360°自旋悬停训练(以组装无人机为例)。

1)无人机起飞,缓慢推动油门至 50%,当无人机高度处于视线上方 30°(约 2 m 处)时,进行 360°的偏航旋转,在旋转过程中注意匀速且不宜过快,要控制转完一周的时间大于 6 s,且旋转过程中不能停顿(见图 4-15)。

2)飞行中注意油门、偏航和升降舵的控制舵量,要控制所有方向的偏差不超过半个机身位置,训练时需根据实际情况来完成操控训练。

(8)矩形航线训练(以组装无人机为例)。

1)无人机起飞,缓慢推动油门至 50%。此时,无人机到达与视线平齐的高度,并处于悬停状态。

2)继续保持油门 50% 左右,向上推动升降舵遥杆,无人机则沿机头方向直线飞行。在飞行一定距离后,将升降舵摇杆回位,向右推动方向舵摇杆,待无人机沿顺时针方向转过 90°后回正遥杆。

3)重复 3 次步骤 2)的操控,最后无人机飞回起点位置,尾灯对着操纵者,结束练习(见图 4-16)。

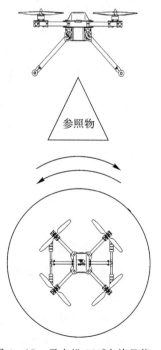

图 4-15 无人机 360°自旋悬停

(9)梅花航线训练(以组装无人机为例)。

1)无人机起飞,缓慢推动油门至 50% 左右,此时,无人机到达与视线平齐的高度,并处于悬停状态。

2)继续保持油门,向上推动升降舵摇杆,无人机则向前方直线飞行到1号桩上方,然后控制偏航方向,使无人机机头方向转向2号桩方向。

3)操控无人机飞至2号桩上方。

4)操控无人机飞至3号桩上方。

5)操控无人机飞至4号桩上方,然后控制偏航方向,使无人机机头方向转向1号桩方向,整个过程保持高度不变,水平位置偏差不超过半个机身位置,结束练习(见图4-17)。

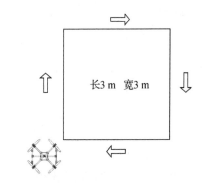

图4-16 无人机矩形航线

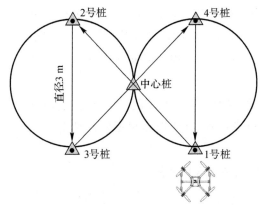

图4-17 无人机梅花航线

(10)匀速水平8字航线训练(以组装无人机为例)。

1)无人机起飞,缓慢推动油门至50%左右,操纵无人机到达与视线平齐的高度,并处于悬停状态。

2)向上推动升降舵摇杆,进入正式水平8字航线飞行。

3)同时推动升降舵摇杆和向左打偏航摇杆,使无人机向左前方以走圆弧的路线飞行到2号桩上方,飞行过程中尽量保持路线圆滑,左右距离偏差不超过半个机身位置,还要保持飞行速度匀速,然后依次从2号桩—3号桩—4号桩—1号桩—5号桩—6号桩—7号桩—1

号桩,最后将无人机飞回起点,LED 灯对着飞手,结束训练(见图 4 – 18)。

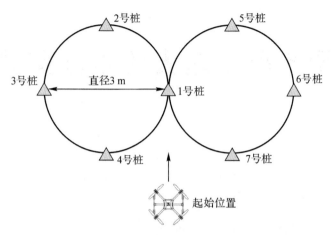

图 4 – 18　无人机匀速水平 8 字航线

习　题　4

1.无人机遥控器的模式有哪些?

2.简述无人机飞行前需要检查的内容。

3.简述无人机飞行前需要进行哪些基础练习。

4.无人机飞行紧急情况有哪些? 简述面对突发情况的解决办法。

5.无人机有哪几种飞行模式? 简述每种模式的特点。

第5章 无人机飞行安全

5.1 气象对无人机飞行的影响

1.风切变对飞行的影响

风影响无人机起飞和着陆的滑跑距离和时间。一般无人机都逆风起降,因为逆风能获得较大的升力和阻力,缩短滑跑距离,从而增强无人机运动开始时的稳定性和操纵性。着陆时逆风便于修改航向,对准跑道,减少对地的冲击力。侧风不能过大,否则无法起降。

航线飞行,逆风飞行可增加载重量,但要消耗较多的燃料;顺风飞行需减少载重量,但可节省燃料,并能增大航程和速度,减少时间。

最易造成飞行事故的是风切变,其对无人机起降安全的影响据统计占航空事故的20%左右。

风切变是一种大气现象,是指风向和风速在空中水平或垂直距离上发生明显变化的状况。风切变的特征是诱因复杂、来得突然、时间短、范围小、强度大、易变化。风切变可分为水平风的水平切变、水平风的垂直切变、垂直风的切变。垂直风切变的存在会对桥梁、高层建筑、航空飞行等造成破坏。低空的风切变更是影响着无人机的起飞和着陆。

产生风切变的原因主要有两种:一种是天气因素造成的;另一种是地理、环境因素造成的。但有时是两者综合造成的。

(1)天气因素。强对流天气、锋面天气、辐射逆温型的低空急流天气等容易产生风切变。

1)强对流天气。强对流天气通常是指雷暴、积雨云等天气。这种天气情况下易产生较强的风切变。尤其是在雷暴云体中的强烈下降气流区和积雨云的前缘阵风锋区更为严重。微下冲气流是对飞行危害最大的一种特别强的下降气流,它是以垂直风为主要特征的综合风切变区。

2)锋面天气。无论是冷锋还是暖锋均可产生低空风切变。不过其强度和区域范围不尽相同。这种天气的风切变多以水平风的水平切变和垂直切变为主(但锋面雷暴天气除外)。一般来说,其危害程度不如强对流天气的风切变。

3)辐射逆温型的低空急流天气。秋冬季晴朗天气的夜间,由于强烈的地面辐射降温而形成低空逆温层(温度随高度增加而增加的区域)的存在,该逆温层上面风速较大形成急流,而逆温层下面风速较小,近地面往往是静风,因此产生逆温风切变。该类风切变强度通常更小些,但它容易被人忽视,一旦遭遇,若处置不当也会发生危险。

(2)地理、环境因素。这里的地理、环境因素主要是指山地地形、水陆界面、高大建筑物、成片树林,以及其他自然的和人为的因素。

一般山地高差大、水域面积大、建筑物高大,不仅容易产生风切变,而且其强度也较大。

对无人机起飞和着陆安全威胁最大的是低空风切变,低空风切变是指发生在 600 m 以下的风切变,即发生在着陆进场或起飞爬升阶段的风切变。低空风切变中,顺风风切变会使空速减小;逆风风切变会使空速增加;侧风风切变会使无人机产生侧滑和倾斜;垂直风切变会使无人机迎角变化。

低空风切变又以微下冲气流危害性最大。微下冲气流是以垂直风切变为主要特征的综合风切变区。微下冲气流存在于一个有限的区域内,并且与地面撞击后转向与地面平行而变成水平风,风向以撞击点为圆心四面发散,因此在一个更大一些的区域内,又形成了水平风切变。如果无人机在起飞和降落阶段进入这个区域,就有可能造成失事。遭遇微下冲气流(见图 5-1)的过程如下:先遇到强逆风,后遇到猛烈的下沉气流,随后又是强顺风。

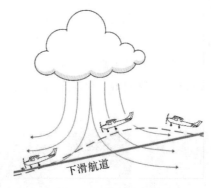

图 5-1　微下冲气流

风切变判断方法如下:

(1)目视判别法。雷暴冷性外流气流的尘云、雷暴云体下垂的雨幡、滚轴状云。

1)雷暴冷性外流气流的尘云。雷暴冷性外流气流前缘的强劲气流吹起的尘云随气流移动,通常紧跟在尘云之后就是强烈的风切变。

2)雷暴云体下垂的雨幡。雷暴云体下垂的雨幡有强烈下冲气流的重要征兆,雨幡下垂高度越低、个体形状越大、色泽越暗,预示着风切变下冲气流越强。

3)滚轴状云。在冷性雷暴中,强冷性外流气流会有涡旋运动结构,并伴有低空滚轴状云。这种云的出现,预示着强低空风切变的存在。

(2)仪表判别法。

1)空速表。空速表是无人机遭遇风切变时反应最灵敏的仪表之一,其一旦出现异常情况,就应警惕风切变的危害。

2)高度表。高度表指示的正常下滑高度是无人机着陆的重要数据。在下滑过程中,如果高度表在短时间内大幅偏离正常值,必须立即采取措施复飞。

风切变防范措施如下:①认真了解天气预报,对风切变可能出现的位置、高度、强度要有心理准备。②注意收听地面气象报告和别的无人机在起飞、进近过程中的报告,了解风切变的存在及其性质,对自己所驾无人机能否通过风切变进行风险评估,从而做出正确的决断。通常应采取避开、等待、备降等措施。③加强工作人员协同。复杂天气飞行时,各工作人员分工负责。起飞、进近中各种口令要清晰到位。应不间断地扫视仪表,密切注意有无异常现象,对跑道环境、风向风速、复飞程序等要了如指掌。做到一旦有异常情况就能及时发现,立即采取对策。④不要尝试穿越严重风切变或强下降气流区域,特别是在山区,低高度时更是如此。⑤要与雷暴的强下击气流区保持距离。雷暴的外流气流可超越雷暴区域 20~30 km。⑥在最后进近阶段如遇到风切变时,只要无法重建稳定着陆剖面,就应立即采取相应的措施,脱离切变区进行复飞或到备降场着陆。⑦遭遇并完成脱离风切变后,应立即发出关于风切变的报告给飞行管制部门,以避免其他无人机误入其中。

2.云对飞行的影响

(1)按云底高度划分云。

1)低云:云底高度在 2 000 m 以下;

2)中云:云底高度在 2 000~6 000 m 之间;

3)高云:云底高度在 6 000 m 以上。

常见的云有 14 种,如图 5-2 所示。属于高云的有卷云、卷层云、卷积云;属于中云的有高层云、高积云;属于低云的有淡积云、浓积云、积雨云、层云、层积云、雨层云、碎积云、碎层云、碎雨云。

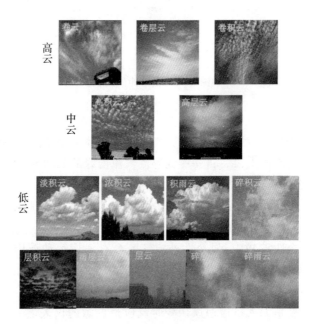

图 5-2　常见的云

(2)云对飞行的影响。云对飞行活动的影响很大,许多对飞行有影响的因素中,大都与云的存在有关。

云对飞行的影响如下:

1）雨层云对飞行的影响。雨层云多出现在暖锋和静止锋云系中，常常伴随持续性降雨。云层厚而均匀，呈暗灰色，严重影响视线。

起飞与降落是无人机安全飞行过程中最重要的环节，在这个过程中，能见度和云高往往决定了无人机能否正常起降。有些低云，云的底部距离地面很近，且云中能见度极低，无人机在降落穿越这类云的时候，很容易出现在决断高度仍未目视到跑道的情况，从而造成复飞。雨层云便是这类低云的代表。

雨层云布满全天，完全遮蔽日月，常有连续性降雨（雪），或布满雨雪幡，云底很乱，漫无定形。云层较厚，下部多由小水滴构成，中部由小水滴和小冰晶构成，上部则是冰晶区。因此雨层云多数为冰水混合的混合云。云顶常达 6 000 m 以上。雨层云笼罩在空中，通常意味着降水会持续较长时间。

在雨层云中飞行，能见度恶劣，通常只有 15～20 m，在雨层云上部常能产生中度或强烈的积冰现象，并且在夏季，雨层云中有时还会隐藏有积雨云，在雨层云中飞行时，风险较大。

与雨层云类似的还有一种云叫碎雨云，云体破碎，随风漂移，是雨层云等降水云层长时间降水后，底层湿度大而形成的碎云，这种云薄而破碎，厚度只有几十米，但云底高度很低，通常在 50～300 m，无人机穿过碎雨云时，能见度急剧下降，对无人机降落的影响很大。

2）积雨云对飞行的影响。一般积雨云具有以下明显的特点：①垂直发展明显，垂直尺度明显大于水平尺度，有点像蘑菇云；②发展成熟时，产生大帽子一样的云砧；③如果积雨云在头顶上方，其实就是所谓的乌云，底部阴暗模糊，甚至可以看见悬球结构。

积雨云往往伴随有冰雹、闪电、大风、暴雨等天气，这会给飞行在积雨云内或附近的无人机的安全造成很大威胁。特别是积雨云里强烈的上升和下沉气流，会对无人机的平衡与姿态造成严重影响，其中最著名的就是下击暴流。

如果无人机在起飞降落过程中遇到强烈的上升或者下沉气流，最严重的情况，就会造成无人机失去升力，再加上积雨云内及附近冰雹、闪电的影响，因此积雨云一直以来都是无人机飞行的禁区。

3）层云对飞行的影响。层云出现时不会伴有较为明显的降水过程，一般不产生降水，偶尔会出现毛毛雨的天气。层云云体均匀成层，呈灰色，似雾，但不与地接，常笼罩山腰。

层云的云底模糊不清，看不出任何结构，很像大雾，而且云底的高度比雨层云还要低，通常只有 50～500 m，但云层较薄，厚度只有 200～600 m。

由于夜间降温，或者水汽流入，或者大雨后蒸发，大气的下层潮湿阴冷时能够形成层云。太阳升起、地面加热后大雾也有可能抬升成为层云。薄的层云一般在天亮后或者在白天逐渐消散。而冬季由于反气旋和逆温的影响，层云可以维持数日不散。

层云云底很低，在沿海地区，云底常会低于决断高度，造成无人机在降落时无法正常通过摄像头目视跑道，从而造成无人机复飞。而且层云云体较薄，甚至在层云之上时可以透过层云看到跑道，但无人机降落进入云中能见度突然下降，从而无法目视跑道安全降落。

（3）云的防范措施。可通过目视法和雷达扫描法两种方法提前识别并避开。

1）目视法是指当飞行高度较高，且距离这类云较远的时候，通过摄像头拍摄的云顶来识别，提前做出相应的应对措施。

2）雷达扫描法是指经过"技术处理后"的雷达，根据回波强度的不同，提前判断出云的位置与强度。通过雷达扫描来判断和发现这类云的原理是在云存在的位置,雷达回波强度往往很强,相应的回波颜色基本上为红色。因此在雷达上如果看到红色的回波块,基本上便是这类云。

3.能见度对飞行的影响

能见度是指视力正常的人在当时天气条件下,能够从天空背景中看到和辨出目标物的最大水平距离。

常见的对能见度造成影响的因素主要有雾、烟幕、风沙、浮尘、霾和降水。

国际上对烟雾的能见度定义为不足 1 km,薄雾的能见度为 1~2 km,霾的能见度为 2~5 km。

(1)雾、轻雾对飞行的影响。雾是指悬浮于近地面气层中的大量小水滴或小冰晶(高纬度地区出现冰晶雾)使能见度变差的现象。雾的能见度小于 1 km,有时只有几十米;轻雾是指由微小水滴或湿粒构成的灰白色稀薄雾幕,能见度大于或等于 1 km 而小于 10 km。

雾与飞行的关系十分密切,当机场有雾时会严重妨碍无人机的起飞和着陆,处理不好会危及飞行安全;当航线上有雾时会影响地标领航;在军事飞行活动中,当目标区有雾时对军事空投、航拍、侦察等活动会有严重影响。浓雾时遮挡摄像头使驾驶员看不清地面不能判断所在位置,导致操作失误,很容易造成飞过跑道或飞错跑道,降落不到规定的位置而造成事故。在大雾中飞行,无人机的仪表会受到水蒸气的影响导致指示不准确也是发生事故的原因之一。

(2)烟幕对飞行的影响。烟幕是指近地面气层中聚集大量的烟粒,致使能见度小于 10 km 的现象。烟幕呈灰色或黑色,透过烟幕看太阳,太阳呈红色。浓的烟幕可以闻到烟味,能见度小于 1 km。

烟幕对能见度的影响很大。烟幕的高度往往在 500 m 以下,直接影响驾驶员的视线,对驾驶员判断航线和跑道的关系位置有很大的影响,给驾驶员的目视着陆带来了困难。

(3)浮尘、风沙、霾对飞行的影响。风沙是指大量的尘土、沙粒被强风卷入空中使能见度小于 10 km 的现象。

浮尘、风沙和霾主要对低空飞行的直升机和小型无人机影响较大,如同雾一样严重影响其能见度,使驾驶员看不清地面从而造成迷航和错觉。还有沙粒与无人机蒙皮之间的摩擦会产生静电,严重干扰无线电通信。另外,如果沙粒被发动机吸入机体内会造成机件磨损、油路堵塞、仪表卡制等损坏现象,严重影响飞行安全。

(4)降水对飞行的影响。降水对低空航空器和直升机的影响比较大,对大型无人机的起飞和着陆也有一定的影响。

降水时,摄像头等仪器设备上形成的水流或黏附的雪花会使驾驶员观测到的能见度比气象观测员观测到的更差,飞行速度越大这种现象越严重。当气温降到 −4℃ 时直升机和低空航空器就会开始结冰,会严重危及飞行安全。在雨中飞行可能会导致电气设备的电路接触不良或短路,对无线电设备也有一定的干扰。

(5)防范措施。

1)预防及处置大雾天气的办法。预先了解及盲降:首先驾驶员要严把天气关,及时了解空中的天气变化趋势,尤其是在秋冬季的早晨,雾来得比较快,因此要及时了解情况,为盲降做好准备;其次要求驾驶员及时报告空中情况,当降落场雾大时不要勉强实施目视降落,可选择盲降。

2)预防及处置烟幕的办法。提前避免或盲降:尽量避免在烟幕中飞行,由于烟幕区主要影响无人机的起飞和着陆,所以在烟幕较大影响目视着陆的机场降落时应打开盲降系统实施盲降。定期检查无人机重要部件的腐蚀情况,加强保养以免因机械部件的故障而造成大的飞行事故。

3)预防及处置沙尘的办法。无人机上安装防沙装置:首先,要在无人机上安装防沙装置,在没有安装防沙装置的情况下严禁在沙尘地带飞行和起降;其次,开放机场要严格把握天气实况,如果风沙较大可能会危及飞行安全,要禁止开放。

4)预防及处置降水的办法。航线上有降水就需要改变高度飞行或绕开降水区飞行,在进入降水区前打开无人机的防结冰系统。尽量避免在大的降水中飞行,尤其是严禁在带有雷电的云层中飞行,如果航线上有降水就需要改变高度飞行或绕开降水区飞行。还有在进入降水区前打开无人机的防结冰系统,并且密切关注无人机的结冰情况,如发现有结冰需尽快改变高度防止发生意外。另外,下雨着陆时要注意跑道上的水对着陆的影响,预防无人机滑出跑道出现意外事故。

4. 湍流对飞行的影响

大气湍流是一种空气运动特征,除主要的定常运动状态外,还存在各种尺度的空气涡旋运动,表现为速度场的时间不规则性和空间不均匀性。当大气湍流的尺度与无人机的尺度相近时,才容易引起无人机升力和迎角的显著变化,造成无人机颠簸。这种尺度的大气湍流也称为飞行湍流。

(1)分类。根据产生的垂直高度可将大气湍流分为低空湍流(低于 6 000 m)和晴空湍流(6 000 m 以上);根据产生的原因又可以将低空湍流分为热力湍流、动力湍流、无人机尾涡湍流、锋面湍流和地形波。

(2)湍流对飞行的影响。

1)对无人机结构的影响。湍流易造成无人机飞行中出现颠簸,长时间出现这种情况,或超过无人机最大承受能力,无人机的某些部位(如机翼或尾翼)就可能变形甚至因疲劳而损坏。

2)对操纵无人机的影响。颠簸强烈时,容易失去对无人机的操纵。

一旦遭遇较强的颠簸,驾驶员应保持沉着冷静,可采取以下措施:①操纵动作要柔和,保持无人机平飞;②采用适当的飞行速度;③飞行速度和飞行高度选定后,不必严格保持;④适当改变高度和航线,脱离颠簸区。

5. 积冰对飞行的影响

积冰是指各种降水或雾滴与地面或空中冷却物体碰撞后冻结在其表面上的现象。过冷水滴是指温度低于 0℃而仍未冻结的云滴或雨滴。

在层状云和积状云中过冷水滴与冰晶的分布如下:①-20～ 0℃:大、小过冷水滴共存;

②−40～−20℃：小过冷水滴存在，大过冷水滴冻结成冰；③−40℃以下：非常小的过冷水滴存在，其他过冷水滴冻结成冰。

积冰根据特征可分为明冰、雾凇、毛冰和霜 4 种，如图 5 - 3 所示。

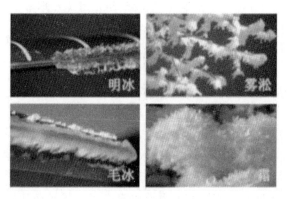

图 5 - 3　积冰的分类

明冰有以下特点：①光滑透明，结构坚实；②一般形成于冻雨或积状云中；③一般形成于−10～0℃的云中；④由大过冷水滴组成的云中。

雾凇有以下特点：①不透明，表面粗糙，结构松脆；②一般形成于毛毛雨或层状云中；③一般形成于−20～15℃的云中；④由小过冷水滴组成的云中。

毛冰有以下特点：①表面粗糙，结构坚固；②明冰和雾凇的混合体；③一般形成于−15～−5℃的云中；④大、小过冷水滴共存。

霜有以下特点：①由水汽在寒冷的机体表面直接凝华而成；②无人机从寒冷的高空迅速下降到温暖潮湿但无云的气层时形成；③从较冷的机场起飞，穿过明显的逆温层时形成。

无人机结冰是指无人机机体表面某些部位聚集冰层的现象。

无人机结冰主要是由云中过冷水滴或降水中的过冷雨碰到无人机机体后结冰形成的，也有的是水汽直接在机体表面凝华而成的。无人机在云中飞行时间过长易导致积冰，在寒冷的季节，地面露天停放的无人机也会形成积冰，具体体现了以下 3 种特征。

（1）轻度结冰。如果在这种环境下长时间（超过 1 h）飞行可能会受影响。如果间断使用除冰/防冰设备除掉或防止冰的积聚，则不会影响飞行。

（2）中度结冰。积聚率很快，甚至短时间内就会构成危险，因此需要使用除冰/防冰设备或改航。

（3）严重结冰。积聚率非常快，除冰/防冰设备也不能减少或控制危险，必须立即改航。遇到这种情况需要及时向空中交通管制服务部门（ATC）报告。

积冰对飞行的影响如下：①积冰使无人机升力面积减小；②起落架装置上的结冰，会在收放轮时损坏起落架装置；③无人机动、静压孔积冰，会使速度表、高度表等一些重要驾驶仪表失效或者失真；④积冰出现在发动机进气道口会阻滞气流；⑤无人机摄像镜头积冰会严重影响驾驶员视线；⑥无人机天线积冰会影响通信，甚至中断联络。

积冰的防范措施如下：①地面做好预防，提倡无污染起飞；②空中保持无线电畅通，熟练使用气象机载设备。

6.锋面天气对飞行的影响

锋面天气主要是指锋面附近的云、降水、风等气象的分布情况。

由于锋面是多种气象要素的组合,所以对飞行造成的也是多方面的影响。锋面天气多种多样,有的锋面相对平静温和,有的锋面天气却非常恶劣。因此在穿越锋面飞行前,应当获取一份完整的天气报告,以便了解可能遇到的天气状况。

锋面是冷暖气团之间狭窄、倾斜的过渡地带(两种不同性质气团的交锋)。不同气团之间的温度和湿度有很大差异。

在锋面经过机场时需要特别注意的是可能出现高度极低的风切变。

(1)气团。气团是指(主要指温度和湿度)水平分布比较均匀的大范围的空气团。

气团的水平范围可达几千千米,垂直高度可达几千米到十几千米,常常从地面伸展到对流层顶。

气团的分类方法主要有以下 3 种:

1)按气团的热力性质不同,划分为冷气团和暖气团;

2)按气团的湿度特征的差异,划分为干气团和湿气团;

3)按地理位置分类,常分为北极大陆气团、南极大陆气团、极地大陆气团、极地海洋气团、热带大陆气团、热带海洋气团、赤道海洋气团 7 类。

气团的物理性质也是会变化的,气团在移动过程中,暖气团遇冷会变成冷气团,冷气团遇暖也会变成暖气团。

二者间发生热量与水分的交换,则气团的物理属性又逐渐发生变化,这个过程称为气团的变性。

对于不同的气团来说,其变性的快慢是不同的。一般来说,冷气团移到暖气团地区变性快,而暖气团移到冷的地区变性慢。因为当冷气团离开源地后气团低层要变暖、增温,逐渐趋于不稳定,对流易发展,能很快地把低层的热量和水汽向上输送。

当冷、暖气团相遇时,就产生了锋。

暖锋是指暖气团推动锋面向冷气团一侧移动的锋,如图 5-4 所示。暖锋过境时温暖湿润,气温上升,气压下降,天气多转云雨天气。

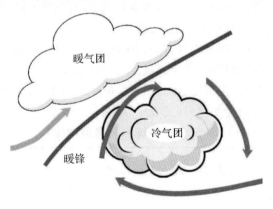

图 5-4　暖锋

暖锋过境后,暖气团就占据了原来冷气团的位置。暖锋的锋面坡度小,移动速度慢;云系的分布序列(下面简称为"云序")依次是卷云、卷层云、高层云和雨层云;连续性降水常出现在锋前,发生在雨层云中;锋下冷气团中水汽充沛,常有层积云、层云和碎积云;若暖气团不稳定,地面锋线附近会出现雷阵雨天气。

暖气团稳定时,云中气流比较平稳,对飞行影响较小,但能见度很差,对飞行产生一定影响;暖气团潮湿不稳定时,在云层之中常形成积雨云;暖锋中也容易产生积冰,而锋两侧的较大温差(可达5~10℃)使两侧积冰区的高度不同。甚至当地面报告有冰丸时,在较高的高度上就会碰到冻雨。一般的应对措施是避开暖锋或在云上飞行。

冷锋是指冷气团推动锋面向暖气团一侧移动的锋,如图5-5所示。

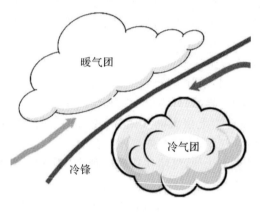

图5-5 冷锋

冷锋产生的天气通常取决于它的移动速度。冷锋根据其移动速度,可分为急行冷锋和缓行冷锋。

急行冷锋:常沿锋线产生一条狭窄的积雨云带;强对流天气变化迅速,常出现大风。

缓行冷锋:云和降水主要出现在地面锋线后,云序依次是雨层云、高层云、卷层云、卷云,与暖锋相反;若大气不稳定,会产生积雨云。

急行冷锋和缓行冷锋的共同特征是常生成积状云,有强阵性降水和较强的乱流,同时伴有强烈阵风。锋面过境后天气晴好,能见度高。

气团稳定时,在靠近锋面附近可能有轻到中度颠簸、积冰,降水区内能见度较差;气团不稳定时,因有强烈颠簸和严重积冰、雷电甚至冰雹等现象,故不宜飞行。

冷锋和暖锋对比:暖锋产生低云幕高度、差的能见度和下雨,而冷锋产生突发的暴风雨、阵风、紊流,有时还有冰雹或者龙卷风,见表5-1。

表5-1 冷锋和暖锋的对比

		冷 锋	暖 锋
相同点	气团位置	冷气团在锋下,暖气团在锋上	
	过境时	都会出现阴天、降水等天气现象,降水主要集中在冷气团一侧	
	过境后	多晴朗天气	

续表

		冷　锋	暖　锋
不同点	锋面坡度	较大	较小
	雨区范围以及位置	雨区窄,降水主要集中在锋后	雨区宽,降水主要集中在锋前
天气特征	过境前	暖气团控制,温暖晴朗	冷气团控制,低温晴朗
	过境时	阴天、大风、降温、降雨、降雪	多为连续性降水
	过境后	冷气团控制,气温低、气压高、天气转晴	暖气团控制,气温高、气压低、天气转晴
	天气实例	北方夏季暴雨,冬季寒潮,春季沙尘暴	夏季雨带的北移

准静止锋是指当冷、暖气团势力相当,锋面很少移动时的锋。准静止锋的锋面坡度最小,云层和雨区比暖锋更为宽广;一般出现降水强度小、持续时间长的连阴雨天气,但当暖空气不稳定时,就会出现积雨云和雷阵雨天气。

在准静止锋区域飞行有类似在暖锋区域飞行的特点。在稳定天气形势下,可利用准静止锋进行复杂气象条件的训练飞行。

7. 气压、气温、大气密度对飞行的影响

密度与气温的关系:一定质量的空气,如果保持压力不变,当温度增高时,会引起空气膨胀,体积变大,密度减小;相反,当温度降低时,空气体积变小,密度增大。

密度与气压的关系:一定质量的空气,如果保持温度不变,当气压增大时,体积会变小,密度增大;相反,当气压减小时,密度也变小。

气压与气温的关系:一定质量的空气,如果保持体积(或密度)不变,当温度增高时,气压会变大;相反,当温度降低时,气压会变小。

(1)气压影响。无人机飞起来是因为机翼上面的压力小于下面的压力,在机翼上、下表面形成了压力差。在大气中,气压是随着高度的增加而减小的,无人机越往高空飞行,飞行所获得的升力就越小。

提升无人机飞行高度的方法:①增大机翼面积。当机翼面积增大后,所获得的总升力也会相应增大,但是机翼增大也增加了无人机的稳定性,失去了灵活运动的特点。②增大发动机的功率。发动机的功率增大后,无人机获得的推力也就增大。

(2)气温影响。目前,航空器经历的极端低温环境的温度可能在−55℃以下(11 km 以上恒温层大气温度为−56℃),极端高温环境温度可以在 60℃以上。无人机机载电子电气设备、液压系统、燃油系统等正常工作也有一定的温度限制。绝对温度的零度是−273℃。

温度太低会导致电子电气设备无法正常启动,还会导致液压油或燃油结冰;温度太高也会导致电子电气设备性能下降、结构材料承载能力下降等问题出现。

气温高低会影响飞机滑跑距离。气温高时,空气密度小,飞机增速慢,滑跑距离增加;反之,气温低时,滑跑距离则缩短。气温对飞机平飞的最大速度也有影响,气温低时,空气密度大,使平飞最大速度增加。气温高低也会影响飞机空速表和高度表的示数。夜间温度降低,低层常常出现逆温,这是形成雾和烟幕的有利条件,雾和烟幕使飞机能见度变坏。

(3)大气密度影响。空气密度变大,会导致无人机所受到的升力和阻力都变大。

当空气密度变大时,速度一旦变大,作用在机翼上表面的吸力和下表面的正压力也都增大。科学研究证明,空气密度增大为原来的两倍,升力和阻力也增大为原来的两倍,即升力和阻力与空气密度成正比。显然,由于高度升高,空气密度减小,升力和阻力也就会减小。

8.雷暴

雷暴如图5-6所示。雷暴形成的三个条件:①深厚而明显的不稳定气层;②充沛的水汽;③足够的冲击力。

雷暴处于发展阶段时,地面气压持续下降,地面风很小。一般雷暴单体的生命史根据垂直气流状况可分为三个阶段:积云阶段、成熟阶段、消散阶段。其中消散阶段的下降气流遍布云中,温度低于周围空气。一般雷暴单体的水平尺度为5～10 km,高度可达12 km,生命周期为1 h左右。

图5-6 雷暴

雷暴是严重影响飞行的气象。雷暴能产生对飞机危害很大的电闪雷击和冰雹袭击、风切变和湍流,使飞机颠簸、性能降低,强降雨使飞机气动性能变差、发动机熄火。强烈雷暴云会产生严重危害飞行安全的冰雹。

5.2 无人机飞行管理

5.2.1 航空器飞行管理

航空器作为一种空中高速移动物体,与地面的汽车和火车、水上的轮船一样需要进行管理,以避免航空事故的发生。如航空器的自身质量、飞行员的操作水平、空中的飞行环境、航空器的组织运行等环节的管理,均会影响航空安全。

航空器飞行管理主要包括航空器适航管理、航空器飞行环境管理、航空器人为因素管理和航空器组织运行管理 4 个方面。

1. 航空器适航管理

民用航空器的适航性：是指航空器各部件及子系统的整体性能和操纵特性在预期运行环境和使用限制下安全性和物理完整性的一种品质，该品质主要通过适航认证与管理来实现。

民用航空器适航管理：是以保障民用航空器的安全性为目标，以适航证件为核心的管理模式。民用航空器适航管理是全方位、全过程的控制管理。

民用航空器适航管理分为初始适航管理和持续适航管理两个阶段。

初始适航管理：是指航空器在交付使用之前，依据各类适航标准和规范，对航空器产品设计和制造环节进行适航审定、监督与管理，使民用航空器满足"型号设计具有型号合格证、生产系统具有生产许可证、单架航空器具有适航证"3 个适航证件条件。

（1）型号合格审定：是指航空器的型号设计是否满足最低安全标准——适航标准。

（2）生产审定：是指在航空器的型号设计得到批准（即颁发了型号合格证）之后，对航空器的生产是否能按照经批准的型号设计持续稳定地生产出合格的航空器进行评判和审查。

（3）单机适航审定：是指在航空器设计得到批准（即颁发了型号合格证）和生产线得到批准（即颁发了生产许可证）之后，对即将交付运行的单架航空器是否"适航"进行评判和审查。

持续适航管理：是指在航空器获得适航认证并投入运行后，依据各种维修标准和规则，对使用、维修的控制与管理，使适航性得以保持和改进。

持续适航管理中各方的责任：

（1）适航管理部门。对使用过程中航空器的适航性进行评估，包括签发适航证件，对维修大纲、维修方案、可靠性大纲和可靠性方案的评估，对重大维修、改装的批准等。

（2）航空器设计制造厂商。对使用过程中航空器的重大故障问题进行收集，提出纠正措施，编发技术服务通告等。

（3）航空器使用和维修部门。具备完备的维修设施、设备和器材，具备合格的维修人员和维修管理人员，具备完整的维修程序。

与适航相关的中国民航规章：

CCAR-21-R3-2007 民用航空产品和零部件合格审定规定；

CCAR-23-R3-2004 正常类、实用类、特技类和通勤类飞机适航规定；

CCAR-25-R3-2001 运输类飞机适航标准；

CCAR-27-R1-2002 正常类旋翼航空器适航规定；

CCAR-29-R1-2002 运输类旋翼航空器适航规定；

CCAR-31-2007 载人自由气球适航规定；

CCAR-33-R1-2002 修订《航空发动机适航标准》；

CCAR-34-2002 涡轮发动机飞机燃油排泄和排气排出物规定；

CCAR-36-R1-2007 航空器型号和适航合格审定噪声规定；

CCAR-37AA-1992 民用航空材料、零部件和机载设备技术标准规定；

CCAR-39AA-1990 民用航空器适航指令规定。

2.航空器飞行环境管理

航空器飞行环境包括自然环境和社会环境。航空器飞行的自然环境,是指对流层、平流层内飞行空域和航路中的气象、地形地貌等。航空器飞行的社会环境,是指机场、机场配套设施(如灯光、标志、通信设备等)及相关运行机制。

航空器飞行环境管理:要建立一个能确保飞行安全的自然环境和社会环境。内容涉及机场选址,机场配套设施建设,空域和航路规划,气象监测与预报,机场管制,机场的通信、导航和管制等。

3.航空器人为因素管理

随着航空器设计和制造技术的发展,航空器的可靠性得到了很大的提高,与航空器相关的人,因其随意性和偶然性,成为引发事故的主要因素。

据统计,20世纪后期,飞机机械原因导致的事故比例从80%下降到20%,人为因素造成的事故比例则上升到70%,航空器的可靠性已远远高于人的操作可靠性。

航空器人为因素管理:是指对涉及航空器飞行安全的相关人员,包括飞行人员、机务维护人员、航空管制人员和各种勤务保障人员,进行工作人为差错枚举分析、人为差错原因分析,制定可行措施纠正偏差,对带有普遍性、程序性的问题通过制定或完善相关的规则章程和法律法规,促使相关人员严格按规章办事,尽量避免人为因素的负面影响。

4.航空器组织运行管理

航空器组织运行管理:是指在组织航空器安全飞行的过程中,利用各种先进的管理工具,严格遵循预定的管理规程,对航空器进行科学有效的管理安排,确保飞行进度和质量。

主要内容:航空器飞行资源管理、飞行人员管理、航空器质量维护管理和飞行保障管理等。

主要任务:制订飞行计划,安排飞行人员,检查并保障飞行设施、设备和人员的工作状态,协调并监督涉及飞行的各类人员的工作,及时发现并纠正工作偏差等。

5.2.2　空中交通管理

空中交通管理(Air Traffic Management,ATM),主要任务是为了有效地维护和促进空中交通安全,维护空中交通秩序,保障空中交通畅通。

空中交通管理包括三大部分:空中交通服务、空域管理、空中交通流量管理。

1.空中交通服务

空中交通服务(Air Traffic Service,ATS)由空中交通管制单位为飞行中的民用航空器提供。包括三种服务:空中交通管制服务、飞行情报服务、告警服务。

(1)空中交通管制服务(Air Traffic Control,ATC)旨在防止民用航空器之间、民用航空器与障碍物体之间发生干扰或相撞,维持并提升空中交通秩序。按管制范围,空中交通服务可分为航路管制、进近管制和机场管制三个部分,如图5-7所示。

(2)飞行情报服务(Flight Information Service,FIS)旨在为飞行前或飞行中的航空器提供有助于安全和有效实施飞行的建议的情报,如危险天气及各种限制性空域等信息。飞行情报服务可分为航图、航行资料和气象报告三类。

(3)告警服务(Alerting Service,AS)旨在当民用航空器遇险需要搜寻援救时,向相关部门发出搜寻救援通知,并协助搜寻援救。

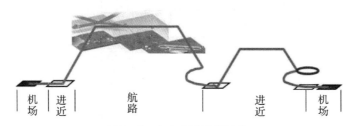

|机场|进近|航路|进近|机场|

图 5-7　空中交通管制服务

2.空域管理

空域是指地球表面以上可供航空器运行的一定范围的空气空间,是航空器运行的环境。其主要组成要素包括:一定的空间范围,位置点,航路或航线,飞行高度、方向、位置和时间等限制,通信、导航和监视设施。

空域资源具有介质性、有限性和连续性等自然属性,也具有公共性、主权性、安全性和经济性等社会属性。

与空域相关的两个概念:仪表飞行规则、目视飞行规则。

(1)仪表飞行规则(Instrument Flight Rules,IFR),一般用于高空飞行和恶劣天气情况下。干线飞机上都按 IFR 飞行。

(2)目视飞行规则(Visual Flight Rules,VFR),与 IFR 相对,在 IFR 不可用时使用,如当自动驾驶仪损坏时使用 VFR。多数小型飞机没有 IFR 设备,使用 VFR 飞行。

空域分类的目的是为了满足公共运输航空、通用航空和军事航空三类主要空域用户对不同空域的使用需求,确保空域得到安全、合理、充分和有效的利用。国际民航组织(International Civil Aviation Organization,ICAO)将空域分为 A、B、C、D、E、F、G 七类。美国将空域分为 A、B、C、D、E、G 六类。我国将民用空域分为飞行情报区、空中交通服务空域和特殊空域,如图 5-8 所示。

(1)飞行情报区。国际民航组织批准,我国境内划设了 11 个飞行情报区(括号内为其 ICAO 代号):

东北地区:沈阳飞行情报区(ZYSH);

华北地区:北京飞行情报区(ZBPE);

华东地区:上海飞行情报区(ZSHA)、台北飞行情报区(RCAA);

中南地区:武汉飞行情报区(ZHWH)、广州飞行情报区(ZGZU)、香港飞行情报区(VHHK)、三亚飞行情报区(ZJSA);

西南地区:昆明飞行情报区(ZPKM);

西北地区:兰州飞行情报区(ZLHW)、乌鲁木齐飞行情报区(ZWUQ)。

(2)空中交通服务空域。空中交通服务空域分为管制空域和非管制空域两大类。

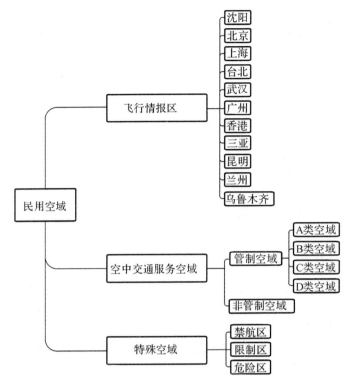

图 5-8 我国对民用空域的分类

1)管制空域。管制空域分为 A 类、B 类、C 类、D 类四类空域。

A 类空域:高空管制空域,为 6 000 m(含)以上空间 IFR;

B 类空域:中、低空管制空域,为 6 000 m(含)以下至最低高度层以上空间;

C 类空域:进近管制空域;

D 类空域:塔台管制空域。

2)非管制空域。非管制空域是指未被指定为管制空域以外的空域。在此空域内不提供空中交通管制服务,但是也要申报飞行计划和飞行动态。

(3)特殊空域是指为了政治、军事、科学试验或公共安全需要,经国务院、中央军委批准,划定限制或禁止民用航空器进入的空域。

特殊空域分为以下三类:

1)禁航区是指在一个国家的陆地或领水上空,禁止航空器飞行的划定区域,在航图上常以醒目的字母 P 加以标注。《中华人民共和国民用航空法》第七十八条规定"(民用航空器)除按国家规定经特别批准外,不得飞入禁航区"。

2)限制区是指在一个国家的陆地或领水上空,根据某些规定的条件,在时间上或高度上限制航空器飞行而划定的区域,在航图上常用字母 R 加以标注。《中华人民共和国民用航空法》第七十八条规定"(民用航空器)除遵守规定的限制条件外,不得飞入限制区"。

3)危险区是指在规定时限内,对航空器飞行存在危险而划定的空域,在航图上常用字母 D 加以标注。在规定时限内,禁止无关航空器飞入危险区;在规定时限外,允许符合条件的航空器飞入危险区。

空域管理（Air Space Management，ASM）是指依据既定空域结构条件，实现对空域的充分利用，尽量满足空域使用各方的需求。空域管理的主要内容：空域划分、流量平滑、航路优化设计、飞行程序设计、飞行管制。通常对空域进行时分共用，按照各种短期需求划分空域，以满足不同类型用户的需要。

3. 空中交通流量管理

空中交通流量是指单位时间内流向或通过某空域的航空器的数量。

空中交通流量管理（Air Traffic Flow Management，ATFM）是指有助于空中交通安全、有序和快捷地流通，以确保最大限度地利用空中交通管制服务（ATC）的容量并符合有关空中交通服务当局公布的标准和容量，保证空中交通最佳地流向或通过特定区域；为飞机运营者提供及时、精确的信息以规划和实施一种经济的空中运输，为尽可能准确地预报飞行情报、减少延误而设置的服务。

造成空中交通拥挤的原因通常有恶劣天气、持续增长的空运需求、节假日高峰、军民航协调不足、各管制区空管能力差异、流量管理理论缺乏等。

解决空中交通拥挤的传统方法有机场扩建、缩短放行时间/距离间隔、提升飞行情报（气象）服务。

5.2.3　无人机飞行管理体系

1. 无人机管控机构

无人机的管控机构较多，各管控机构间的管控职能有主次、有配合，并存在一定的交叉。随着时间的推移，管控机构的管控职能会有一定的调整。

（1）空管部门。目前我国实行的是"统一管制、分别指挥"的空管体制，即在国务院、中央军委空中交通管制委员会（以下简称国家空管委）的领导下，由空军负责实施全国的飞行管制。军用飞机由空军和海军航空兵实施指挥，民用飞行和外航飞行则由民航实施指挥。

民航内部的空管系统实行"分级管理"的体制，即各级空管部门分别隶属于民航总局、地区管理局、省（市、区）局以及航站。总局空管局对民航空管系统实行业务领导，其余工作包括人事、财务、行政管理及基本建设等均由各地区管理局、省（市、区）局以及航站负责。

（2）民航部门。负责民航空中交通管理、民航机场建设和安全运行的监督管理；承担民航飞行安全和地面安全监管、民航空防安全监管、航空运输和通用航空市场监管责任；起草相关的法律法规草案、规章草案、政策和标准，推进民航行业体制改革；拟订民用航空器事故及事故征候标准，按规定调查处理民用航空器事故等。

（3）公安部门。负责对违法违规飞行无人机的单位或个人的查处，组织协调重大活动期间无人机地面防范管控工作，配合相关部门对无人机飞行实施管理等。

（4）工商部门。负责对企业生产销售无人机进行登记管理，配合相关部门对未经许可私自生产销售无人机、违法违规飞行无人机的单位或个人进行查处。

（5）海关部门。负责对进境无人机及其散装组件进行进境监管。

（6）安全监管部门。负责协调并参与无人机安全事故的调查与处理，配合相关部门做好无人机生产经营单位的日常安全管理和安全教育培训等工作。

2.无人机管控技术

(1)无人机"感知-避让"技术。是指无人机通过自身携带的传感器对当前空域内的环境进行探测,利用通信网将周围态势向合作目标进行传输,系统预测未来一段时间内的飞行路线上是否存在飞行冲突,自动生成决策指令并执行规避动作以应对突发威胁,确保飞行安全的技术。感知-避让过程分为环境态势感知、飞行冲突预测和飞行冲突解脱三个部分。

(2)无人机固件设定禁飞区。在无人机出厂前,无人机生产厂家将禁飞区固化在具有卫星定位功能的无人机内部的地图中,后期通过强行升级固件的方式不断增加或调整禁飞区。当无人机的 GPS 定位到当前位置处于禁飞区时,无人机将无法启动或自动降落或按失控模式返航。

(3)雷达探测。通常,体积越小、速度越慢、飞行高度越低,雷达探测的难度越大。

低慢小目标(低空、慢速、小目标)雷达探测系统通常由雷达设备、光电设备和无人机处置设备等组成,先由雷达对空域进行 360°全方位不间断探测,发现目标后由光电设备进行二次确认,最后根据目标情况由处置设备对无人机进行干扰、迫降、返航和接管等处理,实现查打一体。

(4)无线电干扰。通过发射 2.4 GHz 和 5.8 GHz 等特定频带的干扰信号和卫星定位干扰信号,对无人机的飞控信道、卫星定位信道和上下行通信信道进行阻塞式干扰反制,使无人机的导航系统失去信号、图传和数传无法回传、遥控失灵、地面站失联等,触发无人机模式转换、异常迫降、失控返航等保护程序,从而使无人机返航、降落或坠落。

(5)无线电监测测向。通过无线电监测,确定无人机用频情况,尤其是非法用频情况,可发射无线电干扰信号对非法无人机进行压制干扰。

通过对飞控信道测向,定位无人机控制器范围,并结合移动式或便携式监测测向设备进行测向定位。

(6)无人机综合监管系统。它是一个针对无人驾驶航空器的综合管控和信息服务平台,综合应用全球定位、互联网、大数据、云计算等技术,实时监测低空空域的无人机驾驶航空器的飞行状态,包括航迹、高度、速度、位置、航向等,系统根据这些实时监测数据进行相关的预警、避让工作,为空域安全和监管提供保障。

目前国内主流的无人机综合监管系统有 U-Cloud 优云管理系统、U-Care 无人机综合监管云系统和地理空间环境在线(Geospatial Environment Online,GEO)系统等。

3.无人机管控对象与内容

(1)空域的管理。目前,我国民用无人驾驶航空器系统使用的空域分为融合空域和隔离空域。

1)融合空域是指有其他载人航空器同时运行的空域。

2)隔离空域是指专门分配给无人驾驶航空器系统运行的空域,通过限制其他载人航空器的进入以规避碰撞风险。

《民用无人驾驶航空器系统空中交通管理办法》(MD-TM-2016-004)规定:民用无人驾驶航空器飞行应当为其单独划设隔离空域,明确水平范围、垂直范围和使用时段。可在民航使用空域内临时为民用无人驾驶航空器划设隔离空域。飞行密集区、人口稠密区、重点地区、繁忙机场周边空域,原则上不划设民用无人驾驶航空器飞行空域。

(2)无人机的管理。对无人机的管理主要包括无人机产品信息的登记注册和适航管理。

1)登记注册。《民用无人驾驶航空器实名制登记管理规定》(AP-45-AA-2017-03)要求在中华人民共和国境内最大起飞质量为 250 g 以上(含 250 g)的民用无人机,自 2017 年 6 月 1 日起必须按照管理规定的要求进行实名登记,2017 年 8 月 31 日后未按照管理规定实施实名登记和粘贴登记标志的,其行为将被视为违反法规的非法行为,其无人机的使用将受影响,监管主管部门将按照相关规定进行处罚。

民用无人机制造商在"无人机实名登记系统"(https://uas.caac.gov.cn)中填报其所售产品的相关信息,包括:制造商名称、注册地址和联系方式;产品名称和型号;空机质量和最大起飞质量;产品类别;无人机购买者姓名和移动电话。

2)适航管理。目前,我国无人机适航标准和适航管理体系建设仍处于调研阶段,我国无人机适航管理面临三大挑战:

A. 管理规章欠缺,适航标准、专业技术标准空白;

B. 机型多,技术更新快,运行环境复杂;

C. 管理机构人力资源不足,业界人才储备不足,缺乏经验。

在 2018 年民用无人驾驶航空器发展国际论坛上,中国民用航空局适航审定司司长徐超群表示,我国未来的无人机适航管理,中国民用航空局将利用物联网技术、大数据技术、区块链技术等,进行运行风险评估,面向"智慧化、数据化、生态化"方面发展,建立无人机适航标准和适航管理体系。

3)人的管理。对人的管理主要包括对无人机拥有者和无人机驾驶员的管理。

无人机拥有者:《民用无人驾驶航空器实名制登记管理规定》(AP-45-AA-2017-03)规定,最大起飞质量为 250 g 以上(含 250 g)的民用无人机拥有者必须在"无人机实名登记系统"中实名登记其拥有产品的信息,并将系统给定的登记标志粘贴在无人机上,否则将被视为违反法规的非法行为,其无人机的使用将受影响,监管主管部门将按照相关规定进行处罚。

个人民用无人机拥有者在"无人机实名登记系统"中登记的信息包括以下几点:拥有者姓名;有效证件号码(如身份证号、护照号等);移动电话和电子邮箱;产品型号、产品序号;使用目的。

单位民用无人机拥有者在"无人机实名登记系统"中登记的信息包括以下几点:单位名称;统一社会信用代码或者组织机构代码等;移动电话和电子邮箱;产品型号、产品序号;使用目的。

无人机驾驶员:《民用无人机驾驶员管理规定》(AC-61-FS-2016-20-R1)对我国民用无人机系统驾驶人员的资质管理进行了明确规定。针对不同类别的民用无人机、不同的飞行运行环境,对无人机驾驶员给出了 3 种不同的分类管理方案:无人机系统驾驶员自行负责,无需证照管理;无人机驾驶员由行业协会实施管理,局方飞行标准部门可以实施监督;无人机驾驶员由局方实施管理。

5.2.4 无人机空域与飞行计划申报

1.隔离空域申请

《民用无人驾驶航空器系统空中交通管理办法》(MD-TM-2016-004)规定:

第十条:民用无人驾驶航空器飞行应当为其单独划设隔离空域,明确水平范围、垂直范围和使用时段。可在民航使用空域内临时为民用无人驾驶航空器划设隔离空域。飞行密集区、人口稠密区、重点地区、繁忙机场周边空域,原则上不划设民用无人驾驶航空器飞行空域。

第十一条:隔离空域由空管单位会同运营人划设。划设隔离空域应综合考虑民用无人驾驶航空器通信导航监视能力、航空器性能、应急程序等因素,并符合下列要求:

(1)隔离空域边界原则上距其他航空器使用空域边界的水平距离不小于 10 km;

(2)隔离空域上下限距其他航空器使用空域垂直距离 8 400 m(含)以下不得小于 600 m,8400 m 以上不得小于 1 200 m。

《无人驾驶航空器飞行管理暂行条例(征求意见稿)》规定:

第三十二条:隔离空域申请,由申请人在拟使用隔离空域 7 个工作日前,向有关飞行管制部门提出;负责批准该隔离空域的飞行管制部门应当在拟使用隔离空域 3 个工作日前做出批准或者不予批准的决定,并通知申请单位或者个人。隔离空域申请的内容主要包括:使用单位或者个人;无人机类型及主要性能;飞行活动性质;隔离空域使用时间、水平范围、垂直范围;起降区域或者坐标;飞入飞出隔离空域方法;登记管理的信息等。

第三十三条:划设无人机隔离空域,按照下列规定的权限批准:

(1)在飞行管制分区内划设的,由负责该分区飞行管制的部门批准;

(2)超出飞行管制分区在飞行管制区内划设的,由负责该管制区飞行管制的部门批准;

(3)在飞行管制区间划设的,由空军批准。

批准划设隔离空域的部门应当将划设的隔离空域报上一级飞行管制部门备案,并通报有关单位。

第三十四条:无人机隔离空域的使用期限,应当根据飞行的性质和需要确定,通常不得超过 12 个月。

因飞行任务需要延长隔离空域使用期限的,应当报经批准该隔离空域的飞行管制部门同意。

隔离空域飞行活动全部结束后,空域申请人应当及时报告有关飞行管制部门,其申请划设的隔离空域即行撤销。

已划设的隔离空域,经飞行管制部门同意后,其他单位或者个人也可以使用。

2.飞行计划申请

无人机系统驾驶员自行负责,无需证照管理:①在室内运行的无人机;②Ⅰ、Ⅱ类无人机;③在人烟稀少、空旷的非人口稠密区进行试验的无人机。

《无人驾驶航空器飞行管理暂行条例(征求意见稿)》规定:

第三十七条:从事无人机飞行活动的单位或者个人实施飞行前,应当向当地飞行管制部门提出飞行计划申请,经批准后方可实施。飞行计划申请应当于飞行前一日 15 时前,向所在机场或者起降场地所在的飞行管制部门提出;飞行管制部门应当于飞行前一日 21 时前批复。

国家无人机在飞行安全高度以下遂行作战战备、反恐维稳、抢险救灾等飞行任务,可适当简化飞行计划审批流程。

微型无人机在禁止飞行空域外飞行,无需申请飞行计划。轻型、植保无人机在相应适飞空域飞行,无需申请飞行计划,但需向综合监管平台实时报送动态信息。

第三十八条:无人机飞行计划内容通常包括:

(1)组织该次飞行活动的单位或者个人;

(2)飞行任务性质;

(3)无人机类型、架数;

(4)通信联络方法;

(5)起飞、降落和备降机场(场地);

(6)预计飞行开始、结束时刻;

(7)飞行航线、高度、速度和范围,进出空域方法;

(8)指挥和控制频率;

(9)导航方式,自主能力;

(10)安装二次雷达应答机的,注明二次雷达应答机代码申请;

(11)应急处置程序;

(12)其他特殊保障需求。

有特殊要求的,应当提交有效任务批准文件和必要资质证明。

第三十九条:无人机飞行计划按照下列规定权限批准:

(1)在机场区域内的,由负责该机场飞行管制的部门批准;

(2)超出机场区域在飞行管制分区内的,由负责该分区飞行管制的部门批准;

(3)超出飞行管制分区在飞行管制区内的,由负责该区域飞行管制的部门批准;

(4)超出飞行管制区的,由空军批准。

第四十条:使用无人机执行反恐维稳、抢险救灾、医疗救护或者其他紧急任务的,可以提出临时飞行计划申请。临时飞行计划申请最迟应当于起飞 30 min 前提出,飞行管制部门应当在起飞 15 min 前批复。

5.3　无人机飞行法律法规

5.3.1　中国民航法律法规体系

我国民用航空相关的法律法规经过几十年发展,已形成法律、行政法规和民航规章 3 个层次,外加各种管理程序、咨询通告、管理文件、工作手册和信息通告等规范性文件的多层次体系,如图 5-9 所示。

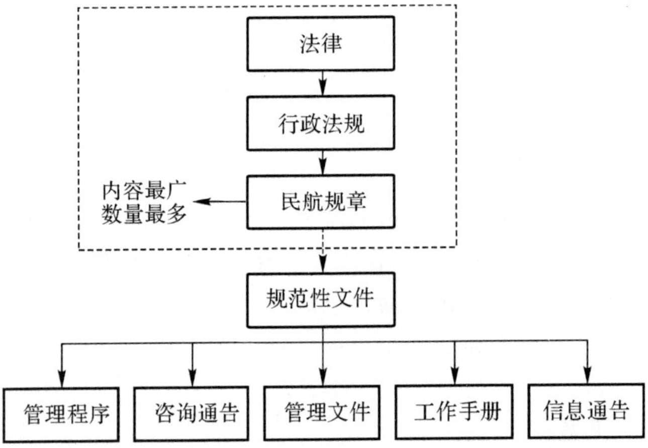

图 5－9　中国民航法律法规 3 个层次

1. 法律

《中华人民共和国民用航空法》是我国民航法律体系的第一层次，属于国家法律，是我国民用航空法律法规体系的龙头，是制定民航行政法规和民航规章的依据。

《中华人民共和国民用航空法》旨在维护国家的领空主权和民用航空权利，保障民用航空活动安全和有秩序地进行，保护民用航空活动当事人各方的合法权益，促进民用航空事业的发展。该法由第八届全国人民代表大会常务委员会第十六次会议 1995 年 10 月 30 日审议通过，并由国家主席签署主席令发布，自 1996 年 3 月 1 日起实施。当前版本为 2017 年 11 月 4 日第十二届全国人民代表大会常务委员会第三十次会议修正的版本。

《中华人民共和国民用航空法》共分为 16 章，214 条，如图 5－10 所示。

第一章 总则(1~4条)
第二章 民用航空器国籍(5~9条)
第三章 民用航空器权利(10~33条)
第四章 民用航空器适航管理(34~38条)
第五章 航空人员(39~52条)
第六章 民用机场(53~69条)
第七章 空中航行(70~90条)
第八章 公共航空运输企业(91~105条)
第九章 公共航空运输(106~144条)
第十章 通用航空(145~150条)
第十一章 搜寻援救和事故调查(151~156条)
第十二章 对地面第三人损害的赔偿责任(157~172条)
第十三章 对外国民用航空器的特别规定(173~183条)
第十四章 涉外关系的法律适用(184~190条)
第十五章 法律责任(191~212条)
第十六章 附则(213~214条)

图 5－10　《中华人民共和国民用航空法》

2. 行政法规

行政法规(见表 5－2)是我国民航法律法规体系的第二层次，是国务院根据宪法和法律，按照《行政法规制定程序条例》的规定而制定的法规。行政法规由国务院总理签署国务院令或授权中国民用航空局发布,它的效力次于法律、高于民航规章和地方法规。

表 5－2　我国民航行政法规示例

行政法规名称	文　号	发布日期	实施日期
《外国民用航空器飞行管理规则》	—	1979－02－23	1979－02－23
《国务院关于保障民用航空安全的通告》	—	1982－12－01	1982－12－01
《国务院、中央军委关于使用飞机 执行各项专业任务的规定》		1984－12－24	1984－12－24
《国务院关于通用航空管理的暂行规定》	国发[1986]2号	1986－01－08	1986－01－08
《中华人民共和国民用航空器适航管理条例》		1987－05－04	1987－06－01
《民用航空运输不定期飞行管理暂行规定》	国务院第29号令	1989－03－02	1989－03－02
《中华人民共和国搜寻援救民用航空器规定》	民航局第29号令	1992－12－08	1992－12－08
《中华人民共和国民用航空安全保卫条例》	国务院第201号令	1996－07－06	1996－07－06
《中华人民共和国民用航空器国籍登记条例》	国务院第232号令	1997－10－21	1997－10－21
《中华人民共和国民用航空器权利登记条例》	国务院第233号令	1997－10－21	1997－10－21
《中华人民共和国飞行基本规则》	国务院第312号令	2000－07－24	2001－08－01
《通用航空飞行管制条例》	国务院、中央军委 第371号令	2003－01－10	2003－05－01
《国内航空运输承运人赔偿责任限额规定》	—		2006－03－28
《民用机场管理条例》	国务院第553号令	2009－04－01	2009－07－01
《国务院关于废止和修改部分行政法规的决定》	国务院第588号令	2011－01－08	2011－01－08
《国务院关于修改部分行政法规的决定》	国务院第653号令	2014－07－29	2014－07－29

3.民航规章

　　民航规章,全称中国民用航空规章(China Civil Aviation Regulations,CCAR),是我国民航法律体系的第三层次。民航规章由中国民用航空局通过,由中国民航局局长以民航局令的形式发布。

　　民航规章的部号编码形式为:CCAR-XXX-RX。其中,CCAR为民航规章的英文缩写,XXX代表规章部号编码,RX代表版本号。

　　目前我国民航规章内容最广、数量最多,共分为15类、400部,见表5－3。

表 5－3　我国民航规章分类

序　号	类别名	CCAR部号
1	行政程序规则	CCAR1～20部
2	航空器	CCAR21～59部
3	航空人员	CCAR60～70部

序　号	类别名	CCAR 部号
4	空域、导航设施、空中交通规则和一般运行规则	CCAR71～120 部
5	民用航空企业合格审定及运输	CCAR121～139 部
6	学校、非航空人员及其他单位的合格审定及运行	CCAR140～149 部
7	民用机场建设和管理	CCAR150～179 部
8	委任代表规则	CCAR180～189 部
9	航空保险	CCAR190～199 部
10	综合调控规则	CCAR201～250 部
11	航空基金	CCAR251～270 部
12	航空运输规则	CCAR271～325 部
13	航空保安	CCAR326～355 部
14	科技和计量标准	CCAR356～390 部
15	航空器搜寻援救和事故调查	CCAR391～400 部

4.规范性文件

规范性文件,曾经作为民用航空法规体系的一个层次,现已明确不在法律范畴之内,不向法庭提供,但必须遵守法律、行政法规和民航规章的规定,不得与其冲突。

规范性文件包括管理程序、咨询通告、管理文件、工作手册和信息通告等。

(1)管理程序。管理程序(Aliation Procedure,AP),文件编号通常以 AP 开头,是指有关民用航空规章的实施办法或具体管理程序,是民航行政机关工作人员从事管理工作和法人、其他经济组织或者个人从事民用航空活动应当遵守的行为规则。

(2)咨询通告。咨询通告(Advisory Circular,AC),文件编号通常以 AC 开头,是指对民用航空规章条文所做的具体阐述。

(3)管理文件。管理文件(Management Document,MD),文件编号通常以 MD 开头,是指民用航空管理工作的重要事项的通知、决定或政策说明。

(4)工作手册。工作手册(Working Manual,WM),文件编号通常以 WM 开头,是指用于规范和指导民航行政机关工作人员的具体行为的文件。

(5)信息通告。信息通告(Information Blletin,IB),文件编号通常以 IB 开头,是指用于反映民用航空活动中出现的新情况以及国内外有关民航技术上存在的信息问题进行通报的文件。

5.3.2　中国无人机法律法规体系

当前,我国无人机的监管文件体系相对滞后,在民航法律法规、无人机法律法规、无人机规范性文件和无人机标准体系文件方面陆续出台了一系列监管文件和标准体系文件,其中很多文件仍处于征求意见稿、试行阶段,亟需进一步完善。

行政法规方面:2018 年初下发了《无人驾驶航空器飞行管理暂行条例(征求意见稿)》。

规范性文件方面:下发了一些咨询通告和管理文件。

现存有效的咨询通告有《轻小无人机运行规定(试行)》(AC‐91‐FS‐2015‐31,2015/12/29)、《民用无人机驾驶员管理规定》(AC‐61‐FS‐2016‐20‐R1,2016/7/11)。

现存有效的管理文件有《民用无人驾驶航空器系统空中交通管理办法》(MD‐TM‐2016‐004,2016/9/21)、《民用无人驾驶航空器实名制登记管理规定》(AP‐45‐AA‐2017‐03,2017/5/16)。

标准体系方面:2017 年 6 月 6 日下发了《无人驾驶航空器系统标准体系建设指南(2017—2018 年版)》。

1. 无人机监管文件体系

目前,我国出台的无人机监管文件及标准体系文件见表 5‐4。

表 5‐4　我国出台的无人机监管文件及标准体系文件

文　号	文件名称	文件分类	发文日期	备　注
—	《民用微轻小型无人驾驶航空器系统运行识别概念(暂行)》	规范性文件(咨询通告)	2022/03/11	—
—	《无人驾驶航空器飞行管理暂行条例(征求意见稿)》	行政法规	2018/01/26	—
AC‐91‐FS‐2015‐31	《轻小无人机运行规定(试行)》	规范性文件(咨询通告)	2015/12/29	—
空中交通管理				
MD‐TM‐2009‐002	《民用无人机空中交通管理办法》	规范性文件	2009/06/26	废止
MD‐TM‐20016‐004P	《民用无人驾驶航空器系统空中交通管理办法》	规范性文件(管理文件)	2016/09/21	—
—	《中南地区民用无人驾驶航空器系统空中交通管理评审规则(试行)》	规范性文件(管理文件)	2018/02/24	—
驾驶员管理				
AC‐61‐FS‐2013‐20	《民用无人机驾驶航空器系统驾驶员管理暂行规定》	规范性文件(咨询通告)	2013/11/18	废止
AC‐61‐FS‐2016‐20‐R1	《民用无人机驾驶员管理规定》	规范性文件(咨询通告)	2016/07/11	
无人机管理				
AP‐45‐AA‐2017‐03	《民用无人驾驶航空器实名制登记管理规定》	规范性文件(管理程序)	2017/05/16	—

文　号	文件名称	文件分类	发文日期	备　注
标准体系文件				
—	《无人驾驶航空器系统标准体系建设指南（2017—2018 年版）》	技术性文件（标准体系）	2017/06/06	—
MH/T 2008 －2017	《无人机电子围栏》	民用航空行业标准	2017/10/20	—
MH/T 2009 －2017	《无人机云系统接口数据规范》	民用航空行业标准	2017/10/20	—

（1）民航法律法规。民航相关法律法规对民用无人机也具有约束力，可作为无人机法律法规的补充。如《中华人民共和国民用航空法》《中华人民共和国飞行基本规则》《中华人民共和国无线电管理条例》《通用航空飞行管制条例》《民用机场管理条例》《民用航空空中交通管理规则》等。

（2）无人机法律法规。我国专门针对无人机的法律法规在国家立法、行政法规和规章三个层次上暂时空白。

国家空管委组织起草了《无人驾驶航空器飞行管理暂行条例（征求意见稿）》，并于 2018年初面向社会公开征求意见，是国家层面无人机产业法律法规零的突破。

（3）无人机规范性文件。近几年，我国相关部门陆续出台了一些针对无人机的咨询通告、管理文件等规范性文件，如《轻小无人机运行规定（试行）》（AC－91－FS－2015－31）、《民用无人驾驶航空器系统空中交通管理办法》（MD－TM－2016－004）、《民用无人机驾驶员管理规定》（AC－61－FS－2016－20－R1）、《民用无人驾驶航空器实名制登记管理规定》（AP－45－AA－2017－03），在无人机飞行管理、空中交通管理、驾驶员管理和无人机登记管理等方面进行了规定，成为法律法规的有益补充。

（4）无人机标准体系文件。无人机标准体系建设能引领和规范行业的发展，也将进一步提高无人机的监管水平。

2017 年 6 月 6 日，国家标准化管理委员会、工业和信息化部、科技部、公安部、农业部、国家体育总局、国家能源局和中国民用航空局等八部门联合发布了《无人驾驶航空器系统标准体系建设指南（2017—2018 年版）》。

2017 年 7 月 10 日，中国民用航空局飞行标准司下发了《无人机电子围栏（征求意见稿）》和《无人机云系统接口数据规范（征求意见稿）》，2017 年 10 月 20 日中国民用航空局正式发布了这两项行业标准，并于 2017 年 12 月 1 日起开始实施。

2.飞行管理文件

（1）《民用微轻小型无人驾驶航空器系统运行识别概念（暂行）》。2022 年 3 月 11 日，民航局空管办发布《民用微轻小型无人驾驶航空器系统运行识别概念（暂行）》。该咨询通告依据《中华人民共和国民用航空法》《中华人民共和国飞行基本规则》《民用航空空中交通管理规则》,参考《无人驾驶航空器飞行管理暂行条例(草案)》(以下简称《条例》)制定,适用于所有民用微型、轻型和小型无人驾驶航空器。

民用微轻小型无人驾驶航空器系统运行识别是以可靠识别飞行阶段的无人驾驶航空器、降低航空活动的碰撞风险为目的,面向运行场景、基于运行风险,针对民用微轻小型无人驾驶航空器系统提出的飞行活动管理要求。运行概念是从顶层设计对上述管理要求的目的、依据、原则、作用、适用范围、运行相关方、运行要求以及典型运行场景等相关内容进行说明,为后续提出和制定具体的运行方案、运行识别系统相关功能模块的最低性能要求及相关和技术标准提供的基本遵循。

该咨询通告共分为总则、运行识别体系、运行要求、运行识别数据、功能要求以及典型场景等六个部分。

1)总则。制定本条例的目的、依据、基本原则、运行识别的作用、适用范围等。

2)运行识别体系。对民用微轻小型无人驾驶航空器运行识别体系的框架、功能及其运行相关方进行说明。

3)运行要求。对运行识别数据报送、传输失效处置、禁止使用 ADS-B 发射机广播运行识别数据分别进行说明。

4)运行识别数据。运行识别数据是指实现无人驾驶航空器运行识别所需的数据。分别对识别码数据、飞行动态数据和其他识别数据进行说明。

5)功能要求。分别对功能自检和结果通知、无线广播的频谱和干扰、无线广播的协议兼容性和发射功率、数据源延时和上报间隔、数据防篡改和防伪造、网络安全等各方面要求进行说明。

6)典型场景。分别对微型无人驾驶航空器的运行识别、轻小型无人驾驶航空器的运行识别、无运行识别能力的无人驾驶航空器运行识别三种典型场景进行说明。

(2)《无人驾驶航空器飞行管理暂行条例(征求意见稿)》。为了规范无人驾驶航空器飞行及相关活动,维护国家安全、公共安全、飞行安全,促进行业健康可持续发展,国家空管委组织起草了《无人驾驶航空器飞行管理暂行条例(征求意见稿)》,并于 2018 年初面向社会公开征求意见。

这是我国首次从国家战略层面对无人机管理与发展做出部署,是国家层面无人机法律法规零的突破。

本条例共分为总则、无人机系统、无人机驾驶员、飞行空域、飞行运行、法律责任和附则等七个部分。

1)总则。制定本条例的目的、管理对象、依据、原则、无人驾驶航空器定义和管理主体等。

2)无人机系统。无人机的分级分类标准(将无人机分为两级、三类、五型)、无人机系统的相关管理规定(无人机生产、销售、登记、商业活动、身份标识、无线电、第三者责任险、进出口和无人机反制等)。

两级,按执行任务性质,将无人机分为国家和民用两级;三类,按飞行管理方式,将民用无人机分为开放类、有条件开放类和管控类;五型,按飞行安全风险,以质量为主要指标,结合高度、速度、无线电发射功率和空域保持能力等性能指标，将民用无人机分为微型、轻型、小型、中型和大型。

3）无人机驾驶员。无人机驾驶员的相关管理规定（无人机驾驶员年龄、培训、持证、身份和资质查验等方面的规定）。

4）飞行空域。无人机飞行空域划设及管理规定（无人机飞行空域划设原则、微型无人机禁飞空域、轻型无人机管控空域、轻型无人机空域申请、隔离空域申请和使用等方面的规定）。

5）飞行运行。无人机飞行运行的相关管理规定（综合监管平台、飞行计划申请、飞行间隔、无人机避让、敏感区域飞行和飞行安全责任主体等方面的规定）。

6）法律责任。无人机法律责任的相关管理规定（违反适航管理规定、备案规定、实名登记规定、出入境规定、持证飞行规定和禁飞区飞行规定的处罚措施）。

7）附则。本条例的相关法律法规、用语含义。

本条例的相关法律法规：《中华人民共和国民用航空法》《中华人民共和国飞行基本规则》《通用航空飞行管制条例》《中华人民共和国无线电管理条例》及其他相关法律法规。

本条例的用语含义：模型航空器、遥控驾驶航空器、自主航空器、遥控站（台）、空机质量、最大起飞质量、空域保持能力、无人机系统、植保无人机、分布式操作、混合飞行、隔离空域和飞行安全高度等用语的含义。

（3）《轻小无人机运行规定（试行）》。为了规范民用无人机，特别是低空、慢速、微轻小型无人机的运行，依据 CCAR-91 部，中国民用航空局飞行标准司于 2015 年 12 月 29 日下发了咨询通告《轻小无人机运行规定（试行）》（AC-91-FS-2015-31）。

2016 年 7 月 11 日，中国民用航空局飞行标准司下发了咨询通告《民用无人机驾驶员管理规定》（AC-61-FS-2016-20-R1），对《轻小无人机运行规定（试行）》进行了修正和完善。

《轻小无人机运行规定（试行）》共分为目的、适用范围及分类、定义、民用无人机机长的职责和权限、民用无人机驾驶员资格要求、民用无人机使用说明书、禁止粗心或鲁莽的操作、摄入酒精和药物的限制、飞行前准备、限制区域、视距内运行（VLOS）、视距外运行（BVLOS）、民用无人机运行的仪表设备和标识要求、管理方式、无人机云提供商须具备的条件、植保无人机运行要求、无人飞艇运行要求、废止和生效等 18 部分。

各部分的主要内容如下：

1）目的。制定本咨询通告的目的是规范民用无人机，特别是低空、慢速、微轻小型无人机的运行。

2）适用范围及分类。本咨询通告适用范围及分类的相关规定。根据无人机视距内或视距外、空机质量、起飞质量、校正空速和飞行高度等指标进行分类。

3）定义。本咨询通告的术语定义：无人机、无人机系统、无人机系统驾驶员、无人机系统机长、无人机观测员、运营人、控制站、指令与控制数据链路、视距内（VLOS）、视距外运行（BVLOS）、融合空域、隔离空域、人口稠密区、重点地区、机场净空区、空机质量、无人机云系统、电子围栏、主动反馈系统和被动反馈系统等术语的定义。

4）民用无人机机长的职责和权限。民用无人机机长的职责和权限的相关管理规定。

5)民用无人机驾驶员资格要求。民用无人机驾驶员资格要求的相关规定:执照、合格证、等级、训练、考试、检查和航空经历等方面的规定。

6)民用无人机使用说明书。民用无人机使用说明书的相关管理规定。

7)禁止粗心或鲁莽的操作。

8)摄入酒精和药物的限制。

9)飞行前准备。飞行前机长应做好的相关准备。

10)限制区域。机长应确保无人机避免进入限制区域。

11)视距内运行(VLOS)。视距内运行的相关规定。

12)视距外运行(BVLOS)。视距外运行的相关规定。

13)民用无人机运行的仪表设备和标识要求。

14)管理方式。轻小型民用无人机运行管理的相关规定:民用无人机的运行管理、民用无人机运营人的管理等规定。

15)无人机云提供商须具备的条件。

16)植保无人机运行要求。

17)无人飞艇运行要求。

18)废止和生效。

本咨询通告于 2015 年 12 月 29 日下发生效。

3.空中交通管理文件

(1)《民用无人驾驶航空器系统空中交通管理办法》。为了加强对民用无人驾驶航空器飞行活动的管理,规范其空中交通管理工作,中国民用航空局空管行业管理办公室于 2016 年 9 月 21 日下发了《民用无人驾驶航空器系统空中交通管理办法》(MD - TM - 2016 - 004),同时废止了原《民用无人机空中交通管理办法》(MD - TM - 2009 - 002)。

共分为总则、评估管理、空中交通服务、无线电管理和附则等五章。

1)总则。本管理办法的制定依据、适用对象、管理分工、飞行空域及责任主体等。

2)评估管理。民用无人驾驶航空器评估管理的相关规定(需要评估管理的条件、评估的内容、评估报告的审查等方面的规定)。

3)空中交通服务。民用无人驾驶航空器空中交通服务的相关规定(隔离空域划设原则和要求、隔离空域内运行要求、安全措施和违规飞行监管等方面的规定)。

4)无线电管理。民用无人驾驶航空器无线电管理的相关规定(无线电频率、无线电设备、发射语音广播和无线电管制等方面的规定)。

5)附则。

本管理办法下发施行的同时,废止原《民用无人机空中交通管理办法》。

本管理办法的术语含义:民用无人驾驶航空器、民用无人驾驶航空器系统、遥控驾驶航空器系统、遥控驾驶航空器、遥控站、指挥与控制链路、自主无人驾驶航空器系统、电子围栏、感知与避让、运营人、驾驶员、观测员、隔离空域、非隔离空域、目视视距内、超目视视距、无线电视距内、超无线电视距、机场净空区、人口稠密区和重点地区等术语的含义。

(2)《中南地区民用无人驾驶航空器系统空中交通管理评审规则(试行)》。依据中国民用航空局空管行业管理办公室于 2016 年 9 月 21 日下发的《民用无人驾驶航空器系统空中交通管理办法》(MD-TM-2016-004),为适应民用无人驾驶航空器的快速发展,加强中南地区民用无人驾驶航空器飞行活动的管理,规范其空中交通管理工作,民航中南地区管理局于 2018 年 2 月 24 日下发了《中南地区民用无人驾驶航空器系统空中交通管理评审规则(试行)》。

《中南地区民用无人驾驶航空器系统空中交通管理评审规则(试行)》共分为总则、评审管理和附则等三章。

1)总则。本规则的制定依据、适用对象和管理分工等。

2)评审管理。民用无人驾驶航空器系统空中交通管理评审管理的相关规定:飞行活动申请的条件、飞行活动评审的内容、飞行活动评审的要求等方面的规定。

3)附则。本规则的施行时间和评审流程图:本规则自 2018 年 3 月 1 日起施行,民用无人驾驶航空器系统空中交通管理评审程序流程如图 5-11 所示。

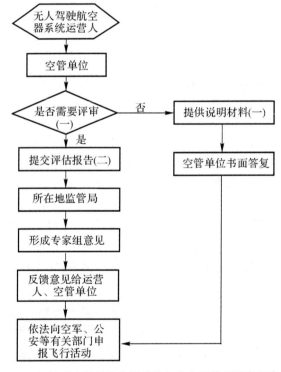

图 5-11　民用无人驾驶航空器系统空中交通管理评审程序流程

4.驾驶员管理文件

随着民用无人机驾驶员数量的快速增加,为了加强对民用无人机驾驶员的规范管理,促进民用无人机产业的健康发展,中国民用航空局飞行标准司于 2016 年 7 月 11 日下发了咨询通告《民用无人机驾驶员管理规定》(AC-61-FS-2016-20-R1),同时废止了 2013 年 11 月 18 日发布的咨询通告《民用无人机驾驶航空器系统驾驶员管理暂行规定》(AC-61-

FS‐2016‐20)。

本咨询通告分为目的、适用范围、法规解释、定义、管理机构、行业协会对无人机系统驾驶员的管理、局方对无人机系统驾驶员的管理、修订说明以及咨询通告施行等九个部分。

(1)目的。针对目前出现的无人机系统的驾驶员实施指导性管理,并将根据行业发展情况随时修订,最终目的是按照国际民航组织的标准建立我国完善的民用无人机驾驶员监管体系。

(2)适用范围。用于民用无人机系统驾驶人员的资质管理。并按无人机的空机质量和起飞质量将无人机分成了9类。

(3)法规解释。本咨询通告的相关法规解释。

(4)定义。本咨询通告的术语含义。无人机、无人机系统、无人机系统驾驶员、无人机系统机长、无人机观测员、运营人、控制站、指令与控制数据链路、感知与避让、无人机感知与避让系统、视距内运行、视距外运行、扩展视距运行、融合空域、隔离空域、人口稠密区、空机质量、无人机云系统等术语的含义。

(5)管理机构。无人系统驾驶员管理机构的相关规定:实施分类管理,即自行负责、行业协会管理、局方管理的相关规定。

(6)行业协会对无人机系统驾驶员的管理。

(7)局方对无人机系统驾驶员的管理。

(8)修订说明。结合《轻小无人机运行规定(试行)》(AC‐91‐FS‐2015‐31),对原《民用无人机驾驶航空器系统驾驶员管理暂行规定》(AC‐61‐FS‐2013‐20)进行了修订,修订的主要内容包括重新调整无人机分类和定义,新增管理机构管理备案制度,取消部分运行要求。

(9)咨询通告施行。本规定于2016年7月11日下发生效,同时废止原《民用无人机驾驶航空器系统驾驶员管理暂行规定》(AC‐61‐FS‐2013‐20)咨询通告。

5.无人机登记管理文件

为了加强民用无人驾驶航空器(简称民用无人机)的管理,对民用无人机拥有者实施实名制登记,中国民用航空局航空器适航审定司于2017年5月16日发布了管理程序《民用无人驾驶航空器实名制登记管理规定》(AP‐45‐AA‐2017‐03)。

本管理程序共分为总则、职责、民用无人机实名登记要求和附则等4个部分。

(1)总则。制定本管理程序的目的、适用范围、登记要求和相关术语定义等。定义的术语包括民用无人机、民用无人机拥有者、民用无人机最大起飞质量和民用无人机空机质量等。

(2)职责。中国民用航空局航空器适航审定司、民用无人机制造商和民用无人机拥有者各自职责的相关规定。

(3)民用无人机实名登记要求。实名登记的流程、实名登记的信息内容、民用无人机的登记标志、民用无人机的标识要求和登记信息的更新等方面的相关规定。

(4)附则。本管理程序由中国民用航空局航空器审定司负责解释,于2017年5月16日生效。

6.无人机监管技术支撑文件

2017 年 6 月 6 日,国家标准化管理委员会、工业和信息化部、科技部、公安部、农业部、国家体育总局、国家能源局和中国民用航空局等八部门联合发布了《无人驾驶航空器系统标准体系建设指南(2017—2018 年版)》,从管理和技术两个角度提取共性抽象特征,构建无人机驾驶航空器系统管理架构和技术架构。将管理架构的分级分类纬度和应用纬度组成的平面依次映射到生命周期纬度的七个层级,形成研发、注册、鉴定、制造、流通、运行和报废等七类管理标准。

无人驾驶航空器系统管理构架如图 5-12 所示。

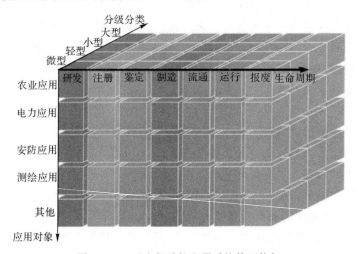

图 5-12 无人驾驶航空器系统管理构架

无人驾驶航空器系统技术构架如图 5-13 所示。

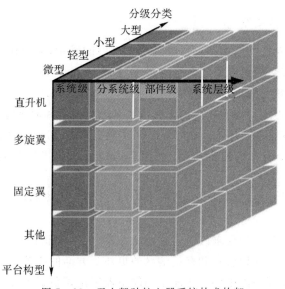

图 5-13 无人驾驶航空器系统技术构架

无人驾驶航空器系统标准体系结构图如图 5-14 所示。

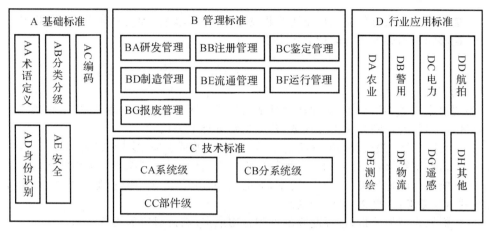

图 5-14 无人驾驶航空器系统标准体系结构

5.3.3 无人机违规飞行处罚

《民航公安行政处罚裁量基准》对无人机"黑飞"处罚进行了详细的法律指引,其主要处罚方式如下:

《中华人民共和国治安管理处罚法》第二十三条规定,有下列行为之一的,处警告或者二百元以下罚款;情节较重的,处五日以上十日以下拘留,可以并处五百元以下罚款:

(1)扰乱机关、团体、企业、事业单位秩序,致使工作、生产、营业、医疗、教学科研不能正常进行,尚未造成严重损失的;

(2)扰乱车站、港口、码头、机场、商场、公园、展览馆或者其他公共场所秩序的。

聚众实施前款行为的,对首要分子处十日以上十五日以下拘留,可以并处一千元以下罚款。

以下情形处五日以上十日以下拘留,可以并处五百元以下罚款:

(1)在民用机场范围内和机场净空保护区域内,违规飞行无人机的;

(2)在警卫活动现场进行违规飞行的;

(3)出现坠地事故,造成人员伤害、财产损失,扰乱单位秩序或者公共场所秩序的。

以下情形处十日以上十五日以下拘留,并处五十元以上一千元以下罚款:

(1)未按《民用无人机驾驶员管理规定》取得资质,从事无人机飞行活动的;

(2)大型活动期间,在民用机场范围内和机场净空保护区域内,违规飞行无人机的。

5.4 实验:无人机飞行环境调查

1. 实训目的

(1)能够综合分析飞行作业环境的安全程度;

(2)能够通过地图、法律法规等资料判断作业环境是否适合飞行;

(3)能够通过现场调查辨别影响飞行的地表设施。

2.实训内容及要求

(1)能够识别出飞行作业区域是否为机场禁飞区、军事禁飞区、限制飞行区等区域;

(2)能够识别出影响飞行的地表突出物。

3.实训步骤

(1)划定作业区范围;

(2)通过查找各类型地图、法律法规判断飞行作业区是否为机场禁飞区、军事禁飞区、限制飞行区等区域,若是则终止飞行任务,若不是则进行下一项;

(3)对飞行作业区进行现场勘察,记录影响飞行的地物或事项,形成记录表(见表5-5);

(4)丰富勘察结果,估计影响飞行地物的距离或高度,判断影响飞行事项的活动规律;

(5)影响飞行的地物参考:建筑、树木、输电线路、山丘、水域、路灯、通行基站、烟囱等,影响飞行的事项参考:人群集中区、交通线;

(6)根据调查结果分析,选择起降地点和备用地点,制订对应的飞行计划。

表5-5 飞行环境调查记录表(样表)

序 号	地物/事项	相对作业区距离/m	最大相对高度/m	活动规律	安全隐患
1	宿舍楼	作业区内	40	静止障碍物	碰撞、隐私
2	操场	作业区内	0	上课时间人群聚集	坠落致伤人
3	主干道	10	0	全天候车流往来	坠落致交通事故

作业范围:
是否禁飞区: 是否限飞区:
起降场选择:
天气:
影响飞行的地物及其活动规律:
观测员:
组员:

习 题 5

1.无人机航空危险天气的分类有哪些?

2.无人机空中管制分为哪两种?简要叙述。

3.简述民用无人机空中交通管理办法。

4.无人机飞行时,哪些种情况必须办理任务申请和审批手续?

5.简述申请隔离空域的时间和内容。

6.简述申请飞行计划的时间和内容。

7.简述无人机空中飞行的危险成因。

8.简述会被处罚的无人机违规行为。

第6章 无人机应用

6.1 无人机航拍

6.1.1 航拍摄影基础

无人机航拍摄影以无人驾驶飞机作为空中平台,以机载遥感设备(如高分辨率 CCD 数码照相机、轻型光学照相机、红外扫描仪、激扫描仪、磁测仪等)获取信息,用计算机对图像信息进行处理,并按照一定精度要求制作成图。全系统在设计和最优化组合方面具有突出的特点,是集成了高空拍摄、遥控遥测技术、视频影像微波传输和计算机影像信息处理的新型应用技术。

使用无人机进行小区域遥感航拍技术在实践中取得了明显的成效和经验。以无人机为空中遥感平台的微型航空遥感技术,适应国家经济和文化建设发展的需要,为中小城市特别是城镇县、乡等地区经济和文化建设提供有效的遥感技术服务手段。遥感航拍技术对我国经济的发展具有重要的促进作用。

1. 无人机航拍摄影的特点

无人机航拍影像具有高清晰度、大比例尺、小面积、高现势性的优点,特别适合获取带状地区航拍影像(公路、铁路、河流、水库、海岸线等)。同时,无人机还为航拍摄影提供了操作方便、易于转场的遥感平台。无人机的起飞降落受场地限制较小,在操场、公路或其他较开阔的地面均可起降,其稳定性、安全性好,转场等非常容易。多用途、多功能的影像系统是获取遥感信息的重要手段。

遥感航拍使用的摄影、摄像器材主要是经过改装的 120 照相机,其可拍摄黑白、彩色的负片及反转片,也可使用小型数字摄像机或视频无线传输技术进行彩色摄制。小型轻便、低噪节能、高效机动、影像清晰、轻型化、小型化、智能化是无人机航拍的突出特点。

2. 无人机航拍摄影注意事项

初学无人机航拍摄影需要注意以下问题:风力不能太大,不宜超过 3 级;飞行路线要避开飞机场附近和军事飞行路线;一定要找空的地方,以保持 GPS 信号的稳定。航拍无人机是通过 GPS 卫星定位来操作飞行的,在飞行之前必须确保 GPS 连接成功,连接不成功的一定不能飞行。此外,飞行途中若 GPS 失效,很容易"飘走"或出现撞墙、撞树等其他意外情况。

当飞行途中发现 GPS 失效时，可以在操作杆上进行"关控"处理，航拍无人机会自动返航。一般情况下，不建议轻易使用该操作。一旦原路返程，路线上若遇电线杆，两者就会相撞。除非可以提前预见返程的后果，否则必须谨慎使用该操作。

初学者如何学习控制无人机航拍摄影？对于初学者来说，一定要抓住与经验丰富的教练一起飞行的机会，亲自尝试，消除初次飞行的紧张心理。很多时候，一些初学者从理论学习转到实际飞行时，起飞、降落都很稳，很快就可以学会飞行，但这并不意味着可以熟练掌控无人机进行航拍摄影。初学者需要注意，无人机在空中做左右、前进等基本动作时，飞手的目光应该一直对着飞机的尾部来操控，否则会迷失方向。因为无人机在空中是可以转圈的，操作杆的方向与无人机的飞方向不总是保持一致的，有可能让它往左，它却往右，因此一旦无人机发生转向或越轴，操作杆便与方向相反。

此外，"小精灵"航拍无人机的高度可达四五百米，但在实际操作中，一般不需要飞这么高，将高度控制在 200 m 之下即可。换言之，可以将无人机操控在一个半球体内，半径为 200 m。航拍的照相机镜头以广角为主。

3. 无人机航拍摄影安全基本要求

无人机航拍安全作业体现在无人机的飞行高度和总航程、实地信息采集、起降场地坐标和场地选择几个方面。

(1)飞行高度和总航程。

1)设计飞行高度应高于摄像区和航路上最高点 100 m 以上。

2)设计航线总航程应小于无人机能到达的最远航程。

(2)实地信息采集。工作人员需对摄像区周围进行实地勘查，采地形地貌、地表植被，以及周边的机场、重要设施、城镇布局、道路交通、人口密度等信息，为起降场地的选取、航线规划和应急预案制定等提供资料。

(3)起降场地坐标。实地踏勘时，应携带手持或车载 GPS 设备记录起降场地和重要目标的坐标位置，结合已有的地图或影像资料中起降场地的高程，确定相对于起降场地的航摄飞行高度。

(4)场地选择。

1)常规航摄作业。根据无人机的起降方式，寻找并选取适合的起降场地。对于非应急性质的航摄作业，起降场地应满足以下要求：

A.距离军用、商用机场需在 10 km 以上；

B.起降场地相对平坦、通视良好；

C.远离人口密集区，半径 200 m 范围内不能有高压线、高大建筑物等重要设施；

D.起降场地地面应无明显凸起的岩石块、土、树桩，也无水塘、大沟渠等；

E.附近应无正在使用的雷达站、微波中继无线通信等干扰源，在不能确定的情况下，应测试信号的频率和强度，如对系统设备有干扰，须改变起降场地；

F.无人机采用滑跑起飞、滑行降落的，滑跑路面条件应满足其性能指标要求。

2)应急航摄作业。对于灾害调查与监测等应急性质的航摄作业，在保证行安全的前提下，起降场地要求可适当放宽。

4. 无人机航拍摄影前的安全检查

（1）检查外观在以往的使用及运输过程当中是否有损坏。

（2）检查无人机、螺旋桨、遥控器是否完整。

（3）要确保移动设备、无人机智能电池和控器电池的电量充足。

（4）在上电检测前，将无人机上一些不必要的安全防护配件拆除。

（5）开始上电检测，开启遥控器的电源（先短按一次，再长按一次电源键即可）。

（6）将移动设备固定至移动支架上，并连接好数据线。

（7）开启无人机的电源（先短按一次，再长按一次电源键即可）。

（8）打开手机软件，进入照相机界面。

（9）启动电动机和停止电动机测试。

（10）在关闭所有设备电源后，安装螺旋桨（在对应的位置上安装）。

（11）起飞前进行机器调试，这一点非常重要，因为一旦上天，失误就无法弥补，无人机存在不可控的风险。机器调试包括查看相机的白平衡、快门、光圈等基本参数设置是否合理，电池、内存卡是否装好。无人机飞前最好提前备案并购买保险，超距商业航拍最好根据当地政策提前进行拍摄备案，并购买相应的商业保险。

（12）切记避开干扰源。航拍时，避开树、高压线及通信基站等干扰，监看航拍画面的同时关注飞机姿态，要通过 OSD 叠加数据来判断飞行高度、速度、姿态等信息，确保飞行安全。为了避免电磁干扰，确保安全，建议读者学会用姿态模式或者手动模式飞行。

6.1.2　无人机航拍摄影技巧

无人机航拍是当下很流行的话题，航拍需要有一定的拍摄技巧。对于新手来说，航拍最大的问题是没有规划，与后期剪辑制作不对应。本节介绍无人机航拍摄影技巧。

1. 航拍前期规划

（1）选择航拍时机。航拍展示的是景物不常见的另一面，它除给人以新奇的感觉外，还能让人体会到一种胸襟宏大、气吞万里的气势。然而，这种宏大的气势因时间、季节的不同有很大的差别。一般来说，一天中，早中晚的景色是不同的，因而落实到摄像机的色温也不一样；同样的地方，因一年四季温度的不同会呈现出不同的景色，这是在航拍时必须首先把握的。要根据不同的航拍任务和拍摄类型选择不同的拍摄时间。例如，除拍摄冰天雪地的雪景外，一般在九、十月份拍摄为最佳。这是因为九、十月份秋高气爽，天高云淡，视野开阔，景物清晰，此时是航拍的最佳时机。

（2）规划航拍路线。拍摄之前，应根据脚本制订周密的拍摄方案。对地面拍摄范围内的所有景物进行整体观察和综合分析，找出最能代表某地形象、气质和品格的景物，并对要表现的景物通过感官的提炼，使它更形象化。同时，根据拍摄连续性的特点，确定航拍线路、方位、高度和频次等，形成连贯的结构方案。空中拍摄时，要选好航拍切入点，从什么地方起飞，到什么位置，用什么角度拍摄最具代表性的景物，都要事先计划好。

（3）选择航拍器材。应根据不同的拍摄任务选择合适的无人机。记录性拍摄任务，如婚礼、庆典、小型活动等，特别是在既有室外又有室内的拍摄环境下，可以选择消费级航拍无人机;竞技比赛类航拍宜选用专业四旋翼无人机;大型活动和影视剧航拍最好选用专业的六旋翼或者多旋翼无人机,可以携带专业航拍器材,拍摄满足影视剧图像质量的素材。根据不同的画面要求,选用合适的照相机和镜头;根据镜头口,准备好常用的 ND 镜;给照相机电池充电并准备好备用电池存储卡等;确定视频拍摄制式(一般选用 PA 制)、ISO(感光度)、光圈值等;所有系统软件升级到最新版本;测试图像传输和各项操作功能。

2.航拍构图

从本质上看,航拍构图和地面拍摄构图其实没有区别,只是完成操作的方式不一样。摄影是一种交流和表达,构图是它的表达方式。好的构图能够更好地表达想法,它能够消除随机性,有计划地安排观看者的视线。构图技巧呈现了不同的表达方式,在航拍中,构图的本质不变,地面拍摄的构图技巧依然有效。

构图手法主要有九宫格构图、三分法构图、二分法构图、向心式构图、对称式构图、S 形构图、平行线构图、星罗式构图、消失点图和 V 形构图等。

3.航拍手法与技巧

(1)远角平飞、俯首向前、镜头垂直向前。
(2)向前拉高、拉高低头、直线横移、横移拉高。
(3)横移＋拉高＋向前、横移＋拉高＋后退。
(4)向前＋拉高＋转身＋横移、目标环绕、向前＋环绕。
(5)飞越回头、侧身向前、侧身向前＋转身＋侧身后退。
(6)俯首向后、由近及远、盘旋拉升。

6.2 摄影测量

6.2.1 摄影测量基础

1.摄影测量学的基本概念

摄影测量指的是通过影像研究信息的获取、处理、提取和成果表达的一门信息科学,摄影测量学是对光学摄影或数码照相机获取的相片进行处理以获取被摄物体的形状、大小、位置特性及其相互关系的一门学科。

2.摄影测量学的基本任务

摄影测量学是测绘学的分支学科,它的主任务是测绘各种比例尺的地形图,建立数字地面模型,为各种地理信息系统和土地信息系统提供基础数据。

摄影测量学要解决的两大问题是几何定位和影像解译。几何定位就是确定被摄物体的大小、形状和空间位置。几何定位的基本原理源于测量学的前方交汇方法,它是根据两个已知的摄影站点和两条已知的摄影方向线,确定出构成这两条摄影光线的待定地面点的三维坐标。影像解译就是确定影像对应地物的性质。

3. 摄影测量的特点

(1)通过对影像进行量测和解译,无须接触物体本身,很少受气候、地理等条件的限制。

(2)所摄影像是客观物体或目标的真实反映,信息丰富、形象直观,可以从中获得所研究物体的大量几何信息和物理信息;可以拍摄动态物体的瞬间影像,完成常规方法难以实现的测量工作。

(3)摄影测量适用于大范围地形测绘,成图快,效率高。

(4)摄影测量产品形式多样,可以生产纸质地形图、数字线划地图(Digital Line Graphic,DLG)、数字高程模型(Digital Elevation Model,DEM)、数字正射影像图(Digital Orthophoto Map,DOM)和实景三维模型等。

4. 摄影测量的分类

根据不同的标准,可以将摄影测量分为以下几类。

(1)根据摄影时摄影机所处位置不同,摄影测量可分为地面摄影测量、航空摄影测量、航天摄影测量和显微摄影测量。其中航空摄影测量根据照相机数量和安装方式的不同,可分为正直航空摄影测量和倾斜航空摄影测量;按飞行高度的不同,可分为一般航空摄影测量,和低空航空摄影测量。无人机航空摄影测量属于低空航空摄影测量。

(2)根据应用领域不同,摄影测量可分为地形摄影测量与非地形摄影测量两大类。

(3)根据技术处理手段不同(或历史发展阶段不同),摄影测量可分为模拟摄影测量、解析摄影测量和数字摄影测量,现阶段摄影测量全部采用的是数字摄影测量。

6.2.2 无人机摄影测量的优势

无人机摄影测量以无人机作为飞行平台,配备高分辨率数码照相机作为传感器,在系统中集成应用 GNSS、IMU 和 GIS 等技术,可以快速获取一定区域的真彩色、高分辨率、大比例尺和现势性强的地表航空遥感数字影像数据,经过摄影测量数据处理后,能够提供指定区域的数字高程模型、数字正射影像图、数字线划地形图和数字栅格地图(Digital Raster Graphic,DRG)等 4D 测绘成果或者立体地面实景三维模型。这是航天卫星遥感与普通航空摄影在测绘领域中不可缺少的补充手段。目前,无人机摄影测量技术发展日趋成熟,应用越来越广泛。

与航天卫星遥感和普通航空摄影测量相比,无人机摄影测量主要有以下优势:

(1)机动灵活性和安全性更高。无人机具有灵活机动的特点,受空中管制和气候的影响较小,能够在恶劣环境下直接获取遥感影像。即使设备出现故障,也不会出现人员伤亡,具有较高的安全性。

(2)低空作业,获取的影像分辨率更高。无人机可以在云下超低空飞行,弥补了航天卫星遥感和普通航空摄影经常受云层遮挡获取不到影像的缺陷,可获取比航天卫星感知和普通航空摄影更高分辨率的影像。同时,低空多角度摄影可以获取建筑物多面高分辨率的纹理影像,弥补了航天卫星遥感和普通航空摄影获取城市建筑物时遇到的高层建筑遮挡缺陷。

(3)成果精度较高。无人机航空摄影测量可达到 1:1 000 的测图精度。无人机为低空飞行器,飞行作业高度在 50~1 000 m,航空摄影影像数据地面分辨率可达 5 cm 以上,摄影测量 4D 成果的平面和高程精度可达到亚分米级,可生产符合规范精度要求的 1:1 000 数字地形图,能够满足城市建设精细测绘的需要。

(4)成本相对较低且操作简单。无人机低空航摄系统使用成本低,耗费低,对操作员的培养周期相对较短,系统的保养和维修方便,可以无需机场起降。当前唯一将航空摄影和测量集于一体的航空摄影测量作业方式是测绘单位实现按需开展航摄飞行作业的理想生产模式。

(5)周期短且效率高,面积较小($10\sim100$ km²)的大比例尺地形测量任务受天气和空域管理的限制较多,大飞机普通航空摄影测量成本高,采用全野外数据采集方法成图工作量大,成本高;而采用无人机航空摄影量技术,利用其机动、快速和经济等优势,在阴天和轻雾天也能获取合格的影像,从而减轻劳动强度。

6.3　遥　感　测　绘

6.3.1　测绘基础

1.测绘学的概念

测绘学是以地球为研究对象,对其进行测量和描绘的科学,可以将测绘理解为利用测量仪器测定地球表面自然形态的地理要素和地面人工设施的形状、大小、空间位置及其属性等,然后根据观测到的这些数据,通过地图制图的方法将地面的自然形态和人工设施等绘制成地图,通过图的形式建立并反映地球表面实地和地形图的相互对应关系这一系列的工作。在测绘范围较小区域,可不考虑地球曲率的影响;而将地面当成平面且测量范围是大区域时,如一个地区、一个国家甚至全球,由于地球表面不是平面,测绘工作和测绘学所要研究的问题就不像前面那样简单,而是变得复杂得多。此时,测绘学不仅研究地球表面的自然形态和人工设施的信息的获取和表述问题,还要把地球作为一个整体,研究获取和表述其几何信息之外的物理信息,如地球重力场的信息及这些信息随时间的变化。随着科学技术的发展和社会的进步,测绘学的研究对象不仅是地球,其研究范围已扩大到地球外层空间的各种自然和人造实体。因此,测绘学基本概念的完整表述是研究对实体(包括地球整体、外表及外层间各种自然和人造实体)中与地理空间分布有关的各种几何、物理、人文及其随时间变化的信息的采集、处理、管理、更新和利用的科学与技术。就地球而言,测绘学研究测定和计算地面及其外层空间点的几何位置,确定地球形状和地球重力场,获取地球表面自然形态和人工设施的几何分布及与其属性有关的信息,编制全球或局部地区的各种比例尺的普通图和专题地图,建立各种地理信息系统,为国民经济发展和国防建设及地球科学研究服务。因此,测绘学主要研究地球多种时空关系的地理空间信息,与地球科学研究关系密切,可以说测绘学是地球科学的一个分支学科。

2.测绘学研究的主要内容

测绘学的研究内容很多,涉及许多方面。现就测绘地球来阐述其主要内容。

(1)根据研究和测定得到的地球形状、大小及其重力场成果,建立一个统一的地球坐标系统,用以表示地球表面及其外部空间任一点在这个地球坐标系中准确的几何位置。由于地球的外形近似于一个椭球(称为地球),所以地面上任一点的几何位置均可用该点在地球椭球面上的经纬度和高程表示。

(2)根据已知大量的地面点的坐标和高程进行地表形态的测绘工作:包括地表的各种自然形态,如水系、地貌、土壤和植被的分布;也包括人类社会活动所产生的各种人工形态,如居民地、交通线和各种建筑物等。

(3)采用各种测量仪器和测量方法获得自然界和人类社会现象的空间分布、相互联系及其动态变化信息,并按照地图制图的方法和技术进行反映和展示出来的数据集即为地绘。对于小面积的地表形态测绘,可以利用普通测量仪器,通过平面测量和高程测量的方法直接测绘各种地图;对于大面积的地表形态测绘,先用传感器获取区域地表形态和人工空间分布的影像信息,再根据摄影测量理论和方法间接测绘各种地图。

(4)各种工程建设和国防建设的规划、设计、施工和建筑物建成后的运营管理中都需要进行相应的测绘工作,并利用测绘资料指引工程建设的实施,监视建筑物的形变。这些测绘往往要根据具体工程的要求,采取专门的测量方法。对于一些特殊的工程,还需要特定的高精度测量或使用特种测量仪器完成相应的测量任务。

(5)在海洋环境(包括江河湖泊)中进行测绘工作与陆地测绘有很大的区别,主要区别是内容综合性强,需多种仪器配合施测,同时完成多种观测项目,测区条件比较复杂,海面受潮汐、气象因素等影响起伏不定,大多数为动态作业,观测者不能用肉眼透视水域底部,精确测量难度较大。因此,要研究海洋水域的特殊测量方法和仪器设备,如无线电导航系统、电磁波仪器水声定位系统、卫星组合导航系统、惯性组合导航系统及天文方法等。

(6)测量仪器构造上的不可避免的缺陷、观测者的技术水平和感觉器官的局限性及自然环境的各种因素,如气温、气压、风力、透明度和大气折光等变化,都会对测量工作产生影响,给观测结果带来误差。虽然随着测绘科技的发展,测量仪器可以制造得越来越精密,甚至可以实现自动化或智能化;观测者技术水平可以不断提高,能够非常熟练地进行观测,但也只能减小观测误差,将误差制在一定范围内,而不能完全消除它们。因此,在测量工作中必须研究和处理这些带有误差的观测值,设法消除或削弱其误差,以便提高被观测量的质量,这就是测绘学中的测量数据处理和平差问题。它是依据一定的数学准则,如最小二乘法准则,由一系列带有观测误差的测量数据求未知量的最佳估值及其精度的理论和方法。

(7)将承载各种信息的地图图形进行地图设计、综合、编制、整饰和制印,或者增加某些专门要素,形成各种比例尺的普通地图和专题地图。因此,传统地图学就是研究地图制作的理论、技术和工艺。

(8)测绘学的研究和工作成果最终要服务于国民经济建设、国防建设及科学研究,因此要研究测绘学在社会经济发展的各个相关领域中的应用。

3. 测绘学的作用

(1)测绘学在科学研究中的作用。地球是人类和社会赖以生存和发展的唯一星球。经过古往今来人类的活动和自然变迁,如今的地球正变得越来越躁动不安,人类正面临一系列全球性或区域性的重大难题和挑战,测绘学在探索地球的奥秘和规律、深入认识和研究地球的各种问题中发挥着重要作用。现代测量技术已经或将要实现无人工干预自动连续观测和数据处理,可以提供几乎任意时域分辨率的观测系列,具有检测瞬时地学事件(如地壳运动、重力场的时空变化、地球的潮汐自转变化等)的能力。这些观测成果可以用于地球内部物质结构和演化的研究,尤其是地质测量观测结果,其在解决地球物理问题中可以起着某种佐证作用。

(2)测绘学在国民经济建设中的作用。测绘学在国民经济建设中具有广泛作用。在经济发展规划、土地资源调查和利用海洋开发农林牧渔业的发展、生态环境保护及各种工程、矿山和城市建设等各个方面都必须进行相应的测量工作,编制各种地图和建立相应的地理信息系统,以供规划、设计、施工管理和决策使用。例如,在城市化进程中,城市规划、乡镇建设和交通管理等都需要城市测绘数据、高分辨率卫星影像、三维景观模型、智能交通系统和城市地理信息系统等测绘高新技术的支持。在水利、交通、能源和通信设施的大规模、高难度工程建设中,不但需要精确测得大量现势性强的测绘资料,而且需要在工程全过程中采用地理信息数据进行辅助决策。丰富的地理信息是国民经济和社会信息化的重要基础,传统产业的改造优化升级与企业产经营,发展精细农业,构建"数字中国"和"数字城市",发展现代物流配送系统和电商务,实现金融、财税和贸易信息化等,都需要以测绘数据为基础的地理空间信息平台。

(3)测绘学在国防建设中的作用。在现代化战争中,武器的定位、发射和精确制导需要高精度的定位数据、高分辨率的地球重力场数据、数字地面模型和数字正射影像。以地理空间信息为基础的战场指挥系统可持续、实时地提供虚拟数字化战场环境信息,为作战方案的优化、战场指挥和战场态势评估实现自动化、系统化和信息化提供测绘数据和基础地理信息保障。测绘信息可以提高战场上的精确打击力,夺得战争胜利或主动权。公安部门合理部署警力,有效预防和打击犯罪需要电子地图、GPS和地理信息系统的技术支持。测绘空间数据库和多媒体地理信息系不仅在实际疆界划定工作中起着基础信息的作用,还对边界谈判、缉私禁毒、边防建设、边界线管理等均有重要的作用。尤其是测绘信息中的许多内容涉及国家主权和利益,绝不可丧失其严肃性和严密性。

(4)测绘学在国民经济建设和社会发展中的作用。国民经济建设和社会发展的大多数活动是在广袤的地域空间进行的。政府部门或职能机构既要及时了解自然和社会经济要素的分布特征与资源环境条件,又要进行空间规划布局,还要掌握空间发展状态和政策的空间效应。但由于现代经济和社会的快速发展与自然关系的复杂性,人们解决现代经济和社会问题的难度随之增加。因此,为实现政府管理和决策的科学化、民主化,要求提供广泛通用的地理空间信息平台,而测绘数据是其基础。在此基础上,将大量经济和社会信息加载到这个平台上,形成符合真实世界的空间分布形式,从而建立空间决策系统,进行空间分析和管理决策,以及实施电子政务。当今人类正面临环境日趋恶化、自然灾害频繁、不可再生能源和矿产资源枯竭、医疗匮乏及人口膨胀等社会问题,社会经济速发展和自然环境之间产生了巨大矛盾。要解决这些矛盾,维持社会的可持续发展,必须了解地球的各种现象及其变化和相互关系,采取必要措施来约束和规范人类自身的活动,减少或防范全球变化向不利于人类社会的方面演变,指导人类合理利用和开发资源,有效地保护和改善环境,积极防治和抵御各种自然灾害,不断改善人类生存和生活环境质量。在防灾减灾、资源开发和利用、生态建设与环境保护等影响社会可持续发展方面,各种测绘和地理息可用于规划方案的制定,灾害、环境监测系统的建立,风险的分析,资源、环境调查与评估可视化的显示及决策指挥等。

4. 测绘学的分类

随着测绘科学技术的发展和时间的推移,测绘的学科分类多种多样。按照传统的分类方法,测绘学可分为以下几类。

(1)大地测量学。大地测量学是一门量测和描绘地球表面的学科,测绘学的一个分支。该学科主要是研究和测定地球形状、大小、地球重力场、整体与局部运动和地表面点的几何位置及其变化的理论和技术。在大地测量学中,测定地球的大小是指测定地球椭球的大小,研究地球形状是指研究大地水准面的形状(地球椭球的扁率),测定地面点几何位置是指测定以地球椭球面为参考面的地面点位置。将地面点沿椭球法线方向投影到地球椭球面上,用投影点在椭球面上的大地经纬度表示该点的水平位置,用地面至地球椭球面上投影点的法线距离表示该点的大地高程。在一般应用领域,如水利工程,还需要以平均海水面(大地水准面)作为起算面的高度,即通常所称的海拔。

大地测量学的基本内容如下:

1)根据地球表面和外部空间的观测数据,确定地球形状和重力场,建立统一的大地测量坐标系。

2)测定并描述地壳运动、地极移动和潮汐变化等地球动力学现象。

3)建立国家大地水平控制网、精密水准和海洋大地控制网,满足国家经济、国防建设的需要。

4)研究大规模、高精度和多类别的地面网、空间网和联合网的观测技术和数据处理理论与方法。

5)研究解决地球表面的投影变形及其他大地测量中的计算问题。

大地测量系统规定了大地测量的起算基准尺度标准及其实现方式。由固定在地面上的点所构成的大地网或其他实体,按相应大地测量系统的规定模式构建大地测量参考框架,大地测量参考框架是大地测量系统的具体应用形式。大地测量系统包括坐标系统、高程系统、深度基准和重力参考系统。

(2)摄影测量学。摄影测量学是研究利用摄影或遥感的手段获取标物的影像数据,从中提取几何的或物理的信息,并用图形、图像和数字形式表达测绘成果的学科。它的主要研究内容有获取目标物体的影像,并对影像进行量测和处理,将所测得的成果用图形、图像或数字表示。摄影测量学包括航空摄影、航天摄影、航空航天摄影测量和地面摄影测量等。航空摄影是在飞机或其他飞行器上利用摄像机摄取地面景物影像的技术。航天摄影是在航天飞行器(卫星、航天飞机、宇宙飞船)中利用摄影机或其他遥感探测器(传感器)获取地球的图像资料和有关数据的技术,是航空摄影的拓展。航空航天摄影测量是根据在航空或航天器上对地摄取的影像获取测绘地形图。地面摄影测量是利用安置在地面上基线两端点处的专用摄像机拍摄立体像对,对所摄目标物体进行测绘的技术,因此又称为近景摄影测量。

(3)地图制图学。地图制图学是研究地图(包括模拟地图和数字地图)及其编制和应用的学科,主要研究内容包括:地图设计,即通过研究、实验,制定新编地图内容、表现形式及其生产工艺序;地图投影,它是研究依据一定的数学原理将地球椭球面的经纬线网描绘在地图平面相应的经纬线网的理论和方法;地图编制,即研究制作地图的一种理论和技术,主要包括制图资料的分析和处理、地原图的编绘,以及图例、表示方法、色彩图形和制印方案等编图过程的设计;地图应用,即研究地图分析、地图评价、地图阅读、地图量算和图上作业等。

随着计算机技术的引入,出现了计算机地图制图技术。它是根据地图制图原理和地图编辑过程的要求,利用计算机输入/输出等设备通过数据库技术和图形数字处理方法,实现地图数据的获取、处理、显示、存储和输出,此时地图是以数字形式存储在计算机中的,故称为数字地图。有了数字地图,就能生成在屏幕上显示的电子地图。计算机地图制图的实现,改变了地图的传统生产方式,节约了人力,缩短了成图周期,提高了生产效率和地图制作质量,使得手工地图渐渐被数字化地图所取代。

(4)工程测量学。工程测量学主要研究在工程建设和自然资源开发各个阶段进行测量工作的理论和技术,包括地形图测绘及与工程有关的信息的采集和处理、施工放样及设备安装、变形监测分析和预报等,以及对与测量和工程有关的信息进行管理和使用。它是测绘学在国民经济建设和国防建设中的直接应用,包括规划设计阶段的测量、施工建设阶段的测量和运行管理阶段的测量。每个阶段测量工作的内容、重点和要求各不相同。

工程测量学的研究应用领域既有相对的稳定性,又是不断变化的。总的来说,它主要包括以工程建筑为对象的工程测量和以机器、设备为对象的工业测量两大部分。在技术方法上可分为普通工程测量和精密工程测量。工程测量学的主要任务是为各种工程建设提供测量保障,满足工程所提出的各种要求。精密工程测量代表着工程测量学的发展方向。

5.测绘基准、测绘系统和测量标志

(1)测绘基准。测绘基准指的是一个国家整个测绘的起算依据和各种测绘系统的基础,测绘基准包括所选用的各种大地测量参数、统一的起算面、起算基准点、起算方位及有关的地点、设施和名称等,测绘基准主要包括大地基准、高程基准、深度基准和重力基准。

1)大地基准。大地基准是建立大地坐标系统和测量空间点点位的大地坐标的基本依据,我国目前大多数地区采用的大地基准是1980西安坐标系。其大地测量常数采用国际大地测量学与地球物理学联合会第16届大会(1975年)推荐值,大地原点在陕西省泾阳县水乐镇,2008年7月1日,经国务院批准,我国正式开始启用CGCS2000国家大地坐标系,CGCS2000国家大地坐标系是全球大地坐标系在我国的具体体现。

2)高程基准。高程基准是建立高程坐标系和测量空间点高程的基本依据。我国目前采用的高程基准为1985年国家高程基准。

3)深度基准。深度基准是海洋深度测量和海图图载水深的基本依据。我国目前采用的深度基准因海区不同而有所不同。中国海区从1956年采用理论最低潮面(即理论深度基准面)作为深度基准,内河、湖泊采用最低水位、平均低水位或设计水位作为深度基准。

4)重力基准。重力基准是建立重力测量系统和测量空间点的重力值的基本依据。我国先后使用了57重力测量系统、85重力测量系统和2000重力测量系统。我国目前采用的重力基准为2000国家重力基准。

测绘基准的主要特征如下:

1)科学性。任何测绘基准都是依靠严密的学理论、科学手段和科学方法经过严密的演算和施测建立起来的,其形成的数学基础和物理结构都需符合科学理论和方法的要求。因此,测绘基准具有科学性的特点。

2)统一性。为保证测绘成果的科学性、系统性和可靠性,满足科学研究、经济建设和国防建设的需要,一个国家和地区的测绘基准必须是严格统一的。测绘基准不统一,不仅使测绘成果不具有可比性和衔接性,也会给国家安全、城市建设及社会管理带来不良后果。

3)法定性。测绘基准由国家最高行政机关国务院批准,测绘基准数据由国务院测绘行政主管部门负责审核,测绘基准的设立必须符合国家的相关规范和要求,使用的测绘基准由国家法律规定,从而使测绘基准具有法定性的特征。

4)稳定性。测绘基准是一切测绘活动的测绘成果的基础和依据,测绘基准一经建立,便具有相对的稳定性,在一定时期内不能轻易改变。

(2)测绘系统。

1)测绘系统的概念。测绘系统是指由测绘基准延伸,在一定范围内布设的各种测量控制网。测绘系统是各类测绘成果的依据,包括大地坐标系统、平面坐标系统、高程系统、地心坐标系统和重力测量系统。

A.大地坐标系统。大地坐标系统是用来表述地球上点的位置的一种地球坐标系统,它采用一个接近地球整体形状的椭球作为描述和推算地面点的位置及其相互关系的数学基础,大地坐标系统的 3 个坐标是大地经度、大地纬度和大地高。我国先后采用的大地坐标系有 1954 北京坐标系、1980 西安坐标系和 CGCS2000 国家大地坐标系。

B.平面坐标系统。平面坐标系统是指确定地点的平面位置所采用的一种坐标系统。大地坐标系统是建立在椭球面上的,而地图绘制的坐标则是平面上的,因此,必须通过地图投影把椭球面上的点的大地坐标科学地转换成展绘在平面上的平面坐标。平面坐标用平面上两轴相交成直角的纵、横坐标表示。我国陆地的平面坐标系统采用"高斯-克吕格平面直角坐标系"。它是利用高斯-克吕格投影将不平展的地球椭球面转换成平面而建立的一种平面直角坐标系。

C.高程系统。高程系统是用以计算全国高程测量控制网中各点高程所采用的统一系统。我国规定采用的高程系统是正常高系统,我国在不同时期采用的法定高程系统主要包括 1956 黄海高程系和 1988 年国家高程基准。

D.地心坐标系统。地心坐标系统是坐标原点与地球质心重合的大地坐标系统或空间直角坐标系统。我国目前采用的 CGCS2000 国家大地坐标系是全球地心坐标系,其原点为包括海洋和大气的整个地球的质量中心。国家测绘局在 2008 年发布的 2 号公告中指出,CGCS2000 国家大地坐标系与现行国家大地坐标系转换衔接的过渡期为 8～10 年,现有各类测绘成果在过渡期内可沿用现行国家大地坐标系,2008 年 7 月 1 日后新生产的各类测绘成果应采用 CGCS2000 国家大地坐标系。

E.重力测量系统。重力测量系统是重力测量施测与计算所依据的重力测量基准和计算重力异常所采用的正常重力公式的总称。我国在不同时期采用的重力测量系统包括 57 重力测量系统、85 重力测量系统和 2000 重力测量系统。

2)测绘系统管理。我国的《中华人民共和国测绘法》(以下简称《测绘法》)对测绘系统进

行了明确的规定,并确立了严格的测绘法律责任。测绘系统管理的基本法律规定如下:

A. 从事测绘活动要使用国家规定的测绘系统。

B. 国家建立全国统一的大地坐标系统、平面坐标系统、高程系统、地心坐标系统和重力测量系统,确定国家大地测量等级和精度。《测绘法》第九条对国家建立统一的测绘系统进行了规定,并明确测绘系统的具体规范要由国务院测绘行政主管部门会同国务院其他有关部门、军队测绘主管部门制定。

C. 采用国际坐标系统和建立相对独立的平面坐标系统要依法经过批准。《测绘法》明确规定采用国际坐标系统,在不妨碍国家安全的前提下,必须经国务院测绘行政主管部门会同军队测绘主管部门批准。因建设、城市规划和科学研究的需要,大城市和国家重大工程项目确需建立相对独立的平面坐标系统的,由国务院测绘行政主管部门批准;其他确需建立相对独立的平面坐标系统的,由省、自治区、直辖市人民政府测绘行政主管部门批准。

D. 未经批准擅自采用国际坐标系统和建立相对独立的平面坐标系统的,应当承担相应的法律责任。

(3)测量标志。测量标志是国家重要的基础设施,是国家经济建设、国防建设、科学研究和社会发展的重要基础。长期以来,我国在陆地和海洋边界内布设了大量的用于标定测量控制点空间地理位置的永久性测量标志,包括各等级的三角、基线点、导线点、军用控制点、重力点、天文点、水准点和卫星定位点的木质规标和标石标志、GPS卫星地面跟踪站及海底大地点设施等,这些标志在我国各个时期的国民经济建设和国防建设中都发挥了巨大的作用,是我国十分宝贵的财富。

测量标志是指在地面上标定测量控制位置的标石、规标及其他标记的总称。标石是指埋设于地下一定深度,用于测量和标定不同类型控制点的地理坐标、高程、重力、方位和长度等要素的固定标志;规标是指建在地面上或者建筑物顶部的测量专用标架,是观测照准目标和提升仪器高度的基础设施。根据使用用途和时间期限,测量标志可分为永久性测量标志和临时性测量标志两种。

1)永久性测量标志。永久性测量标志是指有固定标志物以供测量标志使用单位长期使用的需要永久保存的测量标志,包括国家各等级的三角点、基线点、导线点、军用控制点、重力点、天文点、水准点和卫星定位点的木质规标、钢质规标和标石标志,以及用于地形测图、工程测量和形变测量等的固定标志和海底大地点设施等。

2)临时性测量标志。临时性测量标志是指测绘单位在测量过程中临时设立和使用的,不需要长期保存的标志和标记。例如,测站点的木桩、活动规标、测旗、测杆、航空摄影的地面标志及描绘在地面或者建筑物上的标志等都属于临时性测量标志。

6. 我国常用的坐标系统

1954年以前,我国曾建立过南京坐标系、余山坐标系、长春坐标系,但未全部开展大地测量工作,也没有得到广泛应用。后来,我国大地测量工作进入了全面发展时期,在全国范围内开展了正规的、全面的大地测量工作。目前,我国常用的坐标系统有1954北京坐标系、1980西安坐标系、新1954北京坐标系、WGS-84世界大地坐标系与CGCS2000国家大地坐标系,其中前面三种坐标系为参心坐标系,后面两种则为地心坐标系。

(1)1954 北京坐标系。中华人民共和国成立后,将我国一等三角锁、苏联远东一等三角锁相连接,然后以连接处呼玛、吉拉宁和东宁 3 个基线网扩大边点的苏联 1942 普尔柯夫坐标系的坐标为起算数据,局部平差我国东北及东部地区一等三角锁,随后扩展、加密而遍及全国。这样传算过来的坐标系定名为 1954 北京坐标系,随即根据该坐标系建成了全国天文大地网。1954 北京坐标系诞生后,逐步推向全国,成为国家大地坐标系。

1954 北京坐标系为参心坐标系,大地上的一点可用经度 L、纬度 B 和大地高 H 定位。它是以克拉索夫斯基椭球为基础,经局部平差后产生的坐标系。1954 北京坐标系可以认为是苏联 1942 普尔柯夫坐标系的延伸,但也不能完全说就是该系统。因为高程异常是以苏联 1955 大地水准面重新平差的结果为起算值,按我国天文水准路线推算出来的,而高程又是以 1956 年青岛验潮站的黄海平均海水面为基准的。

因此,1954 北京坐标系的特点可归纳为以下几点:

1)属于参心坐标系。

2)采用克拉索夫斯基椭球的两个几何参数。

3)大地原点在苏联的普尔柯夫。

4)采用多点定位法进行椭球定位。

5)高程基准为 1956 年青岛验潮站求出的黄海平均海水面。

6)高程异常以苏联 1955 大地水准面重新平差结果为起算数据,按我国天文水准路线推算出来的。

(2)1980 西安坐标系。1980 西安坐标系是为进行全国天文大地网整体平差而建立的。根据椭球定位的基本原理,在建立 1980 西安坐标系时有以下先决条件:

1)大地原点在我国中部,具体地点是陕西省泾阳县水乐镇。

2)1980 西安坐标系是参心坐标系,椭球短轴 z 轴平行于地球质心指向地极原点方向,大地起始子午面平行于格林尼治平均天文台子午面;x 轴在大地起始子午面内与 z 轴直指向经度 0 方向;y 轴与 z、x 轴成右手坐标系。

3)椭球参数采用国际大量和地球物理学联合会(International Union of Geodesy and Geophysics,IUGG)1975 年大会推荐的参数,因而可得 1980 西安坐标系椭球几个常用的几何参数如下:

长半轴 $a = 6\ 378\ 140 \pm 5(\text{m})$

短半轴 $b = 6\ 356\ 755.288\ 2(\text{m})$

扁率 $a = 1/298.257$

1980 西安坐标系具有以下特点:

1)采用严密平差,大地点的精度大大提高,最大点位误差在 1 m 以内,边长相对误差约为 1/20 万。

2)在全国范围内,参考椭球面和大地水准符合很好,高程异常为零的两条等值线穿过我国东部和西部,大部分地区高程异常值在 20 m 以内,它对距离的影响小于 1/30 万。

3)平差后提供的大地点成果与原 1954 北京坐标系的成果不同。产生差异的原因主要有两点:一是使用不同参考椭球(椭球参数不一致,坐标原点不同),一点在不同椭球上的三维坐标值不一致;二是平差方法不一致,1980 西安坐标系采用整体平差,1954 北京坐标系采用局部平差。

4）不同坐标系统的控制点坐标可以通过一定量的共同点,采用数学拟合模型,在一定精度范围内进行互相转换。

（3）新1954北京坐标系。因1980西安坐标系属于天文大地网整体平差,1954北京坐标系属于局部平差,故两系统存在局部性系统平差,这一差异使地形图图线位置发生变化,两系统下分别施测的地形图在接边处产生裂隙,给实际工作带来不便。新1954北京坐标系是在1980西安坐标系的基础上,将基于IUGG1975年椭球的1980西安坐标系平差成果整体转换为基于克拉索夫斯基椭球的坐标值,并将1980西安坐标系坐标原点空间平移建立起来的。

新1954北京坐标系是综合1980西安坐标系和1954北京坐标系而建立的,其采用多点定位,定向明确。大地原点与1980西安坐标系相同,但大地起算数据不同。与1954北京坐标系相比,新1954北京坐标系所采用的椭球参数相同,定位相近,但定向不同。1954北京坐标系是1980西安坐标系整体平差结果的转换值,因此,新1954北京坐标系与1954北京坐标系之间并无全国范围内统一的转换参数,只能进行局部转换。

（4）WGS-84世界大地坐标系。WGS-84世界大地坐标系是一种国际上采用的地心坐标系,坐标原点为地球质心。其地心直角坐标系的z轴指问国际时间局（Bureau International de I'Heure,BIH)1984.0定义的协议地级（CTP）方向,x轴指向BIH1984.0的协议子午面和CTP赤道的交点,y轴与z轴、x轴垂直构成右手坐标系,又称1984世界大地坐标系。这是一个国际协议地球参考系统,是目前国际系统上采用的大地坐标系。

（5）CGCS2000国家大地坐标系。CGCS2000国家大地坐标系是为适应21世纪的发展和建设的需要而建立的地心坐标系,国务院批准自2008年7月1日启用CGS2000国家大地坐标系。

CGCS2000国家大地坐标系的原点为包括海洋和大气的整个地球的质量中心;z轴由原点指向历元2000.0的地球参考极的方向,该历元的指向由国际时间局给定的历元1984.0作为初始指向来推算,定向的时间演化保证相对于地壳不产生残余的全球旋转;x轴由原点指向格林尼治参考子午线与地球赤道面(历元200.0)的交点;y轴与z轴、x轴构成右手正交坐标系,CGCS2000国家大地坐标系的尺度为引力相对论意义下的局部地球框架下的尺度。

CGCS2000国家大地坐标系的框架由CGCS2000国家大地控制网点组成,包括CGCS2000国家GPS大地控制网,CGCS200国家大地坐标系下的近5万个一、二等天文大地网点,近10万个三、四等天文大地网点。

6.3.2　测量误差基础

在测量工作中,无论测量仪器多精密,观测多仔细,测量结果总是存在着差异。例如,对某段距离进行多次测量或反复观测某一角度,会发现每次观测结果往往不一致;又如,观测三角形的3个内角,其和并不等于理论值180°。这种观测值之间或观测值与理论值之间存在差异的现象,说明观测结果存在着各种测量误差。此外,在测量过程中还可能出现错误,如读错、记错等。

（1）测量误差产生的原因。

1) 观测者。由于观测者的感觉器官的鉴别力的局限性,在仪器安置、照准和读数等工作中都会产生误差。同时,观测者的技术平及工作态度也会对观测结果产生影响。

2) 测量仪器。测量工作所使用的测量仪器都具有一定的精密度,从而使观测结果的精度受到限制。另外,仪器本身构造上的缺陷会使观测结果产生误差。

3) 外界观测条件。外界观测条件是指野外观测过程中外界条件的因素,如天气的变化、植被的不同、地面土质松紧的差异、地面的起伏、周围建筑物的状况,以及太阳光线的强弱、照射的角度大小等。

太阳的高度角、地形和地面植被决定了地面大气温度梯度,观测视线穿过不同温度梯度的大气介质或靠近反光物体,都会使视线弯曲,产生折光现象。因此,外界观测条件是保证野外测量质量的一个重要因素。

观测者、测量仪器和观测时的外界条件是引起观测误差的主要因素,通常称为观测条件。观测条件相同的各次观测称为等精度观测,观测条件不同的各次观测称为非等精度观测。任何观测都不可避免地会产生误差。为了获得观测值的正确结果,就必须对误差进行分析研究,以便采取适当的措施来消除或削弱其影响。

(2) 测量误差的分类。测量误差按其性质可分为系统误差、随机误差和粗差。

1) 系统误差。系统误差由仪器制造或校正不完善、观测员生理习性、测量时外界条件或仪器检定时不一致等原因引起。在同一条件下获得的观测列中,其数据、符号或保持不变,或按一定的规律变化。系统误差在观测成果中具有累积性,对成果质量影响显著,应在观测中采取相应措施予以消除

2) 随机误差。它的产生取决于观测进行中的一系列不可能严格控制的因素(如湿度、温度和空气振动等)的随机扰动。在一条件下获得的观测列中,其数值、符号不定,表面看没有规律性,实际上是服从一定统计规律的。随机误差又可分为两种:一种是误差的数学期望不为零,称为随机性系统误差;另一种是误差的数学期望为零,称为偶然误差。这两种随机误差经常同时发生,必须根据最小二乘法原理加以处理。

3) 粗差。粗差是由一些不确定因素引起的误差,国内外学者对于粗差还未有统一的看法。目前关于粗差的观点主要有以下几种:①将粗差看作与偶然误差具有相同的方差,但期望值不同;②将粗差看作与偶然误差具有相同的期望值,但其方差十分巨大;③偶然误差与粗差具有相同的统计性质,但有正态与病态的不同。以上理论均是把偶然误差和粗差视为属于连续型随机变量的范畴。还有一些学者认为粗差属于离散型随机变量。

当观测值中剔除了粗差,排除了系统误差的影响,或者与偶然误差相比,系统误差处于次要地位时,占主导地位的偶然误差就成了研究的主要对象。从单个偶然误差来看,其出现的符号和大小没有一定的规律性;但对大量的偶然误差进行统计分析,就能发现其规律性,误差个数越多,规律性越明显。这样,在观测成果中可以认为主要是存在偶然误差,研究偶然误差占主导地位的一系列观测值中求未知量的最或然值以及评定观测值的精度等是误差理论要解决的主要问题。

6.3.3　遥感基础

遥感技术是指非接触的,远距离获取其反射、辐辐或散射的电磁波信息(如电场、磁场电

磁波和地震波等信息），并进行提取、判定、加工处理、分析与应用的一门探测科学和技术。遥感一般指运用传感器/遥感器对物体电磁波的辐射、反射特性进行探测，从而对目标进行判定和识别，判定地球环境和资源的类型、数量。遥感技术在 20 世纪 60 年代兴起后，由于其具有大范围、快速和多种高度应用等优点，被广泛应用于军事和国民经济等各个方面，在当前社会中得到了广泛应用，并且今后有很大的发展空间和前景。

1.遥感的基本概念

遥感是指一切无接触的远距离的探测技术，是用现代化的运载工具和传感器，从远距离获取目标物体的电磁波特性，通过该信息传输、存储、修正和识别目标物体，最终实现其功能（定时、定位、定性和定量）。

从广义上来说，遥感泛指一切无接触的远距离探测，包括对电磁场、力场和机械波（声波、地震波）等的探测。

从狭义上来说，遥感是指从不同高度的平台上使用各种传感器，接收来自地球表层的各种电磁波信息，并对其进行加工处理，从而对不同的地物及其特性进行远距离探测和识别的综合技术。

2.遥感系统的组成

遥感是一门对地观测综合性技术，实施遥感是一项复杂的系统工程，既需要一整套技术装备，又需要多种学科参与和配合。遥控系统主要由以下四部分组成。

（1）信息源。信息源是遥感需要对其进行探测的目标物。任何目标物都具有反射、吸收、透射及辐射电磁波的特性，当目标最初与电磁波发生相互作用时会形成目标物的电磁波特性，这就为遥感探测提供了获取信息的依据。

（2）信息获取。信息获取是指运用遥感技术装备接收、记录目标物电磁波特性的探测过程，信息获取所采用的遥感技术装备主要包括遥感平台和传感器。其中遥感平台是用来搭载传感器的运载工具，常用的有气球、飞机和人造卫星等。传感器是用来探测目标物电磁波特性的仪器设备，常用的有照相机、扫描仪和成像雷达等。

（3）信息处理。信息处理是指运用光学仪器和计算机设备对所获取的遥感信息进行校正、分析和解译处理的技术过程。信息处理的作用是通过对遥感信息的校正、分析和解译处理，掌握或清除遥感原始信息的误差，梳理、归纳出被测目标物的影像特征，然后依据特征从遥感信息中识别并提取所需的有用信息。

（4）信息应用。信息应用是指专业人员按不同目的将遥感信息应用于各业务领域的使用过程。信息应用的基本方法是将遥感信息作为地理信息统的数据源，供人们对其进行查询、统计和分析利用。遥感的应用领域十分广泛，最主要的应用有军事、地质矿产勘探、自然资源调查、地图测绘、环境监测及城市建设和管理等。

3.遥感的特点

遥感作为一门对地观测综合性科学，与其他技术手段相比，具有以下特点。

（1）大面积同步观测（范围广）。遥感探测能在较短的时间内，从空中乃至宇宙空间对大范围地区进行对地观测，并从中获取有价值的遥感数据。这些数据拓展了人们的视觉空间，如一张陆地卫星图像,其覆盖面积可达 3 万多平方千米。这种展示宏观景象的图像对地球资源和环境分析极为重要。

(2)时效性、周期性。遥感获取信息速度快,周期短。由于卫星围绕地球运转,所以能及时获取所经地区的各种自然现象的最新资料,以便更新原有资料,或根据新旧资料变化进行动态监测,是人工实地测量和航空摄影测量无法比拟的。

(3)数据综合性和可比性、约束性。

1)能动态反映地面事物的变化。遥感能够周期性、重复地对同一地区进行对地观测,有助于人们通过所获取的遥感数据动态地跟踪地球上许多事物的变化。同时,研究自然界的变化规律,尤其是在监视天气状况、自然灾害、环境污染甚至军事目标等方面,遥感的运用就显得格外重要。

2)获取的数据具有综合性。遥感探测获取的是同时段、覆盖大范围地区的遥感数据,这些数据综合展现了地球上许多自然与人文现象,宏观地反映了地球上各种事物的形态与分布,真实体现了地质地貌、土壤、植被、水文和人工建筑物等地物的特征,全面揭示了地理事物之间的关联性,并且这些数据在时间上具有相同的现势性。

3)获取信息的手段多,信息量大。根据不同的任务,遥感技术可选用不同波段和遥感仪器来获取信息。例如,可采用可见光探测物体,也可采用紫外线、红外线和微波探测物体。利用不同波段对物体不同的穿透性,还可获取地物内部信息,如地面深层、水的下层、冰层下的水体和沙漠下面的地物特性等。此外,微波波段还可以全天候工作。

(4)经济社会效益。遥感获取信息受条件限制少。在地球上有很多地方自然条件极为恶劣,人类难以到达,如沙漠、沼泽和高山峻岭等。采用不受地面条件限制的遥感技术,特别是航天遥感,可方便及时地获取各种宝贵资料。

(5)局限性。目前,遥感技术所利用的电磁波还很有限,仅是其中的几个波段范围。在电磁波谱中,尚有许多谱段的资源有待进一步开发。此外,已经被利用的电磁波段对许多地物特征还不能准确反映,还需要高光谱分辨率遥感及遥感以外的其他手段相配合,特别是地面的调查和验证尚不可缺少。

4.遥感的分类

根据不同的分类标准,遥感可以有不同的分类。

(1)按感平台分。

1)地面遥感:传感器设置于地面平台上,如车载、船载、手持、固定或活动高架平台等。

2)航空遥感:传感器设置于航空器上,主要包括无人机、气球或飞艇等。

3)航天遥感:传感器设置于环地球的航天器上,如人造地球卫星、航天飞机、空间站等。

4)航宇遥感:传感器设置于星际飞船上,用于地月系统外的目标的探测。

(2)按传感器探测波段分。

1)紫外遥感:探测波段在 $0.05 \sim 0.38\ \mu m$。

2)可见光遥感:探测波段在 $0.38 \sim 0.76\ \mu m$。

3)红外遥感:探测波段在 $0.76 \sim 1\ 000\ \mu m$。

4)微波遥感:探测波段在 $1 \sim 1\ 000\ mm$。

5)多波段遥感:探测波段在可见光波段,红外波段范围内,再分成若干窄波段来探测目标。

(3)按工作方式分。

1)主动遥感:由探测器主动发射一定的电磁波能量并接收目标的后向散射值。

2)被动遥感:传感器不向目标发射电磁波,仅被动接收目标物的自生发射和对自然辐射源的发射能量。

(4)按是否成像分。

1)成像遥感:将探测到的强弱不同的地物电磁波辐射(反射或发射)转换成深浅不同的(黑白)色调,构成直观图像的遥感资料形式,如航空影像、卫星影像等。

2)非成像遥感:将探测到的电磁辐射转换成相应的模拟信号(如电压或电流信号)或数字化输出,或记录在磁带上面构成非成像方式的遥感资料,如陆地卫星CCT磁带等。

(5)按应用领域分。

1)从宏观研究领域,遥感可分为外层空间遥感、大气层遥感、陆地遥感和海洋遥感等。

2)从具体应用领域,遥感可分为资源遥感、环境遥感、农业遥感、林业遥感、渔业遥感、地质遥感和气象遥感等。

5.无人机遥感的发展与应用

(1)无人机遥感的基本概念。随着测绘科学技术的发展,各个领域对遥感数据的需求逐渐增加,但数据获取的手段相对不足。以无人机为空中遥感平台的遥感技术,正是适应这一需要而发展起来的一项新型技术。无人机遥感是指利用先进的无人驾驶飞行器技术、遥感传感器技术、遥测遥控技术、通信技术、GPS差分定位技术和遥感应用技术,能够实现自动化、智能化、专用化快速获取国土资源、自然环境等的空间遥感信息,且完成遥感数据处理、建模和应用分析能力的应用技术。

(2)无人机遥感的特点。

1)快速的机动响应能力。无人机机动灵活,通过地面运输可快速到达指定目标区域。起飞方便,可以通过车载或者地面方式从多种地域直接发射,通过滑行和伞降的方式进行回收。

2)操作简单,目的明确。无人机遥感具有智能化和自动化的特点,事先设置无人机飞行路线,在飞行中通过校对和调整来达到对目标的精确测量,通过故障自动诊断及显示功能来排除故障。

3)使用成本低。无人机体形小,耗费低,系统的保养和维修简单方便。

4)影像数据获取能力强。无人机搭载的高度数码成像设备具备面积覆盖大、垂直或倾斜成像的技术能力,获取图像的空间分辨率达到分米级。

(3)无人机遥感影像数据的特点。

1)高分辨率遥感影像数据获取能力。无人机遥感获取的图像空间分辨率达到了分米级,但其影像存在像幅较小、相片数量多、工作量较大、效率低、影像的倾角过大且倾斜方向没有规律的问题,给连接点的提取和布设带来困难。

2)无人机遥感平台的稳定性稍差。无人机遥感平台的稳定性较差,高空风力的影响易使飞行轨迹不规则,部分偏离主航道,这使得拍摄的影像航向重叠度和旁向重叠度不规则,影像间的重叠度相差较大。

3)影像的变形较大。单幅照相机与地物空间的投射映射关系比较复杂,镜头畸变很大,影像内部几何关系比不稳定,影像的倾变形较大,同时地面的起伏对相片的影响也较大。

4)无人机遥感影像的数据处理。目前针无人机的航片处理软件主要在全自动化摄影测量处理上进行提升。中国测绘科学院自主研制的 MAP‐AT 软件在全自动化空中三角测量、自动 DEM 采集、自动 DOM 制作取得了很多技术突破,用控制点作空中三角测量计算获取精确的外方位元素。

无人机遥感技术作为一种新型的航空摄影测量方式,具有续航时间长、影像实时传输、高危地区探测、成本低、机动灵活等优点,成为卫星遥感与有人机航空遥感的有力补充。无人机遥感技术以其独特的技术特点必将在地理国情监测、应对重大突发事件、城市建设、国土资源调查、测绘等诸领域发挥积极作用。

6.3.4 无人机遥感任务设备

1.无人机遥感任务设备的类型

无人机遥感的功能载荷的种类较多,可分为被动式遥感任务设备、主动式遥感任务设备和航空遥感感通用辅助任务设备。随着电子、电池和芯片等技术的发展,一些体积、质量和功耗水平都足够低的载荷不断涌现,特别是光学载荷已经在各行业及领域得到了切实的应用。

被动式遥感任务设备和主动式遥感任务设备的主要区别在于信号发射源不同。被动式遥感任务设备不带发射源,自身不发射信号,仅接收目标反射信号(如太阳光线信号、热辐射信号等),如可见光照相机和摄像机系统、红外照相机系统和多光谱成像仪等。主动式遥感任务设备自带发射源,接收自身发射至目标并反射回来电磁波信号,一般由电源、发射机和发射天线、接收机和接收天线、转换开关、信号处理器、防干扰设备、显示器等组成,如激光测距仪、机载激光雷达系统和合成径雷达系统等。航空遥感通用辅助任务设备是指为更好地完成航空遥感工作的通用辅助务设备,主要包括航空定位定向系统(Positioning and Orientation System,POS)

2.POS

POS 主要包括 GPS 接收机和 IMU 两部分,因此也称为 GPS/IMU 集成系统。

(1)POS 的组成。POS 硬件部分主要包括 INS、DGPS 与 POS 计算机系统;POS 还包含一套事后处理款件,用于融合数据事后处理。

其中,DGPS 通过用户与基站 GPS 接收机提供实时差分 GPS 定位信息,INS 提供载体实时角速度与加速度信息,通过 POS 计算机系统实时信息融合得到载体位置、速度和姿态等导航信息;同时,POS 采集 INS 与 DGP 的数据信息,利用 POS 事后处理软件得到载体位置、速度和姿态等导航信息。

(2)POS 的工作原理。INS 由 IMU 和控制系统组成。IMU 又包括 3 个加速度计、3 个自由度陀螺仪以及必要的数字电路和图形处理器,利用 3 个加速度计测量载体在三轴方向上的平移加速度,一次积分,获取载体的瞬间速度;同时,陀螺仪可以记录三轴在导航坐标系中的姿态角,并给出载体航向,以此实现对载体的导航工作。

GPS 是目前应用最为广泛的定位和导航系统,可以为用户提供实时的空间坐标信息、速度信息和精确授时。DGPS 技术是在已知点位上安装设置 GPS 基准站,对目标点位置接收机进行同步观测,基于基准站空间坐标系和改正参数,对目标点数据进行求差改正,并综合全部观测数据进行平差计算,获取精确的三维坐标。

IMU 可以实现导航的完全自主化,降低了外界信息的依赖性,可以提供较高精度的导航、速度和航向等信息。但采用 IMU 的系统的导航精度完全取决于自身系统的精确性,这样就造成了定位误差的时间积累。DGPS 技术定位精度高,可以全天候进行连续定位,误差不随工作时长而积累。但采用 DGPS 技术的系统为非自主系统,不能实时提供姿态参数等,在运动过程中不易跟踪和捕获卫星信号,会造成定位精度的下降。因此,可采用基于卡尔曼滤波的方式将二者进行组合,形成互补,通过信息传递、数据融合和最优化求解,就可以获得运动过程中高精度的导航系统。

(3)POS 后期处理软件。下面以加拿大 Applanix 公司的 POS AV 系统后期处理软件 POSPac 为例介绍。

POS 后期处理软件 POSPac 用于对航摄时 OSAV 系统接收的 IMU 观测数据、机载 GPS 观测数据及地面基准站接收的 GPS 观测数据进行联合后处理,可以得到最优的导航、定位结果。POSPac 软件主要包括 4 个子模块:GPS 数据处理模块 POSGPS、GPS/IMU 联合处理模块 POSProc、检校计算模块 POSCal 和外方位元素计算模块 POSEO。

(1) POSGPS。POSGPS 用于求解机载 GPS 定位中心的三维空间坐标。将地面基准站的观测数据与机载接收机的观测数据同时进行处理,利用载波相位差分定位技术提高 GPS 的定位精度。

(2) POSProc。利用 IMU 的姿态观测数据、POSGPS 模块输出的机载定位结果及其他相关参数,用 Applanix 公司的专利算法,消除不同类型数据之间的不相容性,最终计算并输出传感器透镜中心的三维空间位置、IMU 姿角信息和速度等导航信息。

(3) POSCal。利用 POSProc 模块的输出结果、外部输入的影像像点坐标和地面控制点坐标数据,计算航摄照相机的检校参数和 POS 的视准轴误差检校参数。

(4) POSEO。根据 POSProc 模块的输出结果和用户选定的坐标系统,输出摄影测量计算时所需要的每幅影像的 6 个外方位元素。

3.可见光照相机系统

据不完全统计,现有无人机遥感系统的传感器类型中有 70% 以上为光学数码照相机,因此光学数码照相机仍是无人机传感器的主要构成。在未来一段时间内,光学数码相机依然会是无人机遥感的重要载荷。

无人机光学遥感载荷按成像波段可分为全色(黑白)、可见光(彩色相片)、红外和多光谱传感器,按成像方式可分为线阵列传感器和面阵列(框幅式)传感器,按照相机用途可分为量测式和非量测式照相机。由于无人机受到载荷和成本的限制,所以往往采用非量测式、可见光(RGB 三通道波段)的框幅式相机,即市面上常用的单反、微单及卡片数码照相机。

(1)可见光照相机的发展现状。在无人机遥感光学载荷方面,国内科研人员开展了大量的集成研制工作。2004 年,王斌永等人设计了一款基于多面阵 CCD 传感器成像方式的小型多光谱成像仪,内置摄影控制软件,具备自动驾驶仪通信、获取飞行参数、解算适宜曝光时间、修正曝光时间和实时存储数据等功能。2006 年,贾建军等人针对无人机遥感有效载荷的特点,利用成熟的商业光学镜头、照相机机身、高分辨率大面阵 CCD 成像模块和嵌入式计算机硬件系统,通过光学、机械和电子学软硬件模块的集成,设计了一套实用的无人机大面阵 CCD 照相机遥感系统。2013 年,刘仲宇等人以保证系统的识别距离和照相机像素数为目标,采用实时传统型商业数码照相机为照相机载荷,自行开发嵌入式硬件控制电路操控照相机拍摄,集成开发了一款超小型无人机照相机系统,经过飞行实验,得到了高分辨率的清晰图像。

针对无人机单照相机系统影像幅面小、基高比小等导致的飞行作业效率低、测图精度低等问题,国内相关科研机构研发了中画幅量测型数码照相机和多数应用于无人机的组合宽角大幅面照相机。中测新图(北京)遥感技术有责任公司研制了 TOPDC - 1 系列中画幅量测型数码照相机,其分为 3 种型号,分别具有 4 000 万、6 000 万和 8 000 万像素,并配备了 47 mm、80 mm 两种焦距可更换镜头。中国测绘科学院先后研制了 CK - LACO4 四拼照相机和 CK - LACO2 双拼照相机等多种适用于无人机的特小型组合特宽角照相机,采用了不同于以往组合照相机的新型机械结构方式,实现了组合照相机的内部自检校。遥感科学国家重点实验室在设备研制类项目的支持下,进行了由 4 个照相机组合而成的超低空无人机大幅面遥感成图轻微性传感器载荷系统改造研制。在这些组合照相机研制中使用的单个照相机一般为国外高端民用单反照相机。

在直接用于无人机遥感的普通民用数码照相机研制方面,我国与日本、美国等发达国家有一定的差距。目前,国内在实际无人机遥感作业中使用的民用数码照相机以国外品牌为主,佳能、尼康和索尼三大主流照相机厂属于绝对垄断地位。我国虽有爱国者、明基、海尔、海高、凤凰和宝淇等众多照相机品牌,但因工艺水平不高,图像质量尚低于进口照相机。国产数码照相机在普通民用市场上占有一定份额,但较少用于无人机遥感中。

(2)框幅式照相机摄影测量基本原理。框幅式照相机的测绘原理为小孔成像,在某个摄像瞬间获得一张完整的相片。一张相片上的所有像点共用一个摄影中心和同一个相片面,即共用一组外方位元素。

4.典型的无人机可见光系统

由于无人机体积和承重能力的限制,用于无人机遥感的光学载荷一般要求质量小、体积小。目前,国内外无人机上使用的光学载荷主要有飞思、哈苏等中画幅数码照相机,尼康、佳能、索尼、富士、徕卡及三星等小画幅数码单反照相机,以及国内的 CK - LACO2 双拼相机等。这类照相机系统机身质量(不含镜头)较小,外形尺寸较小,有效像素一般在 8 000 万以下,像元尺寸在 3.9～6.4 μm,下面简单介绍其中几款产品。

(1)中画幅照相机。

1)飞思照相机 Phase One iXU180。飞思照相机 Phase One iXU180 是丹麦厂商飞思于2015 年推出的最小 8 000 万像素无人机航拍照相机。虽然 Phase One 早在 2014 年初就已经在中画幅照相机上配备了 CMO 传感器,但这次的 Phase One iXU180 配备的是尺寸达 53.7 mm×40.4 mm 的 CCD 传感器,分辨率高达 10 328×7 760。借助可选配件,照相机的 SO 范围为 33～800。在升空前,用户需在 6 个快速同步施耐德·克鲁茨纳奇镜头中选择一个。每个镜头都支持电控中央叶片式快门,速度可达 1/1 600 s。Phase One iXU180 的体积为 97.4 mm×93 mm×110 mm,质量为 92 g,可以以 RAW、JPEG 及 TIFF 格式输出照片。其支持 CF 卡,内置 GPS,同时提供 USB 3.0 及 RS-232 串口通信,也提供安全电源输入及照相机触发器接口。

2)哈苏相机 Hasselblad H6D。2016 年 4 月,哈苏发布了全新中画幅照相机系统 H6D,新产品包括搭载 1 亿像素传感器的 H6D-100c 和 5 000 万像素的 H6D-50c 两款机型。H6D 系列拥有全新的 COMS 和更快速的处理器,搭配 3 英寸 92 万画点触摸屏、SD-CFast 双卡槽,内建 WiFi、USB 3.0 接口,H6D-100c 的 ISO 最高可达 12 800,提供 15 张/s 的连拍速度,支持 15 挡动态范围,而 H6D-50c 则支持 4 挡动态范围、2 张/s 连拍速度。

3)徕卡相机。徕卡相机是德国原装手工制作的相机,徕卡相机在现今生产的专业相机中,结构合理,加工精良,质量可靠。2012 年 9 月,徕卡公司发布了两款顶级 S 系列高性能级 Leica S(Type007)和入门级 Leica S-E(Type006)中画幅数码单反照相机。Leica S(Type007)照相机内置 WF 和 GPS 功能,机身采用镁铝合金材质,可在恶劣环境工作,搭载 3 750 万像素 30 mm×45 mm 徕卡 Pro 格式 CMOS 传感器,无低通滤镜 16 位色深,双快门系统,2 GB 机身级内存,最高连拍速度提升至 3.5 张/s。

(2)全画幅数码照相机。

1)尼康全画幅照相机。日本尼康于 2012 年 2 月推出全新 FX 格式尼康 D800 数码单镜反光照相机,采用 3 630 万有效像素,并搭载了新型 EXPEED 3 数码图像处理器和约 9 100 万像素 RGB 感应器,其高清晰度和图像品质可匹敌中画幅数码照相机的画质。另外,该款照相机还增加了使用基于 FX 动画格式或者基于 DX 动画格式进行动画录制的双区域模式全高清 D-movie(数码动画)等功能。

尼康全画幅数码照相机系列包括 D600 系列(包括 D600、D610 等,有效像素为 2 426 万)、D750 系列(有效像素为 2 432 万)、D00 系列(包括 D800、D810、D810A 等,有效像素为 3 635 万)、DF 系列(有效像素为 1 625 万)、D5 系列(有效像素为 2 082 万)和 D850 系列(有效像素为 4 575 万)等。

2)佳能全画幅照相机。日本佳能是世界著名的全画幅数码单反照相机生产商,其产品主要包括 EOS-1D 系列、EOS 6D 系列、EOS 5D 系列和 EOS SDS/SDSR 系列。其中:EOS-1D 系列(包括 EOS-1D X MarkⅠ、EOS-1D X MarkⅡ)为高速、高画质照相机,有效像素为 2 020 万;EOS 6D 系列(包括 EOS-6D、EOS-6 MarkⅠ)为轻便小巧的入门级全画幅照相机,有效像素为 2 020 万;EOS 5D 系列(包括 EOS 5D MarkⅠ、EOS 5D MarkⅢ、EOS 5D、EOS 5D MarkⅣ)为高能全画幅照相机,EOS 5D MarkⅠ、EOS 5D、EOS 5D MarkⅢ 的有效像素为 2 230 万,EOS 5D MarkⅣ(2017 年发布的新产品)的有效像素为 3 040 万;EOS SDS/SDSR 系列(2016 年发布的新产品)的有效像素为 5 060 万。

3)索尼全画幅照相机。日本索尼也是世界著名的全画幅数码照相机生产厂商,其产品分为全画幅单反系列、全画幅微单系列和全画幅卡片机系列。全画幅单反为 A99 系列,新型号为 A99 二代系列（A99M2/a99），有效像素为 4 240 万，感光度范围 ISO 为 100～25 600，带五轴防抖功能；全画幅微单包括 LCE - 9 系列（9/a9）、LCE - 7 系列（a7、a7R）、LCE - 7 二代系列（LCE - 7RM2/a7SⅡ系列）、LCE - 7 三代系列（LCE - a7RM3）；全画幅卡片机包括黑卡全画幅数码照相机 DsC - RXIRM2RXIR2。

LCE - 9 系列（9/a9）是索尼推出的全画幅旗舰微单，带镜头防抖（Optical Stabilized System，OSS)和影像传感器移防抖（五轴防抖）功能，可拍 4K 视频、有效像素为 2 420 万，感光度范围 ISO 为 100～5 120，机身质量为 588 g。

LCE - 7 系列（a7/a7k、a7R）是索尼推出的高性能全画幅微单，带镜头防抖功能，a7/a7k 的有效像素为 2 430 万，a7R 的有效像素为 3 640 万，机身质量为 416 g，最高连拍速度为 5 张/s。

LCE - 7 二代系列包括 a7SⅠ、a7Ⅰ、a7SⅡ等型号，带镜头防抖和影像传感器位移防抖（五轴防抖）功能。a7SⅡ为高画质照相机（可拍 4K 视频），有效像素为 1 220 万，感光度范围 ISO 为 100～102 400，机身质量为 584 g；a7Ⅱ为高画质照相机，有效像素为 2 430 万，感光度范围 ISO 为 100～2 600，机身质量为 556 g；a7RⅡ为高像素照相机（可拍 4K 视频），有效像素为 4 240 万，感光度范围 ISO 为 100～25 600，机身质量为 582 g。

LCE - 7 三代系列（LCE - a7RM3）的有效像素为 4 240 万，4K 摄像，感光度范围 ISO 为 100～32 000，带镜头防抖和影像传感器位移防抖（五轴防抖）功能，连拍速度为 10 张/s，主机质量为 572 g。

5. 倾斜摄像机系统

（1）倾斜摄像机的类型。无人机倾斜摄像机根据不同分类标准可分为不同类型。

1）按配置照相机数量分类，无人机倾斜摄像机可分为五镜头倾斜摄像机、三镜头倾斜摄像机和两镜头倾斜摄像机，其中两镜头倾斜摄像机又可细分为固定角度两镜头倾斜摄机和可倾角度两镜头倾斜摄像机。五镜头倾斜摄像机适合不同的飞行平台，一次飞行完成倾斜摄影作业，生产效率较高；三镜头倾斜摄像机和固定角度两镜头倾斜摄像机主要适用于固定翼飞行平台，至少两次飞行才能完成倾斜摄影作业，生产效率较低；可倾角度两镜头倾斜摄像机适用于飞行速度不大于 5 m/s 的旋翼飞行平台，可以一次飞行完成倾斜摄影作业，生产效率最低。

2）按照配置照相机类型分类，无人机倾斜摄像机可分为中画幅倾斜摄像机、全画幅倾斜摄像机、APS 画幅倾斜摄像机和小画幅倾斜摄像机。通常倾斜摄像机 CCD（CMOS）有效像素、倾斜影像质量和倾斜摄影生产效率与摄像机倾斜画幅成正比，但与系统质量、摄像机成本相比，对数据记录速度的要求更高。

3）按搭载飞行平台类型分类，无人机倾斜摄像机可分为固定翼平台倾斜摄像机、旋翼平台倾斜摄像机和通用平台倾斜摄像机。固定翼平台倾斜摄像机指安装在固定翼飞行平台上的倾斜摄像机，一般要求倾斜摄像机镜头焦距较长、曝光间隔较短及数据记录速度较快；旋翼平台倾斜摄像机指安装在旋翼飞行平台上的倾斜摄像机，相比固定翼平台倾斜摄像机镜头焦距较短、曝光间隔可稍长及数据记录度可稍慢；通用平台倾斜摄像机可分别搭载在固定翼飞行平台和旋翼飞行平台，通常像机镜头焦距适中、曝光间隔较短及数据记录速度较快。

(2)常见的倾斜摄像机。

1)大型倾斜摄像机系统。大型倾斜摄像机系统通常由 5 个 8 000 万像素以上的中画幅数码照相机组成,内置高性能 POS(IMU/DGPS)正直照相机,镜头焦距通常为 50 mm,倾斜照相机镜头焦距为 80 mm,作业使用航拍摄影专用稳定云台,系统质量一般不小于 20 kg,价格较高,适合大范围的倾斜摄影。其典型设备包括莱卡的 RCD30 倾斜照相机、北京四维远见有限公司的 SWDC – 5 数字航空倾斜摄影仪、中测新图(北京)遥感技术有限责任公司的 PDC – 5 倾斜数字航摄系统、上海航信息技术有限公司的 AMC850 倾斜摄影系统和大型倾斜摄像机 AMC5100 等。

A. UltraCam Opesys。UltraCam Opesys 摄像机系统共有 10 个照相机,包括 4 个垂直下视照相机和 6 个倾斜照相机。垂直下视照相机参数:全色影像尺寸为 1 674 像素×7 514 像素,像元大小为 6.0 μm,焦距为 51 mm,RGBN 影像尺寸为 6 735 像素×4 335 像素。倾斜照相机参数:左右视 RGB 影像尺寸为 6 870 像素×4 520 像素,前后视 RGB 影像尺寸为 2×6 870 像素×4 520 像素(拼接后为 1 450 像素×4 520 像素),像元大小为 5.2 μm,焦距为 80 mm。

B. Quattro DigiCAM Oblique。Quattro DigiCAM Oblique 摄像机系统由 4 个镜头组成,可以方便地调整成为 1 个大幅下视或者 4 个倾斜视照相机。若调整为正直摄影模式,则影像尺寸为 18 500 像素×1 275 像素;若调整为倾斜摄影模式,可同时获取 4 幅倾斜影像,每一幅影像尺寸最高可达 6 000 万像素,照相机倾角为 45°。同一套系统可以方便地切换成为下视影像和倾斜影像模式。

C. RCD30 Oblique。RCD30 Oblique 摄像机系统由 1 个下视镜头和 4 个倾斜视镜头组成,影像尺寸为 6 000 万像素,可升级至 8 000 万像素,镜头可选择 RGB 或者 RGIN 镜头。该系统可切换为三视模式或五视模式,三视模式镜头倾斜角为 45°,五视模式镜头倾斜角为 35°,下视影像与倾斜视影像间均有重叠。

D. Trimble AOS。Trimble AOS 摄像机系统由一个下视镜头和两个倾斜视镜头组成。每曝光一次,镜头平台自动旋转 90°以获取 4 个倾斜方向的影像。每个镜头获取的影像尺寸为 7 228 像素×5 428 像素,焦距为 7 mm,视场角达 114°。其系统特点如下:

a.下视与两倾斜视之间有一定重叠,单次曝光的 3 张影像拼接后成蝶形。

b.由于传感器平台的旋转,航线规划有一定难度。

c.两次曝光最短时间间隔为 3 s。

E. Track Air Midas。Midas 摄像机系统由 1 个垂直照相机和 4 个倾斜照相机组成,其系统参数如下:

a.照相机为 5 台 Canon EOS NDs Mk II,每台 2 100 万像素。

b.倾斜角可调节(30°～60°)。

c.最短曝光间隔为 2.5 s。

d.最大相对航高为 39 624 m。

e.集成 Applanix Posav310。

2)轻型倾斜摄像机系统。轻型倾斜摄像机系统通常由全画幅单反数码照相机或 APS 画幅微单数码照相机组成,通常不内置 PS(IMU/DGPS),集成照相机数量从 2 个、3 个、5～

10 个不等,照相机镜头焦距通常较短,系统质量一般在 1.5~10 kg(通常轻度集成改装质量较大,深度集成改装质量较小,全画幅系列倾斜摄像机系统的质量可控制在 2.0~3 kg),飞行平台主要采用无人驾驶的固定翼无人机、无人直升机或多旋翼无人机等,价格适中(通常在 10~70 万元之间),适合中等范围的倾斜摄影三维实景建模项目。若采用无人机集群作业,可媲美大型倾斜摄像机系统。其典型设备包括苏州创飞智能科技有限公司的倾斜摄像机(Chuang - C2、Chuang - C3 和 Chuang - C33S)、哈瓦国际航空技术(深圳)有限公司的 HARWAR-Yt5POPC 和 HARWAR-YT-SPOPCI 倾斜摄像机、北京红鹏未来无人机科技有限公司的轻型倾斜摄像机(RF510、TF5100)和微型倾斜摄像机(AP1800、AP2300、AP5600)、江苏鸿雷无人机应用科技有限公司的"天目"倾斜摄像机和"慧眼"倾斜摄像机、上海航通信息技术有限公司的 RC336 倾斜航空摄影系统和 AMC1036 多视角航空照相机系统、武汉大势智慧科技有限公司的双鱼倾斜摄像机、天津腾云智航科技有限公司(中海达旗下)的 iCam-Q5 倾斜摄影摄像机等。下面以苏州创飞智能科技有限公司的 Chuang-C33S 倾斜摄像机为例进行简单介绍。

创飞 Chuang - C33S 倾斜摄像机深度集成了 5 个全画幅超轻型 CCD 传感器,融入高精度计算方式,其一键运行、免调模式、同步触曝光记录存储的运行方式彻底解决了空中虚焦、照片质量差、丢片等问题。单机有效像素为 3 600 万,总像素为 1.8 亿,系统总质量为 2.2 kg,镜头焦距为 35 mm,照相机倾斜角为 45°,最小曝光间隔为 1 s,内部存储总容量为 700 GB,影像采集最大分辨率为 1 cm,可用于各类直升机、多旋翼飞机,可执行大范围高分辨率的倾斜航空摄影任务。

3)微型倾斜摄像机系统。微型倾斜摄像机系统通常由普通定焦数码照相机、运动照相机或手机类数码照相机组成,集成照相机数量通常为 5 个,照相机镜头焦距短,系统质量一般小于 1.0 kg,通常深度集成改装,飞行平台主要采用各种消费级多旋翼无人机等,价格低,适合开展倾斜摄影三维实景建模研究、小范围倾斜摄影项目。其典型设备包括北京观著信息技术有限公司的航摄超微传感器(蜻蜓 5S 倾斜摄像机和蜂鸟 5S 倾斜摄像机和 Chuang-C35)、北京老图科技有限公司 KG 系列倾斜摄像机(KG650、KG800 和 KG1000)、北京正能空间信息技术有限公司的 ZN190 五镜头倾斜摄像机等。

ZN190 五镜头倾斜摄像机是一款新型的倾斜摄像机,飞行平台可采用大疆精灵 3、精灵 4 等消费级多旋翼无人机。ZN190 五镜头倾斜摄像机具有体积小、质量小、操作便捷和价格便宜等特点,对照相机各部件重新标定改造,可以做照相机畸变改正,出具真实畸变改正参数,可完全满足普通倾斜摄影应用要求。ZN190 五镜头倾斜摄像机总像素为 1.9 亿(单照相机像素为 3 800 万),像元尺寸为 1.4 μm,照相机使用时间为 40 个月。

6.红外照相机系统

红外光学最初被称为军事光学,主要用于军事领域,如制导、侦察、搜索、预警、探测、跟踪、全天候的前视和夜视以及武器的瞄准等。20 世纪 70 年代,其被广泛用于工业、农业、医学和交通等民用领域。

在红外技术的发展过程中,探测器是核心技术。每一种新型红外探测器的诞生都会带来红外探测技术的长足进步。红外探测器按工作原理可划分为热探测器和光子探测器两大类。热探测器材料在吸收红外辐射后会产生过度变化,进而使探测器的物理性质发生变化,如电阻率变化、电容变化或产生温差电动等。通过测试这些物理性质的变化,就可以测试出热探测器吸收的红外辐射的强度,从而获知目标的信息。常见的热探测器包括热释电探测器和微测热辐射计。光子探测器利用半导体光电效应制成,某些半导体材料在受到红外辐射后,内部电子会直接吸收红外辐射而导致材料的物理性质发生改变,如吸收光子后电导率发生变化的光导器件及吸收光子后产生光生载流子的光伏器件等。光子探测器直接依靠内部电子吸收红外辐射,不需要等待材料温度的变化,因此响应更快、更灵敏、信噪比更佳。光子探测器是当今发展最快、应用最为广泛的红外探测器。

(1)红外照相机的成像原理。红外辐射是波长介于可见光和微波之间的一种电磁波,又称红外光、红外线。红外辐射最早于 1800 年被英国天文学家 William Herschel 发现。当一个物体温度高于绝对零度(−273℃)时,它就会自发辐射红外线,其红外辐射的能量由物体的温度和表面条件决定。在常温下,物体的自发辐射主要是红外辐射。根据红外辐射在大气层中的传输特性,可以将红外辐射按波长分为近红外($0.76\sim3\ \mu m$)、中红外($3\sim5\ \mu m$)和远红外($8\sim12\ \mu m$)。从目标和背景发出的红外辐射,在大气中传输并受到衰减后,由红外光学系统接收并形成目标像。红外探测器将目标像通过光电转换形成信号,电信号经过放大、滤波和校正等一系列处理后得到目标的各种信息。与可见光、X 光等波段相比,目标在红外波段具有其特有的吸收或反射特性,从中可以获得更加丰富的信息。

近红外波段主要接收太阳的辐射,用来在白天日照条件良好时感知、探测和搜集目标的信息,典型载荷有多光谱成像仪、红外行扫描仪等;中红外波段包含地物反射及发射的光谱,用来探测高温目标,如森林火灾、火山等,典型载荷有被动式红外夜视仪等;远红外波段主要接收地物发射的光,是常温下地物辐射能量最集中的波段,所探测的信息主要反映地物的发射率及温度,适于夜间成像,典型载荷有红外照相机、热红外成像仪等。

按照工作方式的不同,红外载荷可以分为主动式和被动式两种。主动式载荷通过向目标发射红外线,接收反射的红外辐射进行成像,如主动式红外夜视仪;被动式载荷通过感光元件感知地物辐射成像,如热像仪、红外扫描仪、多谱成像仪和被动式红外夜视仪等。

(2)红外照相机的分类。红外照相机根据探测波段(长波、中波、短波)、成像方式(凝视型、推扫型、扫描型)、是否获取多个光谱通道(多谱段红外照机)和是否获取精细光谱信息(高光谱成像)进行类别的划分。

1)中红外照相机。中红外照相机是在中波红外波段成像的载荷成品,它的主要部件包括中波红外镜头、中波红外焦平面测器、成像电子学及后续处理软件产品。Onca 系列照相机采用的材料是镉汞(Mercury Cadmium Telluride,MCT),光谱范围为 $3.7\sim4.8\ \mu m$ 或 $2.5\sim5\ \mu m$,这种材料具有隐蔽好、能昼夜工作、穿透烟雾与尘埃的能力很强等特性,特别适合长距离远程监视。该系列相机的主要特性包括:高图像保真度;覆盖中波及部分短波范围;支持添加额外 4 个滤片,满足多光谱测量的应用需求;高动态范围、高灵敏度;先进的时图像校正;InSb 或 MC 面阵列;兼容 Gige Vision 接口等。

2)热红外照相机。热红外照相机是在长波红外波段成像的载荷产品。对于无人机遥感平台而言,其技术指标主要包括成像段、空间分辨率、成像视场和辐射分辨率等。

H2640 红外热像仪是 NEC 公司的顶级之作,采 640 像素×480 像素探测器,适合于远距离测试,不需带望远镜头,空间分辨率为 0.6 mrad,可以探测小目标异常点,带 130 万像素彩色可见光数码镜头,同时拍摄可见光图像和红外热图像,可以获得组合图像,清晰定位可疑区域,带高清晰度取景器,适合于室内外使用,内置照明灯,可在黑暗环境拍摄可见光图像。

3)中红外双波段照相机。红外多波段照相机是带光谱特性的红外载荷,相对于单波段的红外照相机,因其具备多个谱段成像能力,所以其成像探测效果大大加强,应用领域更广。中红外双波段照相机的主要应用是针对较高温度的目标,通过双波段的设置,使其具备一定的伪装识别能力。中国科学院上海技术物理研究所已研制出相关产品。

7. 多光谱成像仪

20 世纪 70 年代末 80 年代初,在研究归纳各种地物光谱特征的基础上形成了一个概念:如果能实现连续的窄波段成像,那么就有可能实现地面矿物的直接识别,由此产生了光谱和图像结合为一体的成像光谱技术。1984 年,美国喷气推进实验室研制出第一台航空成像光谱仪(AIS-1),随后包括中国在内的许多国家都研制成功了一系列成像光谱仪,其中有以线阵探测器为基础的光机扫描型,有以阵探测器为基础的固态推扫型,也有以面阵探测器加光机的并扫型。

成像光谱仪是新一代传感器,于 20 世纪 80 年代初正式开始研制。研制这类仪器的主要目的是在获取大量地物目标窄波段连续光谱图像的同时,获得每个像元几乎连续的光谱数据。目前,成像光谱仪主要应用于高光谱航空遥感。在航天遥感领域,高光谱也开始应用。光谱成像仪是一种获取光谱特征和图像信息的基本设备,是光电遥感技术中的核心。多光谱成像仪多数属于被动工作,按其工作方式的不同,可以分为光学成像和扫描成像两大类。通俗来说,多光谱成像技术就是把入射全波段或宽波段的光信号分成若干个窄波段的光束,然后把它们分别成像在相应的探测器上,从而获得不同光谱波段的图像。实际使用时,要想更有效地提取目标特征并进行识别,探测系统需要有精细的光谱分辨能力,要求把光谱分得更窄并使用多个波段,而完成这一任务的就是成像分光技术。

8. 激光雷达系统

激光测及测距系统(Light Detection and Ranging,LiDAR)是以发射激光束探测目的位置、速度等特征量的雷达系统。其工作原理是向目标发射探测信号(激光束),然后将接收到的从目标反射回来的信号(目标回波)与发射信号进行比较,进行适当处理后即可获得目标的有关信息,如目标距离、方位、高度、速度、姿态甚至形状等参数,从而对飞机、导弹等目标进行探测、跟踪和识别。LiDAR 由激光发射机、光学接收机、转台和信息处理系统等组成,激光发射机将电脉冲变成光脉冲发射出去,光学接收机再把从目标反射回来的光脉冲还原成电脉冲,送到显示器。

(1) LiDAR 的组成。LiDAR 是一种集激光、GPS 和 INS 三种技术于一体的系统,用于获得数据并生成精确的 DEM。这三种技术的结合,可以高度准确地定位激光束打在物体上的光斑,它又分为目前日臻成熟的用于获得地面 DEM 的地形 LiDAR 系统和已经成熟应用的用于获得水下 DEM 的水文 LiDAR 系统,这两种系统的共同特点是利用激光进行探测和测量。激光本身具有非常精确的测距能力,其测距精度达几厘米,而 LiDAR 系统的精度除了与激光本身有关外,还取决于激光、GPS 及 IMU 三者同步等内在因素。随着商用 GPS 及 IMU 的发展,通过 LiDAR 从移动平台(如飞机)上获得高精度的数据已经成为可能并被广泛应用。

LiDAR 系统包括一个单束窄带激光器和一个接收系统。激光器产生并发射一束光脉冲,打在物体上并反射回来,最终被光学接收所接收。光学接收机准确地测量光脉冲从发射到被反射回的传播时间。因为光脉冲以光速传播,所以光学接收机总会在下一个脉冲发出之前收到前一个被反射回的脉冲。鉴于光速是已知的,传播时间即可被转换为对距离的测量。结合激光发射机的高度、激光扫描角度、从 GPS 得到的激光器的位置和从 INS 得到的激光发射方向,就可以准确地计算出每一个面光斑的坐标 x、y、z。激光束发射的频率可以从每秒几个脉冲到每秒几万个脉冲。例如,一个频率为 1 万次/s 脉冲的系统,接收器将会在 1 min 内记录 60 万个点。一般而言,LiDAR 系统的地面光斑间距在 2~4 m 不等。

(2)LiDAR 的工作原理。LiDAR 的工作原理与雷达非常相近,其以激光为信号源,由激光发射机发射出的脉冲激光,打到地面的树木、道路、桥梁和建筑上,引起散射,一部分光波会反射到 LiDAR 的光学接收机上,根据激光测距原理计算就得到从 LiDAR 到目标点的距离。脉冲激光不断地扫描目标物,就可以得到目标物上全目标点的数据。用此数据进行成像处理后,就可得到精确的三维立体图像。

6.3.5　无人机遥感的应用

随着无人机遥感技术的不断发展,无人机遥感技术的产业化应用取得较快的发展,广泛应用于重大突发事件和自然灾害应急响应、国土资源调查与监测、海洋测绘、农林业、环境保护、交通、能源、互联网和移动通信等多个领域。

1. 重大突发事件和自然灾害应急响应

重大突发事件和自然灾害应急响应中,无人机遥感应用的突出贡献是能够第一时间快速反应,快速获取高分辨率灾情调查数据,辅助政府进行快速决策,是无人机应用最突出的领域。

(1)洪灾救援。近年来,受特殊的自然地理环境、极端灾害天气及经济社会活动等多种因素的共同影响,各地山丘区洪水、泥石流和滑坡灾害频发,造成的人员伤亡、财产损失、基础设施损毁和生态环境破坏十分严重。随着信息技术的不断发展,以 3S、LiDAR、三维仿真等为主的现代化技术不断用于山洪灾害的防治和研究,为相关部门开展防灾减灾工作提供了科学的决策依据。以航测的三维地形图、实测水文资料及河道断面为基础建立边界条件及特征值,可以推演洪水在真实河道内的淹没范围及程度,进而确定合理的预警指标、安全转移路线及临时安置点等。

2012 年 8 月 6 日,云南省大理州洱源县炼铁乡和凤羽镇因暴雨引发特大山洪泥石流地质灾害。云南省测绘地理信息局无人机组往灾区,对受灾地区 47 km² 的信息实施低空采集,获取地面分辨率为 0.2 m 的影像 981 幅,为灾后救援提供了可靠的决策依据。

(2)火灾救援。当大规模火灾发生时,使用飞机协同消防员火会事半功倍。当前,救火无人机主要用来帮助消防员完成救火任务。由于火灾很难被控制,如果在空中没有一只"眼睛"纵览全局,很容易错过最佳灭火时机。而无人机这只"眼睛"可以帮助消防员确定火灾朝哪个方向发展,哪里可能出现危险,哪里最先需要扑救。森林火灾具有非常大的破坏性,而森林一旦发生火灾,不仅会给人类的劳动成果带来巨大损失,也会破坏生态系统,对生态环境造成严重的负面影响。

2015 年 8 月 12 日,天津滨海新区爆炸事故发生后,13 日凌晨 3:00,北京消防调派两架无人机 8 名官兵赶赴现场,6:15 增援力量抵达现场,利用无人机航摄影像绘制出 360° 全景图,为后续救援工作的展开提供了十分关键的信息支持。

(3)气象灾害监测。利用无人机航空遥感系统提供的灾情信息和图像数据可以进行灾害损失评估与灾害过程监测,估计灾害发生的范围,准确计算受灾面积及评估灾害损失。例如,对于雨雪冰冻灾害,可以对低温的发生强度及低温冷害的分布范围实施实时动态监测,并且能够迅速地研究低温冷害发生发展的一般规律,为相关部门及时采取有效救灾措施提供全面的信息。

为了调查东太平洋热带气旋生成发源地,2005 年美国国家航空航天局与哥斯达黎加合作开展热带云系生产过程研究,完善热带气旋生成模式,美国海洋大气局大西洋气象实验室用气象无人机对 Ophelia 飓风进行了长时间的观测飞行。

(4)地质灾害监测。我国是地质灾害严重的国家之一。无人机航空遥感系统提供的地质灾害区图像包括地质、地貌、土壤、水文、土地利用和植被等信息,这些信息构成了地质灾情评估的基础数据,对于提高该区域地质灾害管理和灾情评估的科学性、准确性和有效性非常重要,而且可以大大提高减灾、抗灾和防灾的效率和现代化水平。对于山体滑坡和泥石流重大地质灾害,通过无人机提供的基础数据可以分析灾害严重程度及其空间分布,帮助政府分配紧急响应资源,快速准确地获取泥石流环境背景要素信息,而且能够监测其动态变化,为准确地预报提供基础数据。

2010 年 8 月,怒江贡山特大泥石流灾害发生后,现场环境十分恶劣,整个泥石流沟长有 14 km,车辆无法前进,救援人员只能徒步推进 3 km。在此情况下,云南省国土资源厅及测绘局首次使用无人机,依托当地一个小学操场起飞,对整个泥石流发生点进行图像采集,为救灾提供了重要信息。

(5)地震救援。2008 年 5 月 12 日,四川汶川突发特大地震,造成了巨大的人员与财产损失。由于灾区交通、通信部分中断,灾情信息无法获取。受天气及设备限制,在地震发生的第一时间错过了通过遥感或航空摄影获取灾情严重程度与空间分布的最佳机会,这给及时确定救援方案带来了一定的影响。这时由中国科学院遥感应用研究所带头成立无人机遥感小分队,在第一时间利用无人机在 40~2 000 m 的低空遥感平台采集高分辨率影像,无人机凭借其机动快速、维护操作简单等技术特点,获取到灾区的房屋、道路等损毁程度与空间分布、地震次生灾害如滑坡崩塌等具体情况,以及因此而形成的堰塞湖的分布状态与动态变化等信息,为救援、灾情评估、地震次生灾害防治和灾后重建工作提供了科学决策依据。

2.城市管理

无人机由于飞行条件要求低、反应快、控制简单、传送图像更便捷和价格便宜等优势,所以在城市管理和建设中具有非常广阔的应用前景。

(1)城市灾害的监控。当城市的爆炸、火灾和水灾等灾害发生时,救援人员无法或不能很快进入受灾区域,这时可利用无人机携带的照相机或摄像设备对受灾区域进行侦查,同时将航拍图像传送回来,便于救援人员及时了解灾情。例如在危险品爆炸火灾现场,在不清楚现场情况下,可首先利用无人机对现场进行侦查并将侦查数据传回,帮助救援人员及时了解现场情况,以便做出正确的决策。

(2)小区域的航拍测绘。利用旋翼无人机携带摄像机进行航拍,可获得城市中小区域的影像数据。对这些数据进行专门处理后,可以得到一些测绘数据,也可以方便地形成三维图像。例如,对某个小区进行简单的测绘,对小型旅游景点航拍图进行后期处理,可方便、迅速和低成本地生成三维图像,用于宣传与推荐。

(3)城市违章建筑巡查。清理城市违章建筑是城市管理的重要工作。通过航拍图像,可以及时发现新出现的违章建筑,特别是高楼上的违章建筑,这些违章建筑危险性大且具有隐蔽性,只有在空中才能发现。通过无人机提供的航拍图像,不仅能够轻易发现是否存在违章建筑,对违章建筑定位,而且可以测量违章建筑的面积和高度。

(4)城市反恐。城市反恐是城市管理中面临的新问题。在反恐指挥控制中,掌握恐怖分子的分布、人质的情况等对指挥决策有重要的作用。无人机可以在人员的操控下飞到恐怖分子所在区域,采用悬停等控制飞行方式通过窗口等观察内部的情况。如果恐怖分子绑架人质的地点在高楼层中,利用无人机悬停是侦查的最佳手段。

(5)大型活动现场监控。城市中的大型活动,如集会等,监管难度通常很大,由于人数多,出现突发事件的可能性很大。通过无人机在空中监控活动区域,可以帮助管理机构实时掌握活动现场情况并根据需要重点观测某个区域,及时发现异常并持续监控。

3.农林、环保、科教文化应用

(1)农林应用。无人机遥感在农林行业的应用主要以调查、获取和评估为主,更注重调查现状和地理属性信息,如作物长势、病虫灾害、土壤养分、植被覆盖或旱涝影响等信息,对绝对定位精度、三维坐标观测精度要求较低。在农业方面,我国无人机遥感已在农业保险赔付、小面积农田农药喷施及农田植被监测方面有了一定的应用;在林业方面,无人机遥感在森林调查中的应用还很少,主要应用于林火监测。

1)农业信息化。无人机作为新型遥感和测绘平台,相比于传统的卫星航空观测更加方便灵活,分辨率更高,数据信息也具有更高的准确度,因此在农业信息化领域得到了广泛的应用。例如,在土壤湿度监测方面,无人机也能起到重要作用。监测区域土壤湿度有利于对农作物进行信息化管理。传统的土壤湿度监测站不能满足大面积、长期的土壤湿度动态实时监测的要求,限制了其在农业信息化、自动化方面的发展及应用,而光学设备在高空中会受到云层的阻碍,使观测不易进行,因此无人机的应用成为解决问题的关键。无人机可搭载可见光近红外光设备作为监测手段,通过对比图像的特性,得到关键信息,保证所建立模型的高准确性,完成土壤湿度的合理化监测、信息采集与建模,是农业信息化的关键一步。

2)农作物植保。无人机技术在农作物植保方面的应用主要体现在农作物的病虫害监测及农药喷洒方面。病虫害是影响农作物产量和质量的关键因素之一,对于农药喷洒,传统的人工及半人工的方式已经不能满足现代农业生产的规模化种植的需要,而且喷药人员中毒事件时有发生。无人机用于农药喷施就具有极大的优势,在国内外的应用中,日本等发达国家将无人机用于植保已经比较成熟,我国无人机植保起步较晚,但随着近年来无人机行业的火热,植保无人机一经推出便引起广泛关注。植保无人机可以有效地实现人和药物的分离,安全高效。目前,国内植保无人机领域的研究在不断加深,推广速度和市场认知度也在不断提高,植保无人机的市场前景非常广阔。

3)农业精准化。农业精准化是当前农业发展的必然趋势,主要是利用信息技术对农业进行定时、定量和定位的管理与操作,目的是以最小的成本获取最大的利润收入,并且减少农业污染,改善农业生态环境,将资源利用最大化。实现农业精准化要建立在农业信息化的基础之上,无人机可以随时监测农作物长势、土地条件变化、病虫害预防和农药肥料施用效果等信息,并可作为农业生产决策的关键定量的参考信息,从而可以有所依据地对农作物进行相应的支持处理,既节省了资源,又实现了可持续发展。

(2)环保应用。由于无人机遥感系统具有低成本、高安全性、高机动性和高分辨率等技术特点,所以其在环境保护领域中的应用有着得天独厚的优势。在建设项目环境保护管理、环境监测、环境监察、环境应急和生态保护等方面,无人机遥感系统均能够发挥其强有力的技术支持作用。

1)在环境监测中的应用。

A. 水污染领域。借助系统搭载的多光谱成像生成多光谱图像,可直观辨别污染源、污染口、可见漂浮物等;生成的分布图可为环境评价、环境监察提供依据,全面监测地表水环境质量状况,提供水质富营养化、水华、水体透明度、悬浮物、排污口污染状况等信息的专题图,从而达到对水质特征污染物监视性监测的目的。

B. 大气污染。进行长期的大气污染跟踪监测,获取 PM2.5 等大气污染物浓度的三维分布数据,这一研究可为雾霾预报、防治提供更精确的数据资料。目前,对大气污染的监测主要集中在地面,高空污染监测比较少,而这种地面监测很难使我们明确雾霾的生消和扩收规律。

利用无人机飞行系统搭载污染区域气体采集设备对高空垂直断面大气污染情况进行采集分析,达到对大气数据检测装置微型化、高精度、高实时性的要求。

2)在环境应急中的应用。无人机在环境应突发事件中,可克服交通不利、情况危险等不利因素,迅速赶到污染事故所在空域,立体地查看事故现场、污染物排放情况和周围环境敏感点分布情况。搭载的影像平台可实时传递影像信息,监控事故进展,为环境保护决策提供准确信息。

无人机使环保部门对环境应急突发事件的情况了解得更加全面、对事件的反应更加迅速、相关人员之间的协调更加充分、决策更加有依据。无人机的使用还可以大大降低环境应急工作人员的工作难度,同时工作人员的人身安全也可以得到有效的保障。

3)在生态保护中的应用。自然保护区和饮用水源保护区等需要特殊保护区域的生态环境保护一直以来是各级环保部门的工作重点之一,而自然保护区和饮用水源保护区大多有着面积较大、位置偏远、交通不便的特点,其生态保护工作很难做到全面细致,环保部门可利用无人机每年同一时间获取需要特殊保护区域的遥感影像,通过逐年影像的分析比对或植被覆盖度的计算比对,可以清楚地了解该区域内植物生态环境的动态演变情况。无人机生成的高分辨率影像甚至还可以辨识该区域内不同植被类型的相互替代情况,对区域内的植物生态研究也会起到参考作用。区域内植物生态环境的动态演变是自然因素和人为活动的双重结果,如果自然因素不变而区域内或区域附近有强度较大的人为活动,逐年影像也可为研究人为活动对植物生态的影响提供依据。当自然保护区和饮用水源保护区遭到非法侵占时,无人机能够及时发现,影像也可作为生态保护执法的依据。

4)在环境监察中的应用。当前,工业企业污染物排放情况复杂、变化频繁,环境监测工作任务繁重,环境监察人员力量也显不足,监管模式相对单一。无人机可以从宏观上观测污染源分布、排放状况及项目建设情况,为环境监察提供决策依据;同时,通过无人机监测平台对排污口污染状况的监测,也可以实时快速跟踪突发环境污染事件,捕据违法污染源并及时取证,为环境监察执法工作提供及时、高效的技术服务。

(3)科教文化应用。在科教文化领域,主要是开展航空科技与遥感等技术理论方法研究,通过无人机遥感实践来从事理论教学和技术验证、科研创新。在影视文化旅游等方面,主要是开展一些文化创意、多元素融合的活动,内容包括无人机教学竞赛表演、影视记录、广告宣传和科考探险等。该领域对精度和地理属性要求不高,注重的是活动的过程中所蕴含的科技文化内涵及这些相关事物带来的社会影响等。目前,一些院校已开设了无人机遥感相关专业,如西北工业大学、北京航空航天大学等。

中国开展的第 33 次南极科学考察中有北京师范大学专门派遣的一个无人机小组。2017 年 2 月,他们在南极共完成无人机航拍作业 7 架次,获取南极中山站周边地区航拍影像 14 000 余张,累积覆盖面积超过 500 km^2。除进行南极环境遥感监测外,还协助考察队"空中探路"进行了海冰运输等保障工作。

4. 海洋监测管理

(1)海洋监测。

1)灾害监测。近年来,浒苔、赤潮、海冰风暴潮等海洋自然灾害频发,不断影响我国沿海地区的生产和生活,造成了巨大的经济损失。然而,由于对这些灾害缺乏全面、及时的信息掌握,造成预报不及时、监测不准确和处置不合理等结果。利用无人机搭载遥感传感器摄取灾害区域影像,搭载摄像设备拍摄现场实时视频,获取灾情信息,比其他常规手段更加快速、客观和全面,能够达到灾前预报、灾中监控、灾后评估"三效合一"的监测效果。

2)灾前预报。利用无人机在灾害频发时段加强对海域的巡检,视察防洪大堤是否受损,调查浒苔、赤潮、海冰的分布,预测走向,及时向可能受到危害的地区发布灾害预警;并且可通过长时间的观测,掌握灾害发生的规律,以便在后期做到提前预知,采取应对措施。

3)灾中监控。在海洋灾害发生时,一方面,通过无人机调查灾害发生的范围、程度,制定合理的消灾方案;另一方面,利用无人机在空中获取的实时遥感影像、视频,布置清灾方案,指挥消灾任务,观察消灾成效。

4)灾后评估。与 GIS 技术相结合,对无人机获取的受灾海域遥感数据进行分析,提取受灾范围、受灾等级、损失程度等量化信息,指导灾后补救和后期防范。

(2)海洋测绘中的应用。港口、河流入海口、近海岸等水陆交界地带是人类活动相对频繁的海域,在人为因素和自然因素的作用下,这些区域的地形地势变化也比较频繁。人为因素方面,随着经济的发展和需求,人们对水陆交界海域的开发利用度不断增强,如填海造地、养殖区扩展、港口平台搭建等;在自然环境因素的作用下,海岸侵蚀造成海岸线变更,入海口冲击、淤积等原因造成入海口地形变更。加强对这些海域的测绘,对指导人们的开发和利用具有重要意义。利用无人机进行海洋测绘比传统的测绘方法速度快,并能深入海水区域,获取的遥感数据具有更高的空间分辨,可以完成大比例制图。从无人机遥感影像中可以提取海岸、入海口、港口等海域的轮廓线及其变化,结合 GIS 技术对面积、长度、变化量等量化分析并预测变化趋势。在填海造地时,可利用无人机搭载 LiDAR 实时测量填造区域,指导工程的实施。利用 SAR 和高光谱遥感数据可以探测浅海区域的海底地形,绘制海底地形图。利用 LiDAR 数据建立海岸线 DEM,可为风暴潮的预警提供参考。在海岛礁测绘中,利用无人机同时搭载 LiDAR 和光谱传感器获取多源数据,提取海岛礁的轮廓线、面积、DEM、覆被类型等信息,可建立三维海岛礁模型。

(3)海洋参数反演中的应用。海洋是全球气候变化中的关键部分,海水温度、盐度、海面湿度等环境参数是全球气候变化乃至地球水循环的重要输入参数。遥感技术是快速大范围监测海洋环境参数的有效手段,可以对海洋进行长时间连续观测,为气候变化、水循环和海洋动力等研究提供依据。

无人机可以监测局部重点海域的环境参数,是卫星遥感大范围监测的重要补充,为海洋区域气候、海洋异常变化、海洋生态环境、入海口海水盐度变化、沿海土地盐碱化等研究提供数据信息。无人机获取的海洋环境参数还可以为海上油气平台、浮标、人工建筑等耐腐蚀性、抗冻性研究提供数据支持。

无人机配备微波辐射计、热红外探测仪、高光谱成像仪等传感器探测海洋并得到遥感数据,利用海洋参数的定量遥感反演算法模型反演海洋的各个参数。目前,反演模型大多是统计模型,利用遥感数据与反演的海洋参数之间建立起统计关系,通过统计回归的方法可以反演得到海洋温度、湿度、盐度等环境参数。

(4)海事监管中的应用。无人机配备高清照相机、摄像机及自动跟踪设备,可以执行海上溢油应急监控、肇事船舶搜寻、遇险船舶和人员定位、海洋主权巡察等任务,能够快速到达事故现场,立体地查看事故区域、事故程度、救援进展等情况,即刻回传影像和视频,在事故调查、取证等工作中为事故救援决策提供实时、准确的信息,监视事故发展,是海事监管救助的空中"鹰眼"。另外,由于无人机的特殊性,其抗风级大,遥控不受视觉条件限制,比舰载有人直升机更适于恶劣天气下的搜寻救助工作;一旦发生危险,不会危及参与搜救人员的生命,最大限度地规避了风险,是海洋恶劣天气下搜寻救助的可靠装备。目前,我国利用无人机进行海域巡检、监管已经开始进入业务阶段。

5.国土资源行业的应用

(1)建设应急防灾体系,建立无人机低空遥感体系。利用无人机遥感技术,能切实提高突发事件的响应和处理能力:一方面能及时反映地质灾害事故发生后的真实影响范围和损失估量等翔实数据,为领导辅助决策提供重要参考依据;另一方面能够通过对地质灾害多发点进行定时无人机低空巡查,获取真实的灾害点信息,有效防御地质灾害的发生,减少灾害损失。

(2)变更地籍数据库。利用无人机遥感技术,以进行地籍变更范围的快速提取,利用自动相关制图软件完成地形数据的快速测图,完成数字化的 4D 产品。同时,采用高精度的倾斜摄影成像手段,在云下 500 m 高空飞行可以完成 1:500 航拍图的测量,并通过边缘提取、自动勾画等技术制作完成地籍入库数据和地籍数据库的年度变更。

(3)农村集体土地承包经营权确权颁证。农村集体土地承包经营权确权颁证牵涉范围广泛,特别是在偏远、道路崎岖的山林,需要大量的时间去支导线,既降低了测量的精度,也加大了测量环境的复杂性。利用无人机遥感技术丰富的影像信息和较高的精度和效率,可以很好地实现农村集体土地承包经营权确权颁证"一体化"发证。

(4)动态巡查监管。通过无人机遥感监测成果,可及时发现和依法查处被监测区域国土资源违法行为,建立利用科技手段实行国土资源动态巡查监管,违法行为早发现、早制止和早查处的长效机制。特别是在违法不易发现地区,利用无人机低空遥感真彩色正射影像数据,执法人员可以更清楚直观地查处违法事实,并通过数据抽取和深加工制作现场照片,成为立案证据。

(5)建设国土资源"一张图"。无人机低空遥感成果可以广泛应用于国土资源"一张图"基础数据中。其中最直观的是影像数据,也可以是通过影像处理进行空中三角测量形成信息化的 4D 产品。经过半自动化的处理库,有力地补充了"一张图"核心数据库,保证了数据的实时性和统一性,既提高了技术员及部门的话语权,也便于提高领导决策的科学性和准确性,为各级部门领导及主要决策者提供最实时的土地管理相关信息。

6. 矿业、能源、交通等领域的应用

无人机遥感已被广泛应用在矿石开采、电力石油管线的选址与巡检、交通规划和路况监测等各项工作中。在矿业领域,利用无人机遥感技术获取矿区数据资料,实现矿区的有效监测,从而为矿区的开采工作提供保障;在电力与石油管线等能源领域,对重大工程的选址、选线、巡线、运行和管理等作用明显,能够满足施工建设过程的持续监测需求;在交通领域,无人机遥感技术能够从微观上进行实况监视、交通流的调控,构建水陆空立体交管,实现区域管控,确保交通畅通,应对突发交通事件,实施紧急救援。

(1)矿业应用。随着我国国民经济的迅速发展,矿产资源的需求越来越大,矿产资源对国民经济发展的瓶颈制约凸显。面对经济发展的迫切需求,找矿的难度越来越大。无人机遥感是地质找矿的重要新技术手段,在基础地质调查与研究、矿产资源与油气资源调查和矿山开采等方面都发挥了重要作用。无人机遥感技术在矿业的各个重要环节都能派上用场,如爆破、规划采矿操作及矿井的生态重建等。

1)爆破。矿井往往在比较偏远的地区,现有的地图信息很有可能不全面。在爆破工作初期,若能够直观熟悉周边整体环境,对爆破行动而言将十分有益。在过去,这一任务往往由专业的航拍公司来完成,相应的成本也十分高昂。这也导致了在实际操作过程中,只有到后期爆破阶段才会采用航拍手段来获取地图。

而在今天,无人机可以以较低的成本完成更好的工作。无人机可以在短时间内制作出一个地区的高清地图,有时只需数小时。由于飞行高度一般保持在 200~2 500 m,因此传统的飞行器必须配备 8 000 万像素以上的摄像头,而无人机最低可以飞行在 250 m 的高度,

只需配备一个 1 600 万像素的摄像头就能够制出更好效果的地图。至于卫星地图,由于距离遥远,其拍摄效果并没有无人机拍摄效果好,而且成本会更加昂贵。无人机在初期爆破阶段可以快速地进行航拍,成本仅需数千美元,相较之下,传统的飞行器拍摄图像则需要 10 倍的花费。

2)采矿操作。在实际的采矿工作中,无人机可以发挥很大的作用,当前无人机最常用的一种应用是测量矿物体积。传统的矿物储量测量方式是由地面的调查员配备 GPS 在矿井并进行测量,如今许多矿井仍然采用这种方式。而无人机同样可以完成这一任务,与人工测量相比更为安全。无人机可以给墙体与斜坡建模,估算矿井稳定性;无人机还可以飞到离矿井墙体很近的地方观察细节。用无人机进行 3D 建模的成本比较低廉,因此利用无人机还可以重复调查以验证所采集数据的准确性。

3)生态重建。在矿井的生态重建阶段,了解矿井在开采前后的状态十分重要。通过无人机获取数据并生成准确的三维图像,可以帮助矿区尽可能恢复到开采之前的模样。利用无人机定期调查,还能帮助人们了解到生态恢复的进程。

2015 年 8 月 25 日,赣州市首次使用固定翼无人机进行矿业秩序巡查,上午对广东省和江西省交界区域进行非法开采的摸底巡查,下午对寻乌县石排工业园稀土矿山环境恢复治理区域进行拍摄,当天两次巡查的航拍总面积约 60 km^2,飞行时间约 3 h。

(2)能源应用。随着国民经济的迅速发展,国家对能源的需求越来越大,能源与人民的幸福生活息息相关,能源对于国民经济发展的重要性也越来越大。因此,能源战略一直是每个国家的重点战略。随着数字成像及平台、计算机和自动控制等技术的发展,无人机在能源领域中的应用越来越广泛,下面列出几种典型应用。

1)能源勘测设计行业。无人机目前在能源勘测设计行业中的应用主要包括以下几个方面。

A. 通过无人机摄影测量与遥感,为能源项目勘测设计提供基础测绘资料(包括 4D 测绘成果、场址实景三维模型等)和航拍地形图。大型无人机设备可测量大范围地形图。

B. 利用无人机辅助完成野外现场选址踏勘工作,可以比传统作业模式了解到项目区域更详细的信息,减轻部分调研工作。

C. 在施工图设计阶段,通过共享的平台现场,工作人员可以直观地看到设计成果并与设计者进行互动,设计人员可根据现场施工实际情况及时对设计方案进行调整,提高施工效率和设计成果质量。

D. 在项目施工现场,可通过无人机实时监测施工进度、工程量测量计量和施工安全等,在建设智慧工地中发挥重要作用。

2)光伏行业。无人机可为光伏行业定制测绘、测温和自动巡检等光伏行业解决方案,如大疆神思 XT 照相机在屋顶光伏板检测与大型光伏电站的运维上具备明显优势。神思 XT 照相机可以在短时间内扫描处于工作状态中的光伏板,能清晰地用影像呈现温度异常。通过使用神思 XT 照相机进行检测,用户能迅速确定出现故障的光伏板,及时进行修复,保障发电站处于最佳状态。

3)风力发电场巡检。安全和效率是现代化的能源设施检测与维修的首要要求,用无人机可从空中对大型设施进行全面检测。传统手段在大型设施检测中很难达到两者的统一,特别对于风力发电机的检测更为复杂,也更具挑战性。传统检测风力发电机时,需要将工作人员运送到高空中进行作业,不仅有很大的安全隐患,而且需要在检测前停工,影响发电效率。

与传统手段相比,使用无人机让风力发电机检测变得更安全、便捷。无人机定位精准,可从空中接近风力发电机,检测人员的安全风险大幅降低。另外,无人机先进的环境感知避障功能与精确到厘米级的稳定飞行定位技术,可以有效避免撞击事故,确保飞行的安全。

4)电力线路巡检。输电线路跨越数千千米,交错纵横,分布广泛,架设高度高,使得电网系统的维护困难重重。以往电力线路巡检工作是通过直升机完成的,现在先进的无人机技术让电力线路巡检工作变得更简单高效。

5)核电站巡检。原子能是当今极为有效的能源之一。为保障核设施的安全,必须对反应堆进行严格的巡检。然而近距离检测可能给相关人员带来辐射危害,而使用无人机进行远程巡检能将危害降至最低。无人机搭载可见光照相机和红外照相机开展工作,高精度红外照相机能够检测 0.1℃的温差成像差别,从而可有效地探测肉眼无法觉察到的潜在裂缝及结构变形;可见光可满足不同巡检场景的需求。

6)石油管道巡检。无人机巡检系统以技术先进、性能稳定著称,可完成各种地勘巡察任务。将无人机用于输油管道的巡检可直观显示管道线路及地表环境的实际状况,为能源管道系统快速、准确获取第一手信息,实施高效科学决策,保证输油管道安全运行提供新的技术解决方案,同时也是石油能源应急联动系统的重要组成部分。

(3)交通应用。交通行业每年新增公路里程约 100 000 km,铁路约 1 000 km,因此对无人机的遥感应用需求旺盛。

1)桥梁检测。桥梁多跨越江河,凌空于山洞。在桥梁日常检查与定期检查中,传统观察段有限,危险性高,准确率低,效率低,经济投入大。针对净空较高、跨河桥梁的检测,无人机应用可达到事半功倍的效果。无人机可通过搭载不同的传感器获得所需的数据并用于分析,根据桥梁检测的特殊性,通过在无人机侧方、顶部和底部多方位搭载高清摄像头、红外线摄像头,可方便地观察桥梁梁体底部、支座结构、盖梁和墩台结构等病害情况,视频及图片信息可实时回传。斜拉桥与悬索桥主塔病害情况检测也不需要人员登桥作业,桥梁检测工作更为安全。有了红外线摄像头的辅助,无人机可快速检查出桥梁结构中渗漏水、裂缝等病害。多旋翼无人机可定点悬停,便于对病害部位仔细检查。相比桥检车与升降设备,无人机轻巧灵动,效率高,投入小。

2)施工监控施工规划阶段,无人机搭载高清摄像镜头与测绘工具,回传施工用地的图像、高程、三维坐标及 GPS 定位,后台分析软件对数据识别拼接、3D 建模及估测土方量等,对施工场地的布置和道路选线等提供强有力的信息支持。施工阶段,无人机采集影像资料,可直观地获取工地施工进展情况,在桥梁合龙等关键工序实施过程中,借助无人机开阔的视野,可协助发现施工现场的安全隐患。

3)线路巡检。在公路线路的线路巡检中,无人机效率高,可增加巡检频率,加强对线路的了解。通过公路巡检,可采集全线道路信息,包括车辙、坑槽等破损路面的图片信息,回传地面站,由后台分析软件对图片分析归类并形成分析报告,辅助现场养护任务的决策。公路侧的违章占道、摆放也可以通过图像对比技术及时发现并得到处理。

在高速公路危险品事故应急处理问题中,无人机可代替人员进行初步的事故现场助查,为事故处理方案的制订提供一手信息。若现场信息不明,贸然出动工作人员进入事故现场,可能会造成不必要的伤亡。

4)交通协管。无人机在交通协管中,可用于拥堵事件采集、事故快处快赔、视频抓拍执法、重点车辆查处、案件分析和道路监控等。

A.交通节点高空视频采集。可对道路基础数据进行采集、存储和应用,对各大路口、重要路口段和交通附属设施进行高空视频采集,长期保存,以供交通大数据分析使用。数据可供交通规划、交通建设等部门应用。

B.交通拥堵节点数据的采集、分析。有些方没有安装固定的视频采集点,或者固定采集点的角度无法很好地体现。作为固定视频的补充,利用无人机可以更好地了解拥堵节点的交通状况。

C.道路交通工程改造前后对比数据的采集分析。改造前后可以通过视频采集进行对比,一目了然。

7.公共安全领域

无人机遥感在公共安全领域的应用主要是提供了一种轻便、隐蔽和视角独特的工具,在确保公共安全领域工作人员人身安全的同时能够得到最有价值的线索和情报,对获取时效性和图像分辨率要求较高,对无人机系统出勤率要求较高。目前多旋翼无人机的使用最多,其次是跨境特殊任务的长航时高隐蔽性无人机。

(1)常规公共安全领域。小型无人机可以应用于反恐处突、群体性突发事件和活动安全等方面。例如,一旦发生恐怖袭击事件,无人机可以代替警力及时赶往现场,利用可见光热成像设备等把实时情况回传给地面设备,为指挥人员决策提供依据;再如,发生群体性事件、大型活动或在搜索特定人员等方面,小型无人机可以快速响应,机动灵活,既可以传输实时画面,又可以投送物品、传递信息,如果加装扬声器也可以喊话传递信息。

(2)边防领域。小型无人机的机动性高,续时长,利用地面站软件对飞行路线进行设置,可以对边境线进行长时间巡逻,或者专门对某些关键区域进行缉私巡逻。例如,我国云南等一些山区存在罂粟农作物种植的情况,通过为小型固定翼无人机配备光谱分析装置,对该区域进行定期扫描式检测飞行,可以达到高效监管的作用。

(3)消防领域。小型无人机可以配备红外热成像视频采集装置,对区域内热源进行视频采集,及时准确地分析热源,从而提前发现安全隐患,降低风险和损耗。例如,某高层建筑突发火灾,地面人员无法看到高层建筑中的真实情况,这时可以派出无人机飞到起火的楼层,利用机载视频系统对起火楼层人员状况进行实时观察,从而引导相关人员进行施救。

(4)海事领域。一旦发生海难,仅仅利用海船只进行搜寻的效率太低,因而利用无人机搭载视频采集传输装置,对海难出事地进行搜寻,并以此为中心点,按照气象、水文条件等对飞行路线进行导航设置等,可以及时搜救生还者,引导附近救援船只营救。另外,对于一些重点航道、关键水域,海事部门也可以通过无人机对非法排污船只进行监测,以此取证。

6.4　实验:无人机航拍摄影

1.实训目的

(1)能够驾驶四轴多旋翼航拍无人机进行安全飞行;

(2)能够驾驶四轴多旋翼航拍无人机进行摄影和视频拍摄;

(3)能够组成驾驶员和观察员的双人工作小组,执行飞行任务。

2.实训内容及要求

(1)学习航拍无人机的驾驶方法和相机摄影基础知识;

(2)使用四轴多旋翼航拍无人机拍摄一组校园生活照片和视频;

(3)对拍摄照片和视频进行删选,分析拍摄优缺点,选出至少3张照片和一段视屏作为成果。

3.实训步骤

(1)熟悉常用品牌无人机的拍摄功能(以 DJI Air 2S 为例)。

1)拍照与录像(见图6-1)。DJI FLY 手机软件图传页面中点击右侧拍照模式,可以选择拍照、录像、一键短片等模式,右下角的相机参数菜单用于调节相机参数,遥控器左端的拨轮可以调节云台俯仰角度,前端的切换按键可进行拍照、录像的自由切换,搭配遥控器右端的拍摄按键,可实现快速拍照和录像功能。在录像模式下,可通过以下操作实现数字变焦功能:上下拖动 DJI FLY 飞行页面的变焦按钮,或点击变焦倍数,或双指在屏幕上做放大、缩小动作,或按住遥控器 Fn 键后调节云台拨轮实现变焦。点击右下角的相册按钮,可以查看和下载已拍摄的素材。

2)无限连拍功能(见图6-2)。在 DJI FLY 手机软件图传页面中选择拍照,进入单拍模式,长按手机软件中的拍摄按键,或者长按遥控器的拍摄按键,即可进入无限连拍模式,快门旁边的数字表示当前拍摄照片的张数,拍摄完成后,点击进入回放页面,根据照片左下角的连拍标志,选择想要查看的连拍照片合集,点击查看所有连拍照片。勾选想要使用的照片,点击"确定",即可进行下载或者删除操作。

图6-1　拍照与录像

图6-2　无限连拍功能

3)大师镜头(见图6-3)。起飞前,观察周围环境,选择无障碍、无遮挡的开阔场地。起飞后,将飞行器调整到合适的角度与位置,点击屏幕右侧拍摄模式入口,选择大师镜头功能。

图 6-3　大师镜头

锁定拍摄目标后,飞行器会根据拍摄目标的类型和距离,自动匹配三种不同的飞行轨迹:人像、近景、远景。当飞行画面出现人物时,可以点击图传画中的"+"号图标或者手动框选人物,选择目标后,左下角小地图(见图 6-4)将自动展开,此时,地图上会出现本次飞行的预计区域和轨迹,根据拍摄环境的需要,可以调整拍摄区域的宽度、长度和高度。

图 6-4　左下角小地图

点击设置起点,自动,飞行器在开始拍摄后会自动调整初始拍摄位置,点击设置起点,当前,飞行器会以当前位置作为初始位置,点击"start"按钮,开始拍摄,拍摄过程中,飞行器会自动执行缩放变焦、中景环绕、近景环绕、渐远、远景环绕、抬头前飞、冲天、后拍旋转、平拍下降和扣拍下降,拍摄完成后,飞行器将会返回初始位置。当框选目标为景物时,点击"start"按钮开始拍摄后,飞行器将会测算与目标之间的距离,自动判定并选取近景或远景拍摄轨迹,并将飞行轨迹显示在小地图中。进入近景轨迹拍摄时,飞行器会自动执行渐远、远景环绕、抬头前、近景环绕、冲天、扣拍前飞、扣拍旋转、平拍下降、扣拍下降。进入远景轨迹拍摄时,飞行器会自动执行渐远、远景环绕、抬头前飞、横滚前飞、近景环绕、缩放变焦、中景环绕、冲天、平拍下降和平拍旋转。拍摄过程中,如果想要主动退出大师镜头,可以在手机软件右侧点击"X"图标或短按遥控器的智能返航按键,此时飞行器将会自动退出大师镜头拍摄并原地悬停。拍摄环绕类镜头时,Air 2S 的机头朝向飞行运动方向,而云台始终聚焦于拍摄主体,利用前视传感器实现一定的侧面感知能力。在风速较大或者目标物较高等情况下,可以将拍摄控制切换为"构图优先"选项,避免桨叶入画。

拍摄结束后,飞行器将自动生成预览视频,可以点击当前画面右下角浮窗,或者点击"回放"图标,对拍摄完的视频进行预览。点击右下角图标,进入模板选择页,选择不同的模板可进行个性创作,点击"√"号图标,完成创作后,可以通过右上角的分享按钮,轻松与好友分享美好时刻

4）焦点跟随模式（见图 6-5）。该模式包含聚焦、跟随、环绕。注意，使用焦点跟随模式前，确保飞行器处于无障碍、无遮挡的开阔环境。起飞后，将飞行器上升至离地面适当的高度，焦点跟随模式支持三种挡位进入，当手机软件成功显示图传页面后，可以在图传页面框选跟随目标，也可以先将"操控"页面的"目标扫描"开关打开，然后朝着飞行器挥动手臂，或者点击图传页面的绿色标志完成目标锁定。锁定跟随目标后，可以进一步选择飞行器的跟随模式。

图 6-5　焦点跟随模式

A. 聚焦。进入焦点跟随后，飞行器默认开启聚焦模式，点击手机软件界面或遥控器的拍摄按键，即可开启拍摄，此时，可以通过打杆来控制飞行器与拍摄目标的距离，或使用云台俯仰拨轮和变航杆来调节构图角度。

B. 跟随。跟随模式分别有追踪和平行两种子模式，选择"追踪"后，飞行器将会与目标保持一定距离跟随飞行，在飞行过程中，飞行器会自动测算与障碍物的距离，并规划路线绕开障碍物，选择"平行"，飞行器将会与目标的运动轨迹保持平行飞行，完成跟随模式选择后，点击手机软件界面或遥控器的拍摄按键，即可开启拍摄，一旦丢失跟随目标，飞行器将会保持原地悬停的状态。

C. 环绕。将 DJI Air 2S 飞行至合适的高度，锁定目标后，选择"环绕"，设置飞行器绕行的方向和速度，飞行器将以拍摄目标为中心，自动测量半径，随后飞行器将保持当前高度，环绕目标进行飞行，点击手机软件界面或遥控器的拍摄按键，即可开启拍摄。如何停止焦点跟随模式：任务过程中，点击手机软件下方的 STOP 按钮或短按一次遥控器的急停、智能返航按钮即可停止焦点跟随模式。

5）延时摄影（见图 6-6）。DJI Air 2S 拥有 4 种延时摄影模式：自由延时、轨迹延时、环绕延时、定向延时，4 种模式对应不同的飞行轨迹和镜头角度变化，以满足在多种场景下的创作要求。

图 6-6　延时摄影

　　构图时,确保拍摄画面的前景与飞行器保持一定的距离,调整好构图后,点击进入"延时摄影"模式,点击自由延时,设置拍摄间隔、视频时长以及最大飞行速度,飞行器将自动计算拍摄所需的时长,点击屏幕右侧按钮,即可开始拍摄。环绕延时,是以拍摄目标为圆心,环绕目标飞行并生成延时画面。点击环绕延时设置拍摄间隔、视频时长、环绕飞行速度以及环绕方向,框选拍摄目标后,点击屏幕右侧按钮,飞行器将自动测算飞行路径并开始拍摄。定向模式延时下,锁定航向后,飞行器将以当前机头朝向为航线方向,框选拍摄目标后,点击屏幕右侧按钮,机身将跟随目标转动进行拍摄,无论机头朝向如何,飞行器都将沿着锁定方向直线飞行,若不框选拍摄目标,飞行器将沿着锁定的航向进行直线飞行,拍摄出完美的直线延时作品。在轨迹延时模式下,飞行器可以根据预设好的拍摄场景进行自动飞行并拍摄。点击轨迹延时,将飞行器飞到指定位置,改变飞行器偏航角度及云台俯仰角度来添加拍摄场景,点击屏幕右侧按钮,飞行器将自动测算飞行路径并开始拍摄。"设置去景点"界面的左上方为轨迹延时任务库,可以在任务库内保存当前轨迹,也可以调用已保存的轨迹。

　　6)一键短片(见图 6-7)。一键短片包含渐远、冲天、环绕、螺旋、小行星、彗星。一键短片模式新增扭头避障功能,为飞行安全增加保障。在满足设置的距离范围内,建议选择无障碍、无遮挡的开阔环境飞行。

　　当不熟悉飞行轨迹时,先尝试较小的飞行距离,将飞行器起飞至地面 2 m 以上,点击右侧拍照功能按钮,选择"一键短片"模式。

图 6-7　一键短片

　　A. 渐远。选择"渐远",可以通过朝着飞行器挥动手臂,实现自动框选目标并快速进入短片拍摄的功能,也可以手动点击或框选拍摄目标,成功选择目标后,再点击"start"按钮,飞行器将面朝目标,一边后退一边上升。拍摄结束后飞行器将自动返回任务起点。

　　B. 冲天。选择"冲天",同时选择飞行器最大冲天距离,手动点击或框选拍摄目标,成功选择目标后,再点击"start"按钮,飞行器将竖直向上飞行,拍摄结束后飞行器将会自动返回任务起点。

　　C. 环绕。选择"环绕",同时选择飞行器环绕方向,也可以手动点击或框选拍摄目标,再点击"start"按钮,飞行器将以当前的距离为半径,按照设置方向环绕飞行一圈,并自动录像。

　　D. 螺旋。选择"螺旋",同时选择飞行器最大飞行半径,可以手动点击或框选拍摄目标,成功选择拍摄目标后,再点击"start"按钮,飞行器将以当前与目标距离为初始半径,参照黄金螺旋曲线,上升且后退,环绕拍摄目标飞行一圈,拍摄结束后,飞行器将会自动返回任务起点。

　　E. 小行星。选择"小行星",框选拍摄目标,成功选择目标后,再点击"start"按钮,飞行器将后退并上升到设置的距离,悬停拍摄全景。拍摄结束后,飞行器将会自动返回任务起点。

F.彗星。选择"彗星",框选拍摄目标,成功选择目标后,再点击"start"按钮,飞行器将在一定范围内,渐变飞行的环绕半径对目标进行拍摄。

任务过程中,可在手机软件右侧点击"X"图标,或短按遥控器的智能返航按键,此时,飞行器将会退出一键短片拍摄,并自动原地悬停。需要注意的是,在一键短片过程中,触碰遥控器摇杆也会导致一键短片终止。拍摄完成后点击"回放"图标,可以对拍摄好的视频进行预览,点击左下角的"下载"图标,可将原片或短片保存至移动设备本地。点击右下角的切换按钮,可以切换浏览视频的原片和生成的短片,也可以点击右下角的"编辑"图标,根据自己的喜好对原片或短片进行创作。

(2)选择较为开阔的场地进行航拍无人机的适应性飞行训练,了解图传知识和第一视角飞行知识,确保电量、指南针、IMU、传输信号、云台和相机等参数检查正常。

(3)在掌握飞行技术后,选择校园某一场地为拍摄对象,进行拍摄创作。

(4)飞行高度不得超过120 m,飞行范围不得超出校园,拍摄过程不得影响正常的教学、办公和休息活动。

(5)按小组创意设计需求拍摄一组照片或视频,拍摄建议如下:

1)拍摄前应设计好拍摄剧本,规划好无人机的运动航线,对可能影响飞行的障碍物做到心中有数,驾驶员和观察员密切配合,完成拍摄任务。

2)拍摄前应设定所需的相机参数,包括影像格式、影像比例、拍摄模式,拍摄过程中应注意对焦、曝光值、白平衡等常见参数的设置。

3)使用常见的航拍技巧拍摄照片,如正射、鸟瞰、局部;拍摄视频,如平移、后退、拉升、刷锅等。

4)导出照片和视频,进行拍摄总结,筛选出优质作品,做好统计。结果记录见表6-1。

表6-1 拍摄结果表

成果形式	初始数量	优质数量	拍摄缺点
照片	张数: 张	张数: 张	
视频	总时长: s	总时长: s	

行业应用中常用的鸟瞰和正射拍摄成果如图6-8和图6-9所示。

图6-8 鸟瞰图

图 6-9　正射图

习　题　6

1. 无人机航拍有哪些特点?
2. 无人机航拍应该注意哪些问题?
3. 简述测绘学的基本概念,并总结测绘学分类。
4. 测绘学研究的主要内容有哪些?
5. 测绘学有哪些作用?
6. 遥感基础有哪些作用?简述遥感基础的特点。
7. 遥感技术的分类有哪些?
8. 简述遥感技术的应用领域及在这些领域的作用。

附录　无人机相关文件

附录 A　无人驾驶航空器飞行管理暂行条例(征求意见稿)

第一章　总　　则

第一条　为了规范无人驾驶航空器飞行以及相关活动,保障飞行管理工作顺利高效开展,制定本条例。

第二条　在中华人民共和国境内辖有无人驾驶航空器系统的单位、个人和与无人驾驶航空器飞行有关的人员及其相关活动,应当遵守本条例。

第三条　无人驾驶航空器飞行管理工作,以习近平新时代中国特色社会主义思想为指导,坚持军民融合、管放结合、空地联合,实施全生命周期设计、全类别覆盖、全链条管理,维护国家安全、公共安全、飞行安全,促进无人驾驶航空器产业及相关领域健康有序发展。

第四条　无人驾驶航空器飞行管理应当坚持安全为要,降低飞行活动风险;坚持需求牵引,适应行业创新发展;坚持分类施策,统筹资源配置利用;坚持齐抓共管,形成严密管控格局。

第五条　本条例所称无人驾驶航空器,是指机上没有驾驶员进行操作的航空器,包括遥控驾驶航空器、自主航空器、模型航空器等。

遥控驾驶航空器和自主航空器统称无人机。

第六条　国务院、中央军委空中交通管制委员会领导全国无人驾驶航空器飞行管理工作,通过无人驾驶航空器管理部际联席工作机制,协调解决管理工作中出现的重大问题。各单位各部门依据有关规定负责无人驾驶航空器相关管理工作。

第七条　模型航空器管理规则,由国务院体育行政部门会同空军、国务院民用航空主管部门、国务院公安部门等单位参照本条例另行制定。

第二章　无人机系统

第八条　无人机分为国家无人机和民用无人机。民用无人机,指用于民用航空活动的无人机;国家无人机,指用于民用航空活动之外的无人机,包括用于执行军事、海关、警察等飞行任务的无人机。

根据运行风险大小,民用无人机分为微型、轻型、小型、中型、大型。其中:

微型无人机,是指空机重量小于 0.25 千克,设计性能同时满足飞行真高不超过 50 米、最大飞行速度不超过 40 千米/小时、无线电发射设备符合微功率短距离无线电发射设备技术要求的遥控驾驶航空器。

轻型无人机,是指同时满足空机重量不超过 4 千克,最大起飞重量不超过 7 千克,最大飞行速度不超过 100 千米/小时,具备符合空域管理要求的空域保持能力和可靠被监视能力的遥控驾驶航空器,但不包括微型无人机。

小型无人机,是指空机重量不超过 15 千克或者最大起飞重量不超过 25 千克的无人机,但不包括微型、轻型无人机。

中型无人机,是指最大起飞重量超过 25 千克不超过 150 千克,且空机重量超过 15 千克的无人机。

大型无人机,是指最大起飞重量超过 150 千克的无人机。

第九条　无人机生产企业规范、产品制造标准、产品安全性,应当符合相关规定。

中型、大型无人机,应当进行适航管理。

微型、轻型、小型无人机投放市场前,应当完成产品认证;投放市场后,发现存在缺陷的,其生产者、进口商应当依法实施召回。

第十条　销售除微型无人机以外的民用无人机的单位、个人应当向公安机关备案,并核实记录购买单位、个人的相关信息,定期向公安机关报备。

购买除微型无人机以外的民用无人机的单位、个人应当通过实名认证,配合做好相关信息核实。

第十一条　民用无人机登记管理包括实名注册登记、国籍登记。

除微型无人机以外的民用无人机应当向民用航空管理机构实名注册登记,根据有关规则进行国籍登记。

登记管理相关信息,民用航空管理机构应当与军民航空管、公安、工业和信息化等部门共享。

民用无人机登记信息发生变化时,其所有人应当及时变更;发生遗失、被盗、报废时,应当及时申请注销。

第十二条　使用民用无人机从事商业活动应当取得经营许可。

第十三条　民用无人机应当具有唯一身份标识编码;除微型无人机以外的民用无人机飞行,应当按照要求自动报送身份标识编码或者其他身份标识。

第十四条　具备遥测、遥控和信息传输等功能的民用无人机无线电发射设备,其工作频率、功率等技术指标应当符合国家无线电管理相关规定。

第十五条　民用无人机生产者应当在微型、轻型无人机的外包装显著标明守法运行说明和防范风险提示,在机体标注无人机类别。

第十六条　从事小型、中型、大型无人机飞行活动和利用轻型无人机从事商业活动的单位或者个人,应当强制投保第三者责任险。

第十七条　国家无人机的分类、定型、登记、识别、保险等管理办法,由相关部门另行制定。

第十八条　无人机、无人机系统技术的进出口应当遵守中华人民共和国相关法律法规。

个人携带或者寄递民用无人机入境,应当遵守相关管理规定。

第十九条　为维护国家安全、公共安全、飞行安全,保障重大任务,处置突发事件,军队、武警部队、公安机关和国家安全机关可以配备和依法使用无人机反制设备。无线电技术性阻断反制设备的使用,需经无线电管理机构批准。

第三章　无人机驾驶员

第二十条　轻型无人机驾驶员应当年满 14 周岁,未满 14 周岁应当有成年人现场监护;小型无人机驾驶员应当年满 16 周岁;中型、大型无人机驾驶员应当年满 18 周岁。

第二十一条　民用无人机驾驶员培训包括安全操作培训和行业培训。

安全操作培训包括理论培训和操作培训,理论培训包含航空法律法规和相关理论知识,操作培训包含基本操作和应急操作。安全操作培训管理由国务院民用航空主管部门负责。

行业主管部门对民用无人机行业应用有特殊要求的,可实施行业培训,行业培训包括任务特点、任务要求和特殊操控等培训。培训管理由行业主管部门负责。

第二十二条　操控微型无人机的人员需掌握运行守法要求。

驾驶轻型无人机在相应适飞空域飞行,需掌握运行守法要求和风险警示,熟悉操作说明;超出适飞空域飞行,需参加安全操作培训的理论培训部分,并通过考试取得理论培训合格证。

独立操作的小型、中型、大型无人机,其驾驶员应当取得安全操作执照。

分布式操作的无人机系统或者集群,其操作者个人无需取得安全操作执照,组织飞行活动的单位或者个人以及管理体系应当接受安全审查并取得安全操作合格证。

第二十三条　国家无人机驾驶员管理办法,由相关部门另行制定。

第二十四条　驾驶员应当接受民用航空管理机构、飞行管制部门以及公安机关进行的身份和资质查验。

第二十五条　因故意犯罪曾经受到刑事处罚的人员,不得担任中型、大型无人机驾驶员。

第四章　飞 行 空 域

第二十六条　无人机飞行空域划设应当遵循统筹配置、灵活使用、安全高效原则,充分考虑国家安全、社会效益和公众利益,科学区分不同类型无人机飞行特点,以隔离运行为主、兼顾部分混合飞行需求,明确飞行空域的水平、垂直范围和使用时限。

第二十七条　未经批准,微型无人机禁止在以下空域飞行:

(一)真高 50 米以上空域;

(二)空中禁区以及周边 2 000 米范围;

(三)空中危险区以及周边 1 000 米范围;

(四)机场、临时起降点围界内以及周边 2 000 米范围的上方;

(五)国界线、边境线到我方一侧 2 000 米范围的上方;

(六)军事禁区以及周边 500 米范围的上方,军事管理区、设区的市级(含)以上党政机关、监管场所以及周边 100 米范围的上方;

(七)射电天文台以及周边 3 000 米范围的上方,卫星地面站(含测控、测距、接收、导航

站)等需要电磁环境特殊保护的设施以及周边 1 000 米范围的上方,气象雷达站以及周边
500 米范围的上方;

(八)生产、储存易燃易爆危险品的大型企业和储备可燃重要物资的大型仓库、基地以及
周边 100 米范围的上方,发电厂、变电站、加油站和大型车站、码头、港口、大型活动现场以及
周边 50 米范围的上方,高速铁路以及两侧 100 米范围的上方,普通铁路和省级以上公路以
及两侧 50 米范围的上方;

(九)军航超低空飞行空域。

上述微型无人机禁止飞行空域由省级人民政府会同战区确定具体范围,由设区的市级
人民政府设置警示标志或者公开相应范围。警示标志设计,由国务院民用航空主管部门
负责。

第二十八条 划设以下空域为轻型无人机管控空域:

(一)真高 120 米以上空域;

(二)空中禁区以及周边 5 000 米范围;

(三)空中危险区以及周边 2 000 米范围;

(四)军用机场净空保护区,民用机场障碍物限制面水平投影范围的上方;

(五)有人驾驶航空器临时起降点以及周边 2 000 米范围的上方;

(六)国界线到我方一侧 5 000 米范围的上方,边境线到我方一侧 2 000 米范围的上方;

(七)军事禁区以及周边 1 000 米范围的上方,军事管理区、设区的市级(含)以上党政机
关、核电站、监管场所以及周边 200 米范围的上方;

(八)射电天文台以及周边 5 000 米范围的上方,卫星地面站(含测控、测距、接收、导航
站)等需要电磁环境特殊保护的设施以及周边 2 000 米范围的上方,气象雷达站以及周边
1 000 米范围的上方;

(九)生产、储存易燃易爆危险品的大型企业和储备可燃重要物资的大型仓库、基地以及
周边 150 米范围的上方,发电厂、变电站、加油站和中大型车站、码头、港口、大型活动现场以
及周边 100 米范围的上方,高速铁路以及两侧 200 米范围的上方,普通铁路和国道以及两侧
100 米范围的上方;

(十)军航低空、超低空飞行空域;

(十一)省级人民政府会同战区确定的管控空域。

未经批准,轻型无人机禁止在上述管控空域飞行。管控空域外,无特殊情况均划设为轻
型无人机适飞空域。

植保无人机适飞空域,位于轻型无人机适飞空域内,真高不超过 30 米,且在农林牧区域
的上方。

第二十九条 每年 10 月 31 日前,省级人民政府汇总各方需求并商所在战区后,向有关
飞行管制部门提出轻型无人机空域划设申请;11 月 30 日前,负责审批的飞行管制部门应予
批复,并通报相关民用航空情报服务机构;12 月 15 日前,省级人民政府发布行政管辖范围
内空域划设信息,国务院民用航空主管部门收集并统一发布全国空域划设信息;翌年 1 月 1
日起,发布的空域生效,有效期 1 年。

临时关闭部分轻型无人机适飞空域,由省级(含)以上人民政府或者军级(含)以上单位

提出申请,飞行管制部门根据权限进行审批,并通报相关民用航空情报服务机构。临时关闭期限通常不超过 72 小时,由省级人民政府于关闭生效时刻 24 小时前发布。遇有重大活动和紧急突发情况时,飞行管制部门根据需要可以临时关闭部分轻型无人机适飞空域,通常在生效时刻前 1 小时发布。

第三十条　无人机通常与有人驾驶航空器隔离运行,划设隔离空域,并保持一定间隔。已发布的轻型无人机适飞空域不影响隔离空域的划设。符合下列条件之一的,可不划设隔离空域:

(一)执行特殊任务的国家无人机飞行;

(二)经过充分安全认证的中型、大型无人机飞行;

(三)轻型无人机在适飞空域上方不超过飞行安全高度飞行;

(四)具备可靠被监视和空域保持能力的小型无人机在轻型无人机适飞空域及上方不超过飞行安全高度飞行。

第三十一条　飞行安全高度及以上、跨越飞行安全高度的隔离空域间隔,应当高于现行空域间隔规定;低于飞行安全高度的隔离空域间隔,可以适当低于现行空域间隔规定。

第三十二条　隔离空域申请,由申请人在拟使用隔离空域 7 个工作日前,向有关飞行管制部门提出;负责批准该隔离空域的飞行管制部门应当在拟使用隔离空域 3 个工作日前作出批准或者不予批准的决定,并通知申请单位或者个人。

申请内容主要包括:使用单位或者个人,无人机类型及主要性能,飞行活动性质,隔离空域使用时间、水平范围、垂直范围,起降区域或者坐标,飞入飞出隔离空域方法,登记管理的信息等。

第三十三条　划设无人机隔离空域,按照下列规定的权限批准:

(一)在飞行管制分区内划设的,由负责该分区飞行管制的部门批准;

(二)超出飞行管制分区在飞行管制区内划设的,由负责该管制区飞行管制的部门批准;

(三)在飞行管制区间划设的,由空军批准。

批准划设隔离空域的部门应当将划设的隔离空域报上一级飞行管制部门备案,并通报有关单位。

第三十四条　无人机隔离空域的使用期限,应当根据飞行的性质和需要确定,通常不得超过 12 个月。

因飞行任务需要延长隔离空域使用期限的,应当报经批准该隔离空域的飞行管制部门同意。

隔离空域飞行活动全部结束后,空域申请人应当及时报告有关飞行管制部门,其申请划设的隔离空域即行撤销。

已划设的隔离空域,经飞行管制部门同意后,其他单位或者个人也可以使用。

第三十五条　国家无人机执行飞行任务时,拥有空域优先使用权。

第五章　飞行运行

第三十六条　国家统筹建立具备监视和必要管控功能的无人机综合监管平台,民用无人机飞行动态信息与公安机关共享。国务院公安部门建立民用无人机公共安全监管系统。

第三十七条　从事无人机飞行活动的单位或者个人实施飞行前,应当向当地飞行管制部门提出飞行计划申请,经批准后方可实施。飞行计划申请应当于飞行前 1 日 15 时前,向所在机场或者起降场地所在的飞行管制部门提出;飞行管制部门应当于飞行前 1 日 21 时前批复。

国家无人机在飞行安全高度以下遂行作战战备、反恐维稳、抢险救灾等飞行任务,可适当简化飞行计划审批流程。

微型无人机在禁止飞行空域外飞行,无需申请飞行计划。轻型、植保无人机在相应适飞空域飞行,无需申请飞行计划,但需向综合监管平台实时报送动态信息。

第三十八条　无人机飞行计划内容通常包括:

(一)组织该次飞行活动的单位或者个人;

(二)飞行任务性质;

(三)无人机类型、架数;

(四)通信联络方法;

(五)起飞、降落和备降机场(场地);

(六)预计飞行开始、结束时刻;

(七)飞行航线、高度、速度和范围,进出空域方法;

(八)指挥和控制频率;

(九)导航方式,自主能力;

(十)安装二次雷达应答机的,注明二次雷达应答机代码申请;

(十一)应急处置程序;

(十二)其他特殊保障需求。

有特殊要求的,应当提交有效任务批准文件和必要资质证明。

第三十九条　无人机飞行计划按照下列规定权限批准:

(一)在机场区域内的,由负责该机场飞行管制的部门批准;

(二)超出机场区域在飞行管制分区内的,由负责该分区飞行管制的部门批准;

(三)超出飞行管制分区在飞行管制区内的,由负责该区域飞行管制的部门批准;

(四)超出飞行管制区的,由空军批准。

第四十条　使用无人机执行反恐维稳、抢险救灾、医疗救护或者其他紧急任务的,可以提出临时飞行计划申请。临时飞行计划申请最迟应当于起飞 30 分钟前提出,飞行管制部门应当在起飞 15 分钟前批复。

第四十一条　申请并获得批准的无人机飞行计划,组织该次飞行活动的单位或者个人应当在无人机起飞 1 小时前向飞行管制部门报告计划开飞时刻和简要准备情况,经放飞许可方可飞行;飞行中实时掌握无人机飞行动态,保持与飞行管制部门通信联络畅通;飞行结束后,及时报告飞行实施情况。

第四十二条　隔离空域内飞行,无人机之间飞行间隔应当不低于现行飞行间隔规定。

第四十三条　隔离空域外飞行,无人机之间、无人机与有人驾驶航空器之间应当保持一定间隔。

执行特殊任务的国家无人机或者经充分安全认证的中型、大型无人机,可与有人驾驶航空器混合飞行,无人机之间、无人机与有人驾驶航空器之间的飞行间隔,均不低于现行飞行间隔规定。

轻型无人机在适飞空域上方不超过飞行安全高度飞行,小型无人机在轻型无人机适飞空域及上方不超过飞行安全高度的飞行,且同时满足下列条件的,无人机之间、无人机与有人驾驶航空器之间的飞行间隔不高于现行飞行间隔规定:

(一)能够按要求自动向综合监管平台报送信息,包括位置、高度、速度、身份标识;

(二)遥控站(台)与无人机、飞行管制部门保持持续稳定的双向通信联络;

(三)航线保持精度上下各50米、左右各1 000米以内;

(四)能够自动按照预先设定的飞行航线和高度自主返航或者备降。

轻型无人机在适飞空域上方不超过飞行安全高度飞行,小型无人机在轻型无人机适飞空域及上方不超过飞行安全高度的飞行,不能同时满足上述条件的,无人机之间、无人机与有人驾驶航空器之间的飞行间隔不低于现行飞行间隔规定。

第四十四条　无人机飞行应当避让有人驾驶航空器飞行。轻型、植保无人机通常在相应适飞空域飞行,并主动避让有人驾驶航空器、国家无人机和小型、中型、大型无人机飞行;微型无人机飞行,应当保持直接目视接触,主动避让其他航空器飞行。

除执行特殊任务的国家无人机外,夜间飞行的无人机应当开启警示灯并确保处于良好状态。

未经飞行管制部门批准,禁止轻型无人机在适飞空域从事货物运输,禁止在移动的车辆、船舶、航空器上(内)驾驶除微型无人机以外的无人机。

第四十五条　在我国境内,禁止境外无人机或者由境外人员单独驾驶的境内无人机从事测量勘查以及对敏感区域进行拍摄等飞行活动。发现其违法飞行,飞行管制部门责令立即停止飞行,并通报外事、公安等部门及时处置。

第四十六条　与无人机飞行有关的单位、个人负有保证飞行安全的责任,应当遵守有关规章制度,积极采取预防事故措施,保证飞行安全。

微型无人机飞行,轻型、植保无人机在相应适飞空域飞行,两个及以上单位或者个人在同一隔离空域内飞行,无人机与有人驾驶航空器混合飞行,安全责任均由组织该次飞行活动的单位或者个人承担;其他飞行,安全责任依照相关规定执行。

第四十七条　无人机飞行发生特殊情况,组织该次飞行活动的单位或者个人作为飞行安全的责任主体,有权作出及时正确处置,并遵从军民航空管部门指令。组织民用无人机飞行的单位或者个人,应当在降落后24小时内向民用航空管理机构提交书面报告。

对空中不明情况和违法违规飞行,军队应当迅速组织空中查证处置,公安机关应当迅速组织地面查证处置,其他相关部门应当予以配合。

第四十八条　飞行空域和计划的审批情况应当接受社会和用户监督。各级空域管理部门应当主动提供单位名称、申请流程、联络方法、监督方式,国务院民用航空主管部门、省级人民政府负责发布,遇有变化及时更新。

第六章　法　律　责　任

第四十九条　对未按照适航管理规定设计、生产、销售、使用民用无人机的,由民用航空管理机构责令停止相关活动,处以 10 万元以上 100 万元以下罚款,如有违法所得,没收违法所得,并处违法生产产品货值金额 1 倍以上 5 倍以下的罚款;情节严重的,由相关部门吊销营业执照。

对未经产品认证擅自出厂、销售民用无人机的,由产品质量监督部门责令改正,处以 5 万元以上 20 万元以下罚款,如有违法所得,没收违法所得。

对私自改造无人机飞行控制系统,破坏空域保持和被监视能力,改变速度、高度、无线电发射功率等性能的行为,由工业和信息化部门、民用航空管理机构、产品质量监督部门等给予警告,暂扣或者吊销经营许可证、飞行合格证或者执照,并处以 2 万元以上 20 万元以下罚款。

第五十条　销售民用无人机的单位、个人未按照规定进行备案的,由公安机关责令改正,暂扣涉事无人机。销售民用无人机的单位、个人未按照规定核实记录购买单位、个人信息的,由公安机关对轻型、小型无人机销售单位、个人处以 1 千元以上 1 万元以下罚款,对中型、大型无人机销售单位、个人处以 5 千元以上 5 万元以下罚款。

第五十一条　未按照规定进行民用无人机实名注册登记从事飞行活动的,由军民航空管部门责令停止飞行。民用航空管理机构对从事轻型、小型无人机飞行活动的单位或者个人处以 2 千元以上 2 万元以下罚款,对从事中型、大型无人机飞行活动的单位或者个人处以 5 千元以上 10 万元以下罚款。

未按照规定进行民用无人机国籍登记从事飞行活动的,由军民航空管部门责令停止飞行。民用航空管理机构对从事轻型、小型无人机飞行活动的单位或者个人处以 1 万元以上 10 万元以下罚款,对从事中型、大型无人机飞行活动的单位或者个人处以 10 万元以上 50 万元以下罚款;如有违法所得,没收违法所得,并处违法所得 1 倍以上 5 倍以下的罚款。

第五十二条　违反规定携带或者寄递民用无人机入境的,由海关暂扣涉事无人机,并对携带或者寄递轻型、小型无人机的单位或者个人处以 5 千元以上 10 万元以下罚款,对携带或者寄递中型、大型无人机的单位或者个人处以 5 万元以上 50 万元以下罚款。

第五十三条　未满 14 周岁且无成年人现场监护而驾驶轻型无人机飞行的,由民用航空管理机构处以 200 元以上 500 元以下罚款。

未按照规定取得民用无人机驾驶员合格证或者执照驾驶民用无人机的,由民用航空管理机构处以 5 千元以上 10 万元以下罚款。超出合格证或者执照载明范围驾驶无人机的,由民用航空管理机构暂扣合格证或者执照 6 个月以上 1 年以下,并处以 3 万元以上 20 万元以下罚款。

第五十四条　违反本条例规定,未经批准飞入空中禁区的,由有关部门按照国家有关规定处置。违反本条例规定有下列情形之一的,由有关部门按照职责分工责令改正,给予警告;情节较重的,处以 1 万元以上 5 万元以下罚款,并可给予责令停飞 1 个月至 3 个月以及暂扣经营许可证、驾驶员合格证或者执照的处罚;情节严重的,处以 5 万元以上 20 万元以下罚款,并可给予责令停飞 2 个月至 1 年以及暂扣直至吊销经营许可证、驾驶员合格证或者执照的处罚;造成重大事故或者严重后果的,吊销经营许可证、驾驶员合格证或者执照,2 年内不受理其航空相关许可证书申请。

(一)未按照规定避让有人驾驶航空器飞行的;

（二）违反飞行限制条件飞行的；

（三）未经批准擅自飞行的；

（四）未按批准的飞行计划飞行的；

（五）未按要求及时报告或者漏报飞行动态的；

（六）未经批准飞入空中危险区或者除空中禁区以外其他不允许飞行空域的；

（七）发生影响飞行安全的特殊情况不及时采取措施，或者处置不当的；

（八）不服从管制指挥指令的。

第五十五条　国家无人机执行飞行任务发生违法违规行为的处罚办法，由相关部门另行制定。

第五十六条　违反本条例规定，构成违反治安管理行为或者其他行政违法行为的，依法给予治安管理处罚或者其他行政处罚；构成犯罪的，依法追究刑事责任。

对违反本条例规定的单位、个人，纳入社会信用管理系统，实施失信联合惩戒，同时将涉企行政许可、行政处罚等信息记于企业名下并在国家企业信用信息公示系统公示。

第七章　附　　则

第五十七条　民用无人机飞行管理及其相关活动，本条例没有规定的，适用《中华人民共和国民用航空法》《中华人民共和国飞行基本规则》《通用航空飞行管制条例》《中华人民共和国无线电管理条例》以及有关法律法规。

国家无人机飞行管理及其相关活动，本条例没有规定的，适用《中华人民共和国飞行基本规则》《中华人民共和国无线电管理条例》以及有关法律法规。

第五十八条　本条例下列用语的含义：

模型航空器，是指重于空气、有尺寸和重量限制、不载人、不具有控制链路回传遥控站（台）功能或者自主飞行功能，仅限在操纵员目视视距内飞行或者借助回传图像进行第一视角遥控操纵飞行的无人驾驶航空器，包括自由飞、线控、无线电遥控模型航空器。

遥控驾驶航空器，是指通过遥控站（台）驾驶的无人驾驶航空器，但不包括模型航空器。

自主航空器，是指在飞行过程中，驾驶员全程或者阶段无法介入控制的无人驾驶航空器。

遥控站（台），是指遥控驾驶航空器的各种操控设备（手段）以及相关系统组成的整体。

空机重量，是指无人机机体、电池、燃料容器等固态装置重量总和，不含填充燃料和任务载荷的重量。

最大起飞重量，是指受设计或者运行限制，无人机正常起飞所容许的最大重量。

空域保持能力，是指具有高度与水平范围的控制能力。

无人机系统，是指无人机以及与其相关的遥控站（台）、任务载荷和控制链路等组成的系统。

植保无人机，是指设计性能同时满足飞行真高不超过 30 米、最大飞行速度不超过 50 千米/小时、最大飞行半径不超过 2 000 米、最大起飞重量不超过 150 千克，具备可靠被监视能力和空域保持能力，专门用于农林牧植保作业的遥控驾驶航空器。

分布式操作，是指把无人机系统操作分解为多个子业务，部署在多个站点或者终端进行协同操作的模式,不要求个人具备对无人机系统的完全操作能力。

混合飞行,是指无人机与有人驾驶航空器在同一空域内的飞行。

隔离空域,是指专门为无人机飞行划设的空域。

飞行安全高度,是指避免航空器与地面障碍物相撞的最低飞行高度。

第五十九条　本条例于××××年×月×日起施行。

附录 B　民用无人机驾驶员管理规定(2018 年 8 月 31 日发布执行)

1. 目的

近年来随着技术进步,民用无人驾驶航空器(以下简称无人机)的生产和应用在国内外得到了蓬勃发展,其驾驶员(业界也称操控员、操作手、飞手等,在本咨询通告中统称为驾驶员)数量持续快速增加。面对这样的情况,局方有必要在不妨碍民用无人机多元发展的前提下,加强对民用无人机驾驶员的规范管理,促进民用无人机产业的健康发展。

由于民用无人机在全球范围内发展迅速,国际民航组织已经开始为无人机系统制定标准和建议措施(SARPs)、空中航行服务程序(PANS)和指导材料。这些标准和建议措施已日趋成熟,因此多个国家发布了管理规定。

无论驾驶员是否位于航空器的内部或外部,无人机系统和驾驶员必须符合民航法规在相应章节中的要求。由于无人机系统中没有机载驾驶员,原有法规有关驾驶员部分章节已不能适用,本文件对相关内容进行说明。

本咨询通告针对目前出现的无人机系统的驾驶员实施 指导性管理,并将根据行业发展情况随时修订,最终目的是按照国际民航组织的标准建立我国完善的民用无人机驾驶员监管体系。

2. 适用范围

本咨询通告用于民用无人机系统驾驶人员的资质管理。其涵盖范围包括:

(1)无机载驾驶人员的无人机系统。

(2)有机载驾驶人员的航空器,但该航空器可同时由外部的无人机驾驶员实施完全飞行控制。

分布式操作的无人机系统或者集群,其操作者个人无需取得无人机驾驶员执照,具体管理办法另行规定。

3. 定义

本咨询通告使用的术语定义:

(1)无人机(UA:Unmanned Aircraft),是由控制站管理(包括远程操纵或自主飞行)的航空器。

(2)无人机系统(UAS:Unmanned Aircraft System),是指无人机以及与其相关的遥控站(台)、任务载荷和控制链路等组成的系统。

（3）无人机系统驾驶员，对无人机的运行负有必不可少职责并在飞行期间适时操纵无人机的人。

（4）等级，是指填在执照上或与执照有关并成为执照一部分的授权，说明关于此种执照的特殊条件、权利或限制。

（5）类别等级，指根据无人机产生气动力及不同运动状态依靠的不同部件或方式，将无人机进行划分并成为执照一部分的授权，说明关于此种执照的特殊条件、权利或限制。

（6）固定翼，指动力驱动的重于空气的一种无人机，其飞行升力主要由给定飞行条件下保持不变的翼面产生。在本规定中作为类别等级中的一种。

（7）直升机，是指一种重于空气的无人机，其飞行升力主要由在垂直轴上一个或多个动力驱动的旋翼产生，其运动状态改变的操纵一般通过改变旋翼桨叶角来实现。在本规定中作为类别等级中的一种。

（8）多旋翼，是指一种重于空气的无人机，其飞行升力主要由三个及以上动力驱动的旋翼产生，其运动状态改变的操纵一般通过改变旋翼转速来实现。在本规定中作为类别等级中的一种。

（9）垂直起降固定翼，是指一种重于空气的无人机，垂直起降时由与直升机、多旋翼类似起降方式或直接推力等方式实现，水平飞行由固定翼飞行方式实现，且垂直起降与水平飞行方式可在空中自由转换。在本规定中作为类别等级中的一种。

（10）自转旋翼机，是指一种旋翼机，其旋翼仅在起动或跃升时有动力驱动，在空中平飞时靠空气的作用力推动自由旋转。这种旋翼机的推进方式通常是使用独立于旋翼系统的推进式动力装置。在本规定中作为类别等级中的一种。

（11）飞艇，是指一种由动力驱动能够操纵的轻于空气的航空器。在本规定中作为类别等级中的一种。

（12）视距内（VLOS：Visual Line of Sight）运行，无人机在驾驶员或观测员与无人机保持直接目视视觉接触的范围内运行，且该范围为目视视距内半径不大于 500 米，人、机相对高度不大于 120 米。在本规定中作为驾驶员等级中的一种。

（13）超视距（BVLOS：Beyond VLOS）运行，无人机在目视视距以外的运行。在本规定中作为驾驶员等级中的一种。

（14）扩展视距（EVLOS：Extended VLOS）运行，无人机在目视视距以外运行，但驾驶员或者观测员借助视觉延展装置操作无人机，属于超视距运行的一种。

（15）授权教员，是指持有按本规定颁发的具有教员等级的无人机驾驶员执照，并依据其教员等级上规定的权利和限制执行教学的人员。

（16）无人机系统的机长，是指由运营人指派在系统运行时间内负责整个无人机系统运行和安全的驾驶员。

（17）无人机观测员，由运营人指定的训练有素的人员，通过目视观测无人机，协助无人机驾驶员安全实施飞行，通常由运营人管理，无证照要求。

（18）运营人，是指从事或拟从事航空器运营的个人、组织或企业。

（19）控制站（也称遥控站、地面站），无人机系统的组成部分，包括用于操纵无人机的设备。

(20)指令与控制数据链路(C2:Command and Control data link),是指无人机和控制站之间为飞行管理之目的的数据链接。

(21)感知与避让,是指看见、察觉或发现交通冲突或其他危险并采取适当行动的能力。

(22)无人机感知与避让系统,是指无人机机载安装的一种设备,用以确保无人机与其它航空器保持一定的安全飞行间隔,相当于载人航空器的防撞系统。在融合空域中运行的Ⅺ、Ⅻ类无人机应安装此种系统。

(23)融合空域,是指有其它有人驾驶航空器同时运行的空域。

(24)隔离空域,是指专门分配给无人机系统运行的空域,通过限制其他航空器的进入以规避碰撞风险。

(25)人口稠密区,是指城镇、乡村、繁忙道路或大型露天集会场所等区域。

(26)空机重量,是指不包含载荷和燃料的无人机重量,该重量包含燃料容器和电池等固体装置。

(27)飞行经历时间,是指为符合民用无人机驾驶员的训练和飞行时间要求,操纵无人机或在模拟机上所获得的飞行时间,这些时间应当是作为操纵无人机系统必需成员的时间,或从授权教员处接受训练或作为授权教员提供教学的时间。

(28)飞行经历记录本,是指记录飞行经历时间和相关信息的证明材料,包括纸质飞行经历记录本和由无人机云交换系统支持的电子飞行经历记录本。

(29)训练记录,是指为获取执照或等级而接受相关训练的证明材料,包括纸质训练记录和由无人机云交换系统支持的电子化训练记录。

(30)理论考试,是指航空知识理论方面的考试,该考试是颁发民用无人机驾驶员执照或等级所要求的,可以通过笔试或者计算机考试来实施。

(31)实践考试,是指为取得民用无人机驾驶员执照或者等级进行的操作方面的考试(包括实践飞行、综合问答、地面站操作),该考试通过申请人在飞行中演示操作动作及回答问题的方式进行。

(32)申请人,是指申请无人机驾驶员执照或等级的自然人。

(33)无人机云系统(简称无人机云),是指轻小民用无人机运行动态数据库系统,用于向无人机用户提供航行服务、气象服务等,对民用无人机运行数据(包括运营信息、位置、高度和速度等)进行实时监测。

(34)无人机云交换系统(无人机云数据交换平台),是指由民航局运行,能为多个无人机云系统提供实时数据交换和共享的实时动态数据库系统。

(35)分布式操作,是指把无人机系统操作分解为多个子业务,部署在多个站点或者终端进行协同操作的模式,不要求个人具备对无人机系统的完全操作能力。

4.执照和等级要求

无人机系统分类较多,所适用空域远比有人驾驶航空器广阔,因此有必要对无人机系统驾驶员实施分类管理。

(1)下列情况下,无人机系统驾驶员自行负责,无须执照管理:

A.在室内运行的无人机。

B.Ⅰ、Ⅱ类无人机(分类等级见第6条C款。如运行需要,驾驶员可在无人机云交换系统进行备案。备案内容应包括驾驶员真实身份信息、所使用的无人机型号,并通过在线法规测试)。

C.在人烟稀少、空旷的非人口稠密区进行试验的无人机。

(2)在隔离空域和融合空域运行的除Ⅰ、Ⅱ类以外的无人机,其驾驶员执照由局方实施管理。

A.操纵视距内运行无人机的驾驶员,应当持有按本规定颁发的具备相应类别、分类等级的视距内等级驾驶员执照,并且在行使相应权利时随身携带该执照。

B.操纵超视距运行无人机的驾驶员,应当持有按本规定颁发的具备相应类别、分类等级的有效超视距等级的驾驶员执照,并且在行使相应权利时随身携带该执照。

C.教员等级。

1)按本规则颁发的相应类别、分类等级的具备教员等级的驾驶员执照持有人,行使教员权利应当随身携带该执照。

2)未具备教员等级的驾驶员执照持有人不得从事下列活动:

ⅰ)向准备获取单飞资格的人员提供训练。

ⅱ)签字推荐申请人获取驾驶员执照或增加等级所必需的实践考试。

ⅲ)签字推荐申请人参加理论考试或实践考试未通过后的补考。

ⅳ)签署申请人的飞行经历记录本。

ⅴ)在飞行经历记录本上签字,授予申请人单飞权利。

D.植保类无人机分类等级。

担任操纵植保无人机系统并负责无人机系统运行和安全的驾驶员,应当持有按本规定颁发的具备Ⅴ分类等级的驾驶员执照,或经农业农村部等部门规定的由符合资质要求的植保无人机生产企业自主负责的植保无人机操作人员培训考核。

(3)自2018年9月1日起,民航局授权行业协会颁发的现行有效的无人机驾驶员合格证自动转换为民航局颁发的无人机驾驶员电子执照,原合格证所载明的权利一并转移至该电子执照。原Ⅶ分类等级(超视距运行的Ⅰ、Ⅱ类无人机)合格证载明的权利转移至Ⅲ分类等级电子执照。

5.无人机系统驾驶员管理

5.1 执照和等级分类

对于完成训练并考试合格,符合本规定颁发民用无人机驾驶员执照和等级条件的人员,在其驾驶员执照上签注如下信息:

A.驾驶员等级:

1)视距内等级;

2)超视距等级;

3)教员等级。

B.类别等级:

1)固定翼;

2)直升机；

3)多旋翼；

4)垂直起降固定翼；

5)自转旋翼机；

6)飞艇；

7)其他。

C.分类等级：

分类等级	空机重量/千克	起飞全重/千克
I	$0<W\leqslant0.25$	
II	$0.25<W\leqslant4$	$1.5<W\leqslant7$
III	$4<W\leqslant15$	$7<W\leqslant25$
IV	$15<W\leqslant116$	$25<W\leqslant150$
V	植保类无人机	
XI	$116<W\leqslant5\,700$	$150<W\leqslant5\,700$
XII	$W>5\,700$	

D.型别和职位（仅适用于 XI、XII 分类等级）

1)无人机型别。

2)职位,包括机长、副驾驶。

注1:实际运行中,III、IV、XI类分类有交叉时,按照较高要求的一类分类。

注2:对于串、并列运行或者编队运行的无人机,按照总重量分类。

注3:地方政府(例如当地公安部门)对于 I、II 类无人机重量界限低于本表规定的,以地方政府的具体要求为准。

5.2 颁发无人机驾驶员执照与等级的条件

局方应为符合相应资格、航空知识、飞行技能和飞行经历要求的申请人颁发无人机驾驶员执照与等级。具体要求为《颁发无人机驾驶员执照与等级的条件》。

5.3 执照有效期及其更新

A.按本规定颁发的驾驶员执照有效期限为两年,且仅当执照持有人满足本规定和有关中国民用航空运行规章的相应训练与检查要求、并符合飞行安全记录要求时,方可行使其执照所赋予的相应权利。

B.执照持有人应在执照有效期期满前三个月内向局方申请重新颁发执照。对于申请人:

1)应出示在执照有效期满前 24 个日历月内,无人机云交换系统电子经历记录本上记录的 100 小时飞行经历时间证明。

2)如不满足上述飞行经历时间要求,应通过执照中任一最高驾驶员等级对应的实践考试。

C. 执照在有效期内因等级或备注发生变化重新颁发时,则执照有效期与最高的驾驶员等级有效期保持一致。

D. 执照过期的申请人须重新通过不同等级相应的理论及实践考试,方可申请重新颁发执照及相关等级。

5.4　教员等级更新

A. 教员等级在其颁发月份之后第 24 个日历月结束时期满。

B. 飞行教员可以在其教员等级期满前申请更新,但应当符合下列条件之一:

1)通过了以下相应教员等级的实践考试:

ⅰ)对应Ⅲ、Ⅳ 分类等级的教员等级的执照持有人,如果通过了任何一个Ⅲ、Ⅳ 分类等级的教员等级的实践考试,则其所持有的有效的Ⅲ、Ⅳ 分类等级的教员等级均视为更新。

ⅱ)对应Ⅺ、Ⅻ分类等级的教员等级的执照持有人,如果通过了Ⅺ、Ⅻ分类等级的教员等级中任何一项的实践考试,则其教员的所有等级均视为更新,其相应Ⅺ、Ⅻ分类等级熟练检查不在有效期内的除外。

2)飞行教员在其教员等级期满前 90 天内通过相应教员等级的更新检查:

ⅰ)对应 Ⅲ、Ⅳ分类等级的教员等级的执照持有人,如果通过了Ⅺ、Ⅻ 分类等级的教员等级的更新检查,则其所持有的有效的 Ⅲ、Ⅳ分类等级的教员等级均视为更新。

ⅱ)对应Ⅺ、Ⅻ分类等级的教员等级的执照持有人,如果通过了Ⅺ、Ⅻ 分类等级的教员等级中任何一项的实践考试实践飞行科目,则其教员的所有等级均视为更新,其相应Ⅺ、Ⅻ分类等级熟练检查不在有效期内的除外。

3)按本条　B.1)进行更新的,教员等级有效期自实践考试之日起计算。

5.5　教员等级过期后的重新办理

A. 飞行教员在其教员等级过期后,应当重新通过实践考试后,局方可恢复其教员等级。

B. 当飞行教员的驾驶员执照上与教员等级相对应的等级失效时,其教员等级权利自动丧失,除非该驾驶员按本规定恢复其驾驶员执照上所有相应的等级,其中教员等级的恢复需按本规定关于颁发飞行教员等级的要求通过理论考试和实践考试。

5.6　熟练检查

对于Ⅺ、Ⅻ分类等级驾驶员应对该分类等级下的每个签注的无人机类别、型别(如适用)等级接受熟练检查,该检查每 12 个月进行一次。检查由局方指定的人员实施。

5.7　增加等级

A. 在驾驶员执照上增加等级,申请人应当符合本条 B 款至 G 款的相应条件。

B. 超视距等级可以行使相同类别及分类等级的视距内等级执照持有人的所有权利。在驾驶员执照上增加超视距等级,而类别和分类等级不变的,申请人应当符合下列规定:

1)完成了相应执照类别和分类等级要求的超视距等级训练,符合本规定关于超视距等级的飞行经历要求。

2)由授权教员在申请人的飞行经历记录本或者训练记录上签字,证明其在相应的超视距等级的航空知识方面是合格的。

3)由授权教员在申请人的飞行经历记录本或者训练记录上签字,证明其在相应的超视距等级的飞行技能方面是合格的。

4）通过了相应的超视距等级要求的理论考试。

5）通过了相应的超视距等级要求的实践考试。

C. 在驾驶员执照上增加超视距等级的同时增加类别或分类等级的,申请人应当符合下列规定：

1）满足本条　B 款的相关飞行经历和训练要求。

2）满足本条　E 款或 F 款相应类别或分类等级的飞行经历和训练要求。

3）通过了相应的超视距等级要求的理论考试。

4）通过了相应的超视距等级要求的实践考试。

D. 教员等级可以行使相同类别及分类等级的超视距等级持有人的所有权利。在驾驶员执照上增加教员等级,或在增加教员等级的同时增加类别或分类等级的申请人应当符合下列规定：

1）完成了相应执照类别和分类等级要求的教员等级训练,符合本规定关于教员等级的飞行经历要求。

2）由授权教员在申请人的飞行经历记录本或者训练记录上签字,证明其在相应的教员等级的航空知识方面是合格的。

3）由授权教员在申请人的飞行经历记录本或者训练记录上签字,证明其在相应的教员等级的飞行技能和教学技能方面是合格的。

4）通过了相应的教员等级要求的理论考试。

5）通过了相应的教员等级要求的实践考试。

E. 在驾驶员执照上增加类别等级,或在增加类别等级同时增加分类等级,申请人应当符合下列规定：

1）完成了相应驾驶员等级及其类别和分类等级要求的训练,符合本规则规定的相应驾驶员等级及其类别和分类等级的航空经历要求。

2）由授权教员在申请人的飞行经历记录本和训练记录上签字,证明其在相应驾驶员等级及其类别和分类等级的航空知识方面是合格的。

3）由授权教员在申请人的飞行经历记录本和训练记录上签字,证明其在相应驾驶员等级及其类别和分类等级的飞行技能方面是合格的。

4）通过了相应驾驶员等级及其类别等级要求的理论考试。

5）通过了相应驾驶员等级及其类别和分类等级要求的实践考试。

F. 分类等级排列顺序由低到高依次为：Ⅲ、Ⅳ、Ⅺ、Ⅻ,高分类等级执照可行使低分类等级执照权利(不适用于Ⅴ分类等级)。在具备低分类等级的执照上增加高分类等级(不适用于Ⅴ分类等级),申请人应当符合下列规定：

1）完成了相应驾驶员等级及其类别和分类等级要求的训练,符合本规定关于相应驾驶员等级及其类别和分类等级的航空经历要求,相同类别低分类等级无人机驾驶员增加分类等级须具有操纵所申请分类等级无人机的飞行训练时间 至少 10 小时,其中包含不少于 5 小时授权教员提供的带飞训练。

2）由授权教员在申请人的飞行经历记录本和训练记录上签字,证明其在相应驾驶员等级及其类别和分类等级的航空知识方面是合格的。

3）由授权教员在申请人的飞行经历记录本和训练记录上签字,证明其在相应驾驶员等级及其类别和分类等级的飞行技能方面是合格的。

4）通过了相应驾驶员等级及其类别和分类等级要求的实践考试。

G. 在驾驶员执照上增加Ⅴ分类等级,申请人应当符合下列规定:

1）依据《轻小无人机运行规定(试行)》(AC-91-31),完成了由授权教员提供的驾驶员满足植保无人机要求的训练。

2）由授权教员在申请人的飞行经历记录本或者训练记录上签字,证明其在植保无人机运行相关航空知识方面是合格的。

3）由授权教员在申请人的飞行经历记录本或者训练记录上签字,证明其在植保无人机运行相关飞行技能方面是合格的。

4）由授权教员在申请人的飞行经历记录本和训练记录上签字,证明其已取得操纵相应类别Ⅴ分类等级无人机至少10小时的实践飞行训练时间。

5）通过了相应类别等级植保无人机运行相关的理论考试。

5.8 执照和等级的申请与审批

A. 符合本规定相关条件的申请人,应当向局方提交申请执照或等级的申请,申请人对其申请材料实质内容的真实性负责,并按规定交纳相应的费用。

在递交申请时,申请人应当提交下述材料:

1）身份证明;

2）学历证明(如要求);

3）相关无犯罪记录文件;

4）理论考试合格的有效成绩单;

5）原执照(如要求);

6）授权教员的资质证明;

7）训练飞行活动的合法证明;

8）飞行经历记录本;

9）实践考试合格证明。

B. 对于申请材料不齐全或者不符合格式要求的,局方在收到申请之后的5个工作日内一次性书面通知申请人需要补正的全部内容。逾期不通知即视为在收到申请书之日起即为受理。申请人按照局方的通知提交全部补正材料的,局方应当受理申请。局方不予受理申请,应当书面通知申请人。局方受理申请后,应当在20个工作日内对申请人的申请材料完成审查。在局方对申请材料的实质内容按照本规定进行核实时,申请人应当及时回答局方提出的问题。由于申请人不能及时回答问题所延误的时间不记入前述20个工作日的期限。对于申请材料及流程符合局方要求的,局方应于20个工作日内受理,并在受理后20个工作日内完成最终审查作出批准或不批准的最终决定。

C. 经局方批准,申请人可以取得相应的执照或等级。批准的无人机类别、分类等级或者其他备注由局方签注在申请人的执照上。

D. 由于飞行训练或者实践考试中所用无人机的特性,申请人不能完成规定的驾驶员操作动作,因此未能完全符合本规定相关飞行技能要求,但符合所申请执照或者等级的所有其他要求的,局方可以向其颁发签注有相应限制的执照或者等级。

5.9　飞行经历记录

申请人应于申请考试前提供满足执照或等级所要求的飞行经历证明。截至 2018 年 12 月 31 日,局方接受由申请人与授权教员自行填写的飞行经历信息。自 2019 年 1 月 1 日起,申请人训练经历数据应接入无人机云交换系统,以满足申请执照或等级对飞行经历中带飞时间及单飞时间的要求。飞行经历记录填写规范参考《民用无人机驾驶员飞行经历记录填写规范》。

5.10　考试一般程序

按本规定进行的各项考试,应当由局方指定人员主持,并在指定的时间和地点进行。

A.理论考试的通过成绩由局方确定,理论考试的实施程序参考《民用无人机驾驶员理论考试一般规定》。

B.局方指定的考试员按照《民用无人机驾驶员实践考试一般规定》的程序,依据《民用无人机驾驶员实践考试标准》实施实践考试。

C.局方依据《民用无人机驾驶员实践考试委任代表管理办法》委任与管理实施实践考试的考试员。

D.局方依据《民用无人机驾驶员考试点管理办法》对理论及实践考试的考试点实施评估和清单制管理。

5.11　受到刑事处罚后执照的处理

本规定执照持有人受到刑事处罚期间,不得行使所持执照赋予的权利。

6.修订说明

2015 年 12 月 29 日,飞行标准司出台了《轻小无人机运行规定(试行)(AC‐91‐FS‐2015‐31)》,结合运行规定,为了进一步规范无人机驾驶员管理,对原《民用无人驾驶航空器系统驾驶员管理暂行规定(AC‐61‐FS‐2013‐20)》进行了第一次修订。修订的主要内容包括重新调整无人机分类和定义,新增管理机构管理备案制度,取消部分运行要求。

为进一步规范无人机驾驶员执照管理,在总结前期授权符合资质的行业协会对部分无人机驾驶员证照实施管理的 创新监管模式经验的基础上,对原《民用无人机驾驶员管理规定(AC‐61‐FS‐2016‐20R1)》进行了第二次修订。修订的主要内容包括调整监管模式,完善由局方全面直接负责执照颁发的相关配套制度和标准,细化执照和等级颁发要求和程序,明确由行业协会颁发的原合格证转换为局方颁发的执照的原则和方法。

7.咨询通告施行

本咨询通告自发布之日起生效,2016 年 7 月 11 日发布的《民用无人机驾驶员管理规定》(AC‐61‐FS‐2016‐20R1)同时废止。

参 考 文 献

[1] 钟伟雄,韦凤.无人机概论[M].北京:清华大学出版社,2019.

[2] 符长青,曹兵.多旋翼无人机技术基础[M].4版.北京:机械工业出版社,2014.

[3] 于坤林.无人机概论[M].北京:机械工业出版社,2019.

[4] 于坤林,陈文贵.无人机结构与系统[M].西安:西北工业大学出版社,2016.

[5] 何华国.无人机飞行训练[M].北京:高等教育出版社,2017.

[6] 严浩月.无人机概论[M].西安:西北工业大学出版社,2019.